首届全国机 材（修订版）

 教材

数控机床机械系统装调与维修一体化教程

第 2 版

主　编　韩鸿鸾

副主编　刘辉峰　张靖宇　徐惠云

参　编　纪圣华　周经财　丛培兰

　　　　王吉明　丛华娟

主　审　沈建峰

机械工业出版社

本书是根据教育部颁布的现行《高等职业学校机电一体化技术专业教学标准》《高等职业学校数控设备应用与维护专业教学标准》《高等职业学校机电设备维修与管理专业教学标准》《高等职业学校数控技术专业教学标准》中的相关课程要求，并结合《数控机床装调维修工》标准对中级工及高级工的要求编写的1+X课证融通教材。全书共分为七个模块，包括数控机床机械系统装调维修的基础、数控机床主传动系统的装调与维修、数控机床进给传动系统的装调与维修、自动换刀装置的装调与维修、数控机床液压与气动系统的装调与维修、数控机床辅助装置的装调与维修、数控机床整机装调与精度验收。

本书的教学资源包括电子课件、理论试题、技能实践、动画、录像等内容。凡使用本书作为教材的教师可登录机械工业出版社教育服务网（http://www.cmpedu.com），注册后免费下载。咨询电话：010-88379375。

本书可以作为高等职业学校、高等专科学校、成人教育高校、民办高校，以及本科院校的二级职业技术学院、技术（技师）学院、高级技工学校、继续教育学院的数控技术专业和其他机电类专业教学用书，也可以作为企业短期培训、上岗培训用书，还可以作为相关从业人员的参考书。

图书在版编目（CIP）数据

数控机床机械系统装调与维修一体化教程/韩鸿鸾主编. —2版. —北京：机械工业出版社，2021.3（2024.2重印）
首届全国机械行业职业教育精品教材：修订版. 机械工业出版社精品教材
ISBN 978-7-111-67813-7

Ⅰ.①数… Ⅱ.①韩… Ⅲ.①数控机床-安装-高等职业教育-教材②数控机床-调试方法-高等职业教育-教材③数控机床-机械维修-高等职业教育-教材 Ⅳ.①TG659

中国版本图书馆CIP数据核字（2021）第051353号

机械工业出版社（北京市百万庄大街22号 邮政编码100037）
策划编辑：王英杰 责任编辑：王英杰 安桂芳
责任校对：张 薇 封面设计：陈 沛
责任印制：单爱军
北京虎彩文化传播有限公司印刷
2024年2月第2版第5次印刷
184mm×260mm·18印张·489千字
标准书号：ISBN 978-7-111-67813-7
定价：54.90元

电话服务 网络服务
客服电话：010-88361066 机 工 官 网：www.cmpbook.com
　　　　　010-88379833 机 工 官 博：weibo.com/cmp1952
　　　　　010-68326294 金 书 网：www.golden-book.com
封底无防伪标均为盗版 机工教育服务网：www.cmpedu.com

前　言

为了提高职业院校人才培养质量，满足产业转型升级对高素质复合型和创新型技术技能人才的需求，《国家职业教育改革实施方案》和教育部关于"双高计划"的文件中，提出了"教师、教材、教法"三教改革的系统性要求。从 2019 年开始，职业院校、应用型本科高校启动了"学历证书+若干职业技能等级证书"制度试点工作。

本书是基于"1+X"的"课证融通"教材，具体来说就是依据高等职业学校数控设备应用与维护专业的专业核心课程——数控机床机械安装与调试、数控机床故障诊断与维修编写的，并兼顾了该专业的数控机床机电联调专业课程；同时，兼顾了数控技术专业、机电一体化技术专业和机电设备维修与管理专业的课程标准。本书在编写过程中，还与数控机床装调维修工国家职业标准的不同级别（中级、高级、技师、高级技师）进行了对接。

本书按照"以学生为中心、以学习成果为导向、促进自主学习"思路进行编写，将"企业岗位（群）任职要求、职业标准、工作过程或产品"作为主体内容，提供丰富、适用和引领创新的多种类型立体化、信息化课程资源，体现多功能并构建了深度学习的管理体系。

本书在编写过程中进行了系统性改革和模式创新，对内容进行了系统化、规范化和体系化设计。本书以多个学习性任务为载体，通过项目导向、任务驱动等多种"情境化"的表现形式，突出过程性知识，引导学生学习相关知识，获得经验、诀窍、实用技术、操作规范等与岗位能力直接相关的知识和技能，使其知道在实际岗位工作中"如何做""如何做会更好"。

本书通过理念和模式创新形成了以下特点和创新点：

1）基于岗位知识需求，系统化、规范化地构建课程体系和教材内容。

2）通过教材的多位一体表现模式和教、学、做之间的引导和转换，强化学中做、做中学训练，潜移默化地提升学生的岗位工作能力。

3）任务驱动式的教学设计，强调互动式学习和训练，能激发学生的学习兴趣和提高学生的动手能力，快速有效地完成将知识内化为技能。

4）针对学生的群体特征，以可视化内容为主，通过图片、电路图、逻辑图、二维码等形式展现学习内容，降低学习难度，培养学生的兴趣和信心，提高学生自主学习的效率和效果。

本书非常适合采用理论与实训一体化教学，也适合采用理论与实训分开教学。下表是采用理论与实训分开教学的学时分配。若采用理论与实训一体化教学，在实训设备保证的前提下学时数应为 12~14 周。

模　块	学　时		模　块	学　时	
	理论(标准学时)	实训(周/人)		理论(标准学时)	实训(周/人)
一	6	0.5	五	6	1
二	10	2	六	10	1.5
三	12	2	七	6	1
四	10	2			

本书由韩鸿鸾任主编，刘辉峰、张靖宇、徐惠云任副主编，纪圣华、周经财、丛培兰、王吉明、丛华娟参加编写；由沈建峰主审。

本书在编写过程中得到了威海天诺数控机械有限公司、联桥仲精（日本）机械有限公司、豪顿华（英国）工程有限公司、山东立人能源科技有限公司、鲁南机床厂等数控机床生产与应用企业的大力支持，还得到了众多职业院校的帮助，在此深表谢意。

由于编者水平有限，书中疏漏之处在所难免，恳请广大读者批评指正。

编　者

二维码索引

（续）

名　　称	二维码	页码	名　　称	二维码	页码
3-8　螺纹调隙式		81	4-4　机械手的换刀过程		144
3-9　认识滑动导轨		89	6-1　工件收集器		184
4-1　数车转塔刀架换刀		122	6-2　数控回转工作台		186
4-2　机械手形式		140	6-3　数控分度头		204
4-3　刀库选刀		142	6-4　铣头		205

目　　录

模块一　数控机床机械系统装调维修的基础

数控机床是高精度和高生产率的自动化机床,其加工过程中的动作顺序、运动部件的坐标位置及辅助功能等都是通过数字信息自动控制的,整个加工过程由数控系统通过数控程序控制自动完成。在加工过程中,操作者一般不进行干预,不像在普通机床上那样,可以由人工随时控制与干预,进行薄弱环节和缺陷的人为补偿。因此,数控机床在结构上比普通机床的要求更高。

通过学习本模块,学生应能够掌握数控机床机械结构的组成、数控机床机械装调维修常用工具及仪表,了解数控机床维修用仪器。

任务一　认识数控机床的机械结构

🕐任务引入

图 1-1 所示为典型数控车床的机械结构组成,包括主传动系统(主轴、主轴电动机和 *C* 轴控制主轴电动机等)、进给传动系统(丝杠、联轴器和导轨等)、自动换刀装置(刀架、刀库和机械手等)、液压与气动装置(液压泵、气泵和管路等)、辅助装置(工作台、分度头与万能铣头、卡盘、尾座、润滑与冷却装置、排屑及收集装置等)、床身等部分。

带有刀库、动力刀具,由 *C* 轴控制的数控车床通常称为车削中心,如图 1-2 所示。车削中心除进行车削加工外,还可以进行轴向铣削、径向铣削、钻孔和攻螺纹等加工。

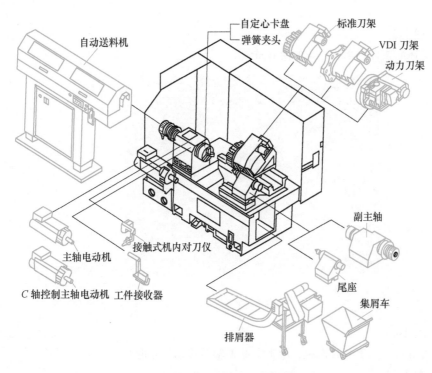

1-1　认识
数控车床的
机械结构

图 1-1　典型数控车床的机械结构组成

图1-2   车削中心

任务目标

- 掌握数控机床主要机械结构的组成。
- 掌握数控机床的布局。
- 了解数控机床机械结构的特点。

任务实施

工厂参观   在教师的带领下，让学生到当地数控机床生产工厂中去参观，在参观中应注意数控机床机械部件（若条件不允许，教师可通过视频让学生了解数控机床），参观时应注意安全。

一、底座（图1-3）

底座是整台机床的主体，承受机床的所有重量。

图1-3   底座

二、床鞍（图1-4）

床鞍下面连着底座，上面连接滑板，用于实现 X 轴向移动等功能。

三、滑板（图1-5）

滑板连接刀塔和床鞍。

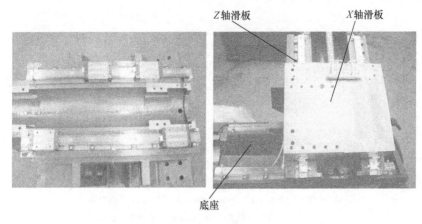

图 1-4　床鞍

图 1-5　滑板

📌 **做一做**　请同学们自己补充加工中心刀库、机械手和回转工作台的照片，并了解其结构。

📖 **讨论总结**

一、数控车床的布局

数控车床的主轴、尾座等部件相对于床身的布局形式与普通车床一样，但刀架和导轨的布局形式有很大的变化，而且其布局形式直接影响数控车床的使用性能及机床的外观和结构。刀架和导轨的布局应考虑机床和刀具的调整、工件的装卸、机床操作的方便性、机床的加工精度以及排屑性能和抗振性。

数控车床床身和导轨的布局形式主要有五种，如图 1-6 所示。图 1-7 所示为不同布局的数控车床照片。

平床身的工艺性好，导轨面容易加工。平床身上配水平刀架时，由于平床身机件及工件重量所产生的变形方向垂直向下，它与刀具运动方向垂直，对加工精度影响较小。由于平床身的刀架水平布置，不受刀架、溜板箱自重的影响，故定位精度容易提高。平床身布局的机床上，大型工件和刀具装卸方便，但排屑困难，需要三面封闭。此外，刀架水平放置也加大了机床宽度方向的结构尺寸。

斜床身的观察角度好，工件调整方便，防护罩设计较为简单，排屑性能较好。斜床身的导轨倾斜角有 30°、45°、60°和 75°等，导轨倾斜为 90°的斜床身通常称为立式床身。倾斜角度影响

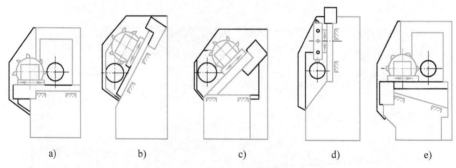

图 1-6　数控车床床身和导轨的布局形式

a）平床身平滑板　b）斜床身斜滑板　c）平床身斜滑板

d）立床身立滑板　e）前斜床身平滑板

图 1-7　不同布局的数控车床照片

a）平床身　b）斜床身　c）立床身

导轨的导向性、受力情况、排屑、宜人性及外形尺寸、高度比例等。一般小型数控车床的床身多用 30°、45°，中型数控车床的床身多用 60°，大型数控车床的床身多用 75°。

数控车床采取水平床身配斜滑板，并配置倾斜式导轨防护罩的布局形式，其具有水平床身工艺性好的特点；与配置水平滑板相比，机床宽度方向尺寸小，且排屑方便。

立床身的排屑性能最好，但立床身机床上工件重量所产生的变形方向正好沿着垂直运动方向，对加工精度影响最大，并且立床身机床受其结构限制，布置也比较困难，限制了机床的性能。

一般来说，中小型规格的数控车床常用斜床身和平床身—斜滑板布局，只有大型数控车床或小型精密数控车床才采用平床身，立床身应用较少。

🛠 **做一做**　请同学们自己补充其他布局数控车床的照片。

二、数控铣床的布局

数控铣床是一种用途广泛的机床，分为立式、卧式和立卧两用式三种。其中，立卧两用式数控铣床主轴（或工作台）的方向可以更换，能达到一台机床上既可以立式加工，又可以卧式加工，使其应用范围更广，功能更全。

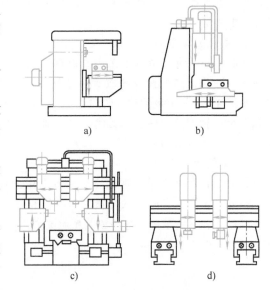

a)　　　　　　　b)

c)　　　　　　　d)

图 1-8　数控铣床的布局形式
a) 卧式　b) 立式　c) 龙门式　d) 立卧两用式

一般数控铣床是指规格较小的升降台式数控铣床，其工作台宽度多在 400mm 以下；规格较大、工作台宽度在 500mm 以上的数控铣床，其功能已向加工中心靠近，进而可演变成柔性制造单元。一般情况下，数控铣床只能加工平面曲线的轮廓。对于有特殊要求的数控铣床，还可以增加一个回转的 A 或 C 坐标，如增加一个数控回转工作台，这时机床的数控系统即变为四坐标数控系统，可用来加工螺旋槽、叶片等立体曲面零件。

根据工件的重量和尺寸不同，数控铣床有四种不同的布局形式，如图 1-8 所示，各布局情况见表 1-1。图 1-9 所示为新型五面数控铣床（立卧两用数控铣床）动力头，图 1-10 所示为立卧两用数控铣床的一种布局。

表 1-1　数控铣床各布局情况

布局	适用情况	运动情况
图 1-8a	加工较轻工件的升降台铣床	由工件完成三个方向的进给运动，分别由工作台、床鞍和升降台来实现
图 1-8b	加工较大尺寸或较重工件的铣床	与图 1-8a 相比，改由铣头带着刀具来完成垂直进给运动
图 1-8c	加工重量大的工件的龙门式铣床	由工作台带着工件完成一个方向的进给运动，其他两个方向的进给运动由多个刀架即铣头部件在立柱与横梁上的移动来完成
图 1-8d	加工更重、尺寸更大工件的铣床	全部进给运动均由立铣头完成

图 1-9　新型五面数控铣床动力头

图 1-10　立卧两用数控铣床的一种布局

三、加工中心的布局

加工中心是一种配有刀库并能自动更换刀具、对工件进行多工序加工的数控机床，可分为立式加工中心、卧式加工中心和五面加工中心等。

1. 立式加工中心

如图 1-11 所示，立式加工中心通常采用固定立柱式，主轴箱吊在立柱一侧，其平衡重锤放置在立柱中。工作台为十字滑台，可以实现 X、Y 两个坐标轴方向的移动，主轴箱沿立柱导轨运动来实现 Z 坐标轴方向的移动。现代的立式加工中心也有采用滑枕式和 O 形整体床身的布局，如图 1-12 所示。

2. 卧式加工中心

图 1-11 固定立柱立式加工中心

如图 1-13 所示，卧式加工中心通常采用立柱移动式，T 形床身。一体式 T 形床身的刚度和精度保持性较好，但其铸造和加工工艺性差。分离式 T 形床身的铸造和加工工艺性较好，但是必须在联接部位用大螺栓紧固，以保证其刚度和精度。

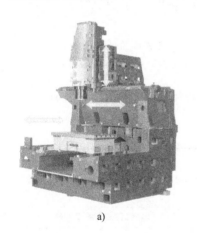

a)

b)

图 1-12 立式加工中心的布局

a) 滑枕立式加工中心 b) O 形整体床身立式加工中心

图 1-13 立柱移动式卧式
加工中心

做一做 请同学们自己补充其他布局形式的卧式加工中心的照片。

3. 五面加工中心

五面加工中心兼具有立式和卧式加工中心的功能，工件一次装夹后能完成除装夹面外的所有侧面和顶面共五个面的加工。常见的五面加工中心有图 1-14 所示两种布局形式，其中图 1-14a 所示的布局形式中，主轴可以做 90° 旋转，可以按照立式和卧式加工中心两种方式进行切削加工；图 1-14b 所示的布局形式中，工作台可以带着工件做 90° 旋转，从而完成除装夹面外的五面切削加工。

查一查 五面加工中心与五面数控铣床有什么不同？上网查找其视频并观看。

教师讲解 数控机床机械结构的特点

为了达到数控机床高的运动精度、定位精度和高度自动化的要求，其机械结构应有如下几个主要特点。

1-2　立卧转换

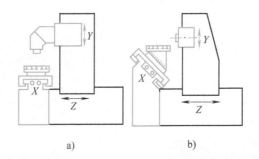

a)　　　　　　　　　　b)

图 1-14　五面加工中心的布局形式

a) 主轴做 90°旋转　b) 工作台带动工件做 90°旋转

一、高刚度

数控机床要在高速和重负荷条件下工作，因此，机床的床身、立柱、主轴、工作台和刀架等主要部件均需具有很高的刚度，以减少工作中的变形和振动。

提高静刚度的措施主要是：基础大件采用封闭的整体箱形结构（图 1-15）、合理布置加强肋和提高部件之间的接触刚度。

提高动刚度的措施主要是：改善机床的阻尼特性（如填充阻尼材料），在床身表面喷涂阻尼涂层，充分利用结合面的摩擦阻尼，采用新材料以提高抗振性（图 1-16）。

图 1-15　封闭的整体箱形结构

图 1-16　人造大理石床身（混凝土聚合物）

二、高精度和高灵敏度

工作台、刀架等部件的移动由交流或直流伺服电动机驱动，一般经滚珠丝杠传动，减小了进给系统所需要的驱动转矩，提高了定位精度和运动平稳性。数控机床的运动部件还具有较高的灵敏度。导轨部件通常用滚动导轨、塑料导轨和静压导轨等，以减少摩擦力，使其在低速运动时无爬行现象。

三、高抗振性

数控机床的一些运动部件，除应具有高刚度、高灵敏度外，还应具有高抗振性，即在高速重切削情况下减少振动，以保证被加工零件的高精度和高的表面质量。特别要注意的是避免切削时的谐振，这对数控机床的动态特性提出了更高的要求。

四、热变形小

机床的主轴、工作台和刀架等运动部件在运动中会产生热量，从而产生相应的热变形。为保证部件的运动精度，要求各运动部件的发热量要少，以防产生过大的热变形。为此，要对机床热源进行强制冷却（图 1-17），以及采用热对称结构（如图 1-18 所示的热对称立柱），并改善主轴轴承、丝杠副和高速运动导轨副的摩擦特性。例如，MJ-50 型数控车床主轴箱壳体就是按照热对称原则设计的，并在壳体外缘上铸有密集的散热片结构，主轴轴承采用高性能油脂润滑，并严格控制注入量，使主轴温升很低。

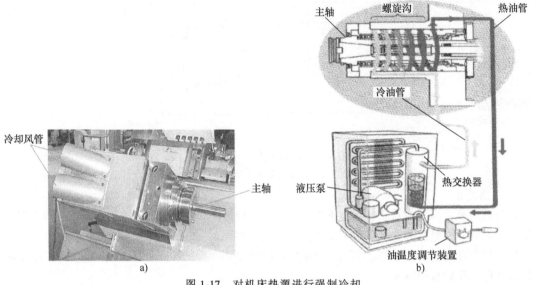

图 1-17　对机床热源进行强制冷却

a）风冷　b）油冷

🏠任务扩展　数控铣床/加工中心的结构组成

数控铣床的主轴上装夹刀具并带动其旋转，其进给系统包括实现工件直线进给运动的机械结构和实现工件回转运动的机械结构。加工中心与数控铣床的区别在于它能在一台机床上完成由多台机床才能完成的工作，具有自动换刀装置。图 1-19 所示为某加工中心的结构图和外观图，加工中心主要由以下几部分组成：

1. 基础部件

基础部件由床身、立柱和工作台等大件组成，是加工中心的基础构件，它们可以是铸铁件，也可以是焊接钢结构，均要承受加工中心的静载荷以及在加工时的切削载荷，故必须是刚度很高的部件，也是加工中

图 1-18　热对称立柱

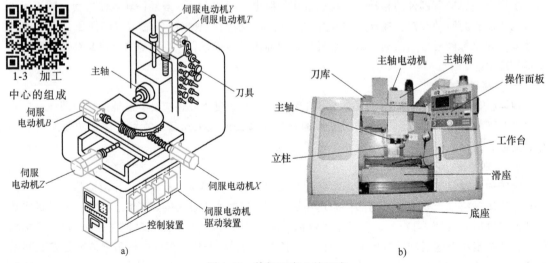

1-3　加工中心的组成

图 1-19　某加工中心的组成

a）结构图　b）外观图

心重量和体积最大的部件。

2. 主轴组件

主轴组件由主轴箱、主轴电动机、主轴和主轴轴承等零件组成,其起动、停止和转动等动作均由数控系统控制,并通过装在主轴上的刀具参与切削运动,是切削加工的功率输出部件。主轴是加工中心的关键部件,其结构优劣对加工中心的性能有很大的影响。

1-4 数控铣床加工中心的机械结构

3. 控制系统

单台加工中心的数控部分由计算机数控装置、可编程序控制器、伺服驱动装置以及电动机等部分组成。它们是加工中心执行顺序控制动作和完成加工过程的控制中心。计算机数控系统一般由中央处理器、存储器和输入/输出接口组成。计算机与其他装置之间可通过接口连接,当控制对象改变时,只需改变软件与接口。

4. 伺服系统

伺服系统的作用是把来自数控装置的信号转换为机床移动部件的运动,其性能是决定机床加工精度、表面质量和生产率的主要因素之一。

5. 自动换刀装置

自动换刀装置由刀库、机械手和驱动机构等部件组成。刀库是存放加工过程中所使用的全部刀具的装置。刀库有盘式、鼓式和链式等多种形式,容量从几把到几百把,当需要换刀时,根据数控系统指令,机械手(或通过别的方式)将刀具从刀库取出并装入主轴中。根据刀库与主轴的相对位置及结构的不同,机械手的结构有多种形式,如单臂式、双臂式、回转式和轨道式等。有的加工中心不用机械手,而是利用主轴箱和刀库的相对移动来实现换刀。不同的加工中心,尽管其换刀过程、选刀方式、刀库结构和机械手类型等各不相同,但都是在数控装置及可编程序控制器的控制下,由电动机和液压或气动机构驱动刀库和机械手实现刀具的选取与交换。当机构中装入接触式传感器时,还可以实现对刀具和工件误差的测量。

6. 辅助系统

辅助系统包括润滑、冷却、排屑、防护、液压和随机检测系统等部分。辅助系统虽不直接参与切削运动,但对加工中心的加工效率、加工精度和可靠性起到保障作用,因此,也是加工中心不可缺少的部分。

7. 自动托盘更换系统

有的加工中心为进一步缩短非切削时间,配有多个自动交换工件托盘,其中一个安装在工作台上进行加工,其他的则位于工作台外进行装卸工件。当完成一个托盘上的工件加工后,便自动交换托盘,进行新工件的加工,这样可减少辅助时间,提高加工效率。图1-20所示为一种自动托盘更换系统。

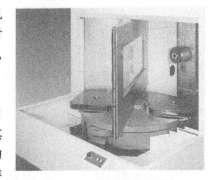

图1-20 自动托盘更换系统

📖 任务巩固

一、填空题

1. 数控机床在结构设计上要尽可能提高其静、动刚度,提高其_____的灵敏度,提高其____保持性,同时应具有高的_____和高的工作_____等,以提高加工精度。

2. 为了达到数控机床高的运动精度、定位精度和高度自动化的要求,其机械结构应具备如下主要特点:_____、_____、_____、热变形小、高精度保持性、高可靠性、模块化和机电一体化。

3. 数控机床为了满足高效率和高自动化要求，采用了自动换刀、自动对刀、自动变速、刀库（加工中心）、自动排屑、_____、_____等装置。

4. 带有刀库、动力刀具，由 C 轴控制的数控车床通常称为_____。

5. 车削中心除进行车削加工外，还可以进行____铣削、____铣削、____和____等加工。

6. 数控车床的机械结构系统组成，包括_____、_____、刀架、床身、辅助装置等部分。

7. 数控车床床身和导轨的布局主要有_____、_____、平床身斜滑板、立床身立滑板和_____五种。

8. 数控铣床是一种用途广泛的机床，分为____、____和_____三种。

二、选择题（请将正确答案的代号填在括号中）

1. 数控机床一般都具有较好的安全防护、自动排屑、自动冷却和（   ）等装置。

A. 自动润滑　　　　　　B. 自动测量　　　　C. 自动装卸工件　　　D. 自动交换工作台

2. 加工中心与数控铣床的主要区别是（   ）。

A. 数控系统复杂程度不同　　B. 机床精度不同　　　C. 有无自动换刀系统

3. 数控机床的主机（机械部件）包括：床身、主轴箱、刀架、尾座和（   ）。

A. 进给机构　　　　　　B. 液压系统　　　　C. 冷却系统

4. 导轨倾斜角为（   ）的斜床身通常称为立式床身。

A. 60°　　　　　　　　B. 75°　　　　　　　C. 90°　　　　　　　D. 30°

三、判断题（正确的画"√"，错误的画"×"）

1. （   ）数控铣床可以进行自动换刀。

2. （   ）计算机数控系统的核心是计算机。

3. （   ）使用带有刀库和自动换刀装置的加工中心时，工件往往只需进行一次装夹就可完成所有的加工工序，减少了半成品的周转时间，生产率非常高。

4. （   ）数控车床的床身和导轨的布局与普通车床完全一样。

5. （   ）平床身数控车床的工艺性好，导轨面容易加工，减小了机床宽度方向的结构尺寸。

6. （   ）斜床身数控车床观察角度好，排屑性能好。

7. （   ）中型数控车床多采用45°倾斜角度的斜床身。

8. （   ）立床身的排屑性能最好，且立床身机床上工件重量所产生的变形方向正好沿着垂直运动方向，对加工精度影响最小。

任务二　认识数控机床机械装调维修常用工具

🔖 任务引入

一般中小型数控机床无须做单独的地基，只需在硬化好的地面上，采用活动垫铁（图 1-21）来稳定机床的床身，用支承件调整机床的水平，如图 1-22 所示。数控机床机械装调维修所用的工具大多是通用工具，本任务中，学生可通过参观总结来掌握这些工具的应用。

🛠 任务目标

- 掌握数控机床机械装调维修常用工具及其使用。
- 掌握三坐标测量机的应用。

● 了解激光干涉仪的应用。

图 1-21 活动垫铁   图 1-22 用活动垫铁支承的数控机床

任务实施

工厂参观 在教师的带领下，让学生到当地数控机床生产工厂中去参观，并对工厂中数控机床机械装调维修常用工具进行分类，参观时应特别注意安全。

讨论总结

一、数控机床机械装调维修常用工具

1. 拆卸及装配工具（表 1-2）

表 1-2 拆卸及装配工具

名 称	外 观 图	说 明
单头钩形扳手	固定式　　　调节式	分为固定式和调节式，可用于扳动在圆周方向上开有直槽或孔的圆螺母
端面带槽或孔的圆螺母扳手	端面带槽的圆螺母扳手　　端面带孔的圆螺母扳手	可分为套筒式扳手和双销叉形扳手
挡圈钳	孔用挡圈钳	分为轴用挡圈钳和孔用挡圈钳
弹性锤子		可分为木槌和铜锤
测量锥度平键工具		可分为冲击式测量锥度平键工具和抵拉式测量锥度平键工具

（续）

名　称	外观图	说　明
拔销器		拉拔带内螺纹的小轴、圆锥销工具
拉卸工具		用于拆装轴上的滚动轴承、带轮式联轴器等零件。拉卸工具常分为螺杆式及液压式两类，其中螺杆式拉卸工具分为两爪式、三爪式和铰链式
拉开口销扳手和销子冲头	拉开口销扳手销子冲头	拉开口销扳手主要用于安装或拆卸开口销，销子冲头主要用于安装或拆卸圆柱销、圆锥销等

（续）

名　　称	外观图	说　　明
扭矩扳手	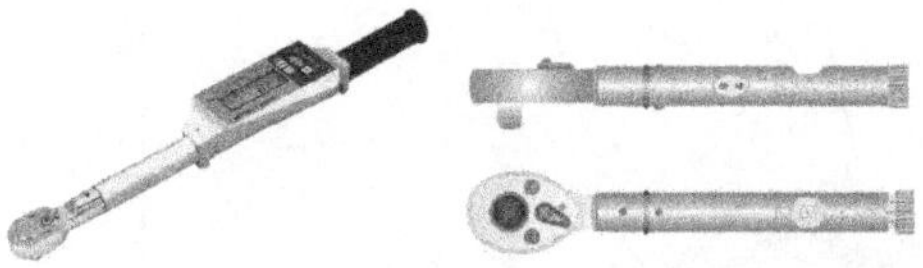 电子式　　　　机械式	又称限力扳手、扭力扳手

2. 常用机械维修工具（表1-3）

表1-3　常用机械维修工具

名　　称	外观图	说　　明
尺	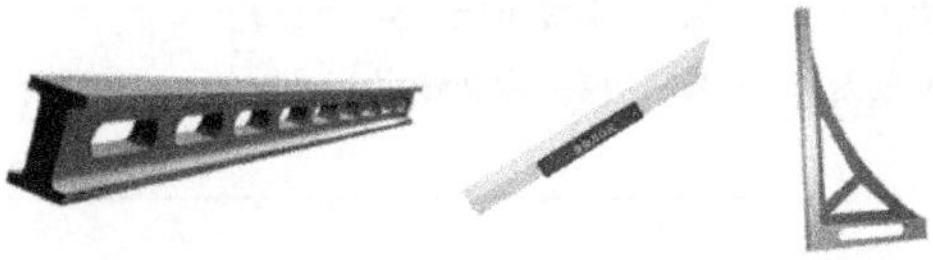 平尺　　　刀口尺　　　直角尺	常见的有平尺、刀口尺和直角尺
垫铁		角度面为90°的垫铁、角度面为55°的垫铁和水平垫铁
检验棒		带标准锥柄检验棒、圆柱检验棒和专用检验棒
杠杆千分尺	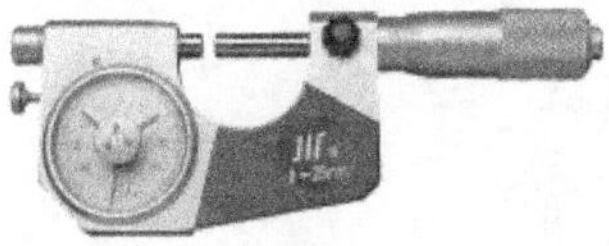	当工件的几何形状精度要求较高时，使用杠杆千分尺可满足其测量要求。其测量精度可达0.001mm
游标万能角度尺	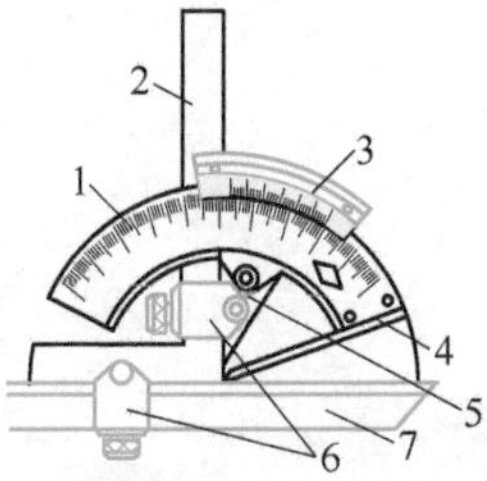 I型游标万能角度尺 1—主尺　2—直角尺　3—游标尺　4—基尺　5—扇形板 6—卡块　7—直尺	用来测量工件内、外角度的量具，按其分度值可分为2′和5′两种，按其尺身的形状可分为圆形（Ⅱ型）和扇形（Ⅰ型）两种

（续）

名　称	外观图	说　明
游标万能角度尺	 Ⅱ型游标万能角度尺 1—直尺　2—主尺　3—游标　4—放大镜　5—微动轮 6—锁紧装置　7—基尺　8—附加量尺	用来测量工件内、外角度的量具，按其分度值可分为 2′ 和 5′ 两种，按其尺身的形状可分为圆形（Ⅱ型）和扇形（Ⅰ型）两种

二、数控机床常用维修仪表（表1-4）

表1-4　数控机床常用维修仪表

名　称	外观图	说　明
百分表		用于测量零件几何元素相互之间的平行度误差、轴线与导轨的平行度误差、导轨的直线度误差、工作台台面的平面度误差以及主轴的轴向圆跳动误差、径向圆跳动误差和轴向窜动
杠杆百分表		用于受空间限制的测量，如内孔、键槽测量等，使用时应注意使测量运动方向与测头中心线垂直，以免产生测量误差
千分表及杠杆千分表	 千分表　　　　　杠杆千分表	其工作原理与百分表和杠杆百分表一样，只是分度值不同，常用于精密机床的修理中

（续）

名　称	外观图	说　明
比较仪	扭簧比较仪　　　杠杆齿轮比较仪	可分为扭簧比较仪和杠杆齿轮比较仪。扭簧比较仪适用于精度要求较高的跳动量的测量
水平仪	数显电子水平仪　　　框式水平仪 光学合像水平仪　　　条式水平仪	水平仪是机床制造和修理中最常用的测量仪器之一，它用来测量导轨在垂直面内的直线度误差，工作台台面的平面度误差以及零件几何元素相互之间的垂直度误差、平行度误差等。水平仪按其工作原理可分为水准器式水平仪和电子水平仪。水准器式水平仪有条式水平仪、框式水平仪和光学合像水平仪三种
光学式平直度测量仪		在机械维修中，光学式平直度测量仪常用来检查床身导轨在水平面内和垂直面内的直线度误差、检验用平板的平面度误差，是当前导轨直线度误差测量方法中较先进的仪器之一
经纬仪		经纬仪是机床精度检查和维修中常用的一种高精度仪器，常用于数控铣床和加工中心水平转台和万能转台的分度精度的精确测量，通常与平行光管组成光学系统来使用
转速表		常用于测量伺服电动机的转速，是检查伺服调速系统的重要工具之一，常用的转速表有离心式转速表和数字式转速表等

想一想　以上介绍的仪表、工具中，您用过哪几种？

教师讲解　数控机床机械装调维修常用仪器

在数控机床的故障检测过程中，借助一些专用的仪器是必要的，也是有效的，这些专用的仪器能从定量分析的角度直接反映故障点状况，起到决定作用。常用的仪器有激光干涉仪、三坐标测量机和球杆仪等。

一、激光干涉仪

激光干涉仪可对机床、三坐标测量机及各种定位装置进行高精度的位置和几何精度校正，可完成各项参数的测量，如线性位置精度、重复定位精度、角度、直线度、垂直度、平行度及平面度等的测量。此外，它还具有一些选择功能，如自动螺距误差补偿（适用于大多数控系统）、机床动态特性测量与评估、回转坐标分度精度标定、触发脉冲输入和输出功能等。

激光干涉仪用于机床精度的检测及长度、角度、直线度、直角等的测量时，具有精度高、效率高、使用方便、测量长度可达十几米甚至几十米、精度达微米级的特点。激光干涉仪的应用如图1-23所示。

二、三坐标测量机

三坐标测量机是通过在 X、Y、Z 三个轴上测量各种零部件及总成的各个点和元素的空间坐标，用以评价长度、直径、形状误差和位置误差的一种测量设备，如图1-24所示。它配备了高精度的导轨、测头和控制系统，并由计算机程序自动控制检测流程，计算并输出测量结果。三坐标测量机在三个相互垂直的方向上有导向机构、测长元件、数显装置，以及一个能够放置工件的工作台（大型和巨型不一定有），测头可以以手动或机动方式轻快地移到被测点上，由读数设备和数显装置将被测点的坐标值显示出来。

图1-23　激光干涉仪的应用　　　　　　　　图1-24　三坐标测量机

技能训练　三坐标测量机的应用

一、操作准备

1. 设备选择

选用 HIT554 型三坐标测量机，外形如图1-24所示，测头选用 φ2.5mm 的球形测头。

2. 软件选择

采用 NeuroMeasure 测量软件，该软件是基于 Windows 操作系统的三坐标测量软件。NeuroMeasure 测量软件的操作界面如图1-25所示。

二、操作过程

1）打开空调，保持室温 20°C 在 2h 以上，湿度保持在 55%。

2）打开气源，供给压力保持在 0.5MPa 以上。

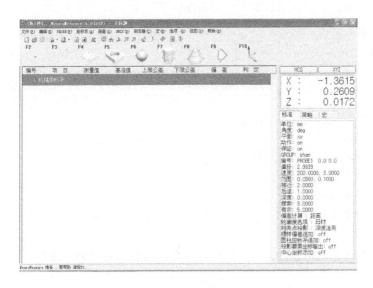

图 1-25　NeuroMeasure 测量软件的操作界面

3）打开计算机，进入 Windows 操作界面。

4）打开控制箱电源。

5）当控制键盘上显示正常后，打开 NeuroMeasure 测量软件，显示"搜索机械原点"（稍等），原点搜索完毕后即可进行正常操作。

做一做　根据实际情况，应用三坐标测量机对相关工件进行测量。

任务扩展　数控机床故障率曲线

与一般设备相同，数控机床的故障率随时间变化的规律可用图 1-26 所示的浴盆曲线（也称失效率曲线）表示。根据数控机床的故障率，数控机床整个使用寿命周期大致分为三个阶段，即早期故障期、偶发故障期和耗损故障期。

一、早期故障期

在这个阶段，数控机床的故障率高，但随着使用时间的增加而迅速下降。这段时间的长短因产品、系统的设计与制造质量而异，约为 10 个月。

二、偶发故障期

数控机床在经历了初期的各种老化、磨合和调整后，开始进入相对稳定的偶发故障期，即正常运

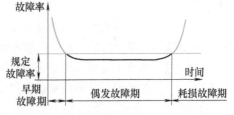

图 1-26　数控机床故障规律（浴盆曲线）

行期。正常运行期一般为 7～10 年。在这个阶段，故障率低而且相对稳定，近似常数。偶发故障是由偶然因素引起的。

三、耗损故障期

耗损故障期出现在数控机床使用的后期，其特点是故障率随着运行时间的增加而升高。出现这种现象的基本原因是数控机床的零部件及电子元器件经过长时间的运行，由于疲劳、磨损、老化等原因，使用寿命已接近完结，从而处于频发故障状态。

数控机床故障率曲线变化的三个阶段，真实地反映了从磨合、调试、正常工作到大修或报废的故障率变化规律，加强数控机床的日常管理与维护保养，可以延长偶发故障期。准确地找出拐点，可避免过剩修理或修理范围扩大，以获得最佳的投资效益。

想一想 数控机床买来后为什么要尽快投入使用？

任务巩固

一、填空题

1. 单头钩形扳手分为_____和_____，可用于扳动在圆周方向上_____或____的圆螺母。

2. 弹性锤子可分为_____和_____。

3. 检验棒可分为_____、_____和_____。

4. 比较仪可分为_____和_____。

5. 水平仪按其工作原理可分为_____和_____。

6. 水准器式水平仪有_____、_____和_____三种。

7. 三坐标测量机是在____、____、____三个轴方向上测量各种零部件及总成的各个点和元素的空间坐标的测量设备。

8. 激光干涉仪可对机床、三坐标测量机及各种定位装置进行高精度的_____精度校正。

二、选择题（请将正确答案的代号填在括号中）

1. （　　）是通过在 X、Y、Z 三个轴上测量各种零部件及总成的各个点和元素的空间坐标，来评价长度、直径、形状误差和位置误差的一种测量设备。

A. 激光干涉仪　B. 三坐标测量机　C. 红外测温仪　D. 测振仪

2. （　　）可对机床、三坐标测量机及各种定位装置进行高精度的位置和几何精度校正。

A. 激光干涉仪　B. 三坐标测量机　C. 红外测温仪　D. 测振仪

三、判断题（正确的画"√"，错误的画"×"）

1. （　　）杠杆千分尺的测量精度可达 0.001mm。

2. （　　）游标万能角度尺按其尺身的形状可分为圆形（Ⅱ型）和扇形（Ⅰ型）两种。

3. （　　）测振仪一般都做成便携式和笔式。

4. （　　）红外测温仪用于检测数控机床容易发热的部件，如功率模块、导线接点、主轴轴承等。

5. （　　）三坐标测量机是通过在 A、B、C 三个轴上测量各种零部件及总成的各个点和元素的空间坐标，来评价长度、直径、形状误差和位置误差的一种测量设备。

6. （　　）激光干涉仪用于机床精度的检测及长度、角度、直线度误差、直角等的测量。

7. （　　）生产型三坐标测量机除用于零件的测量外，还可进行轻型加工。

模块二 数控机床主传动系统的装调与维修

　　数控机床的主传动系统主要包括主轴箱、主轴头、主轴本体和主轴轴承等，是机床的关键部件，其作用见表2-1。

　　主传动系统的好坏直接影响工件加工质量。无论哪种机床的主传动系统都应满足下述几方面的要求：调整范围大，不但有低速、大转矩功能，而且要有较高的速度，还要能超高速切削；低温升、小的热变形；有高的旋转精度和运动精度；高刚度和抗振性。此外，主轴组件必须有足够的耐磨性。

　　为了实现刀具在主轴上的自动装卸与夹持，数控机床尤其是加工中心，还必须有刀具的自动夹紧装置、主轴准停装置和主轴孔的清理装置等结构。

2-1 主轴箱
结构

表 2-1 主传动系统的组成及其作用

名　称	图　示	作　用
主轴箱		主轴箱通常由铸铁铸造而成，主要用于安装主轴零件、主轴电动机和主轴润滑系统等
主轴头		主轴头下面与立柱的导轨连接，内部装有主轴，上面还固定有主轴电动机、主轴松刀装置，用于实现主轴在 Z 轴方向的移动、主轴旋转等功能
主轴本体		主轴本体是主传动系统中最重要的零件。主轴材料的选择主要根据刚度、载荷特点、耐磨性和热处理变形等因素确定。对于数控铣床或加工中心，主轴本体用于装夹刀具，执行工件加工；对于数控车床或车削中心，主轴本体用于安装卡盘，装夹工件
主轴轴承	轴承	支承主轴

（续）

名　称	图　示	作　用
同步带轮		同步带轮的主要材料为尼龙,它固定在主轴上,与同步带啮合
同步带		同步带是主轴电动机与主轴的传动元件,主要是将电动机的转动传递给主轴,带动主轴转动
主轴电动机		主轴电动机是机床加工的动力元件,电动机功率的大小直接关系到机床的切削能力
松刀缸		松刀缸主要用于数控铣床或加工中心上换刀时松刀。松刀缸由气缸和液压缸组成,气缸装在液压缸的上端。工作时,气缸内的活塞推进液压缸内,使液压缸内的压力增加,推动主轴内夹刀元件,从而达到松刀的目的
润滑油管		润滑油管主要用于主轴润滑

通过学习本模块，学生应能够识别数控机床主传动系统的机械原理图与装配图；能够对数控机床主传动系统进行保养检查；掌握数控机床主传动系统的结构、工作原理及其拆卸和装配工艺知识，并能对其进行拆装；能够排除数控机床主传动系统的机械故障。

任务一　认识数控机床的主传动系统

🔒 任务引入

数控机床的主传动系统主要由主轴电动机、变速机构、主轴及驱动系统等部分组成。图 2-1 所示为某加工中心的主传动结构，其主传动路线为：交流主轴电动机→1∶1 多楔带传动→主轴。

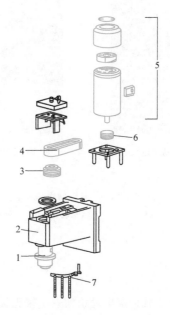

图 2-1　某加工中心的主传动结构

1—主轴　2—主轴箱　3、6—带轮　4—多楔带　5—主轴电动机　7—切削液喷嘴

📖 任务目标

- 掌握主轴变速的方式。
- 掌握主轴的支承结构。
- 掌握主轴的密封方式。
- 掌握主轴支承的调整与装配方法。
- 掌握主轴的维护方法。
- 掌握主轴支承故障的诊断与维修方法。

⚙ 任务实施

工厂参观　在教师的带领下到工厂参观，让学生对数控机床主传动系统的组成（图 2-2）有一个感性认识。

a)　　　　　　　　　　　　　　　　　　b)

带传动（经过一级降速）　　　　　经过一级齿轮的带传动

c)

图 2-2　数控机床主传动系统的组成

a）串行数字主轴电动机　b）主轴驱动器　c）主轴电动机的连接

教师讲解

一、主轴变速方式

1. 无级变速

数控机床一般采用直流或交流主轴伺服电动机实现主轴无级变速，如图 2-3 所示。

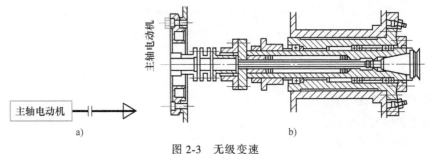

图 2-3　无级变速

a）示意图　b）装配图

2. 分段无级变速

有的数控机床在交流或直流电动机无级变速的基础上配以齿轮变速等变速机构，使之成为分段无级变速，如图 2-4 所示。

（1）带有变速齿轮的主传动（图 2-4a）　大中型数控机床通常采用带有变速齿轮的主传动配置方式，通过少数几对齿轮的传动，扩大变速范围。其中，滑移齿轮的移位大都采用液压拨叉或直接由液压缸带动来实现。

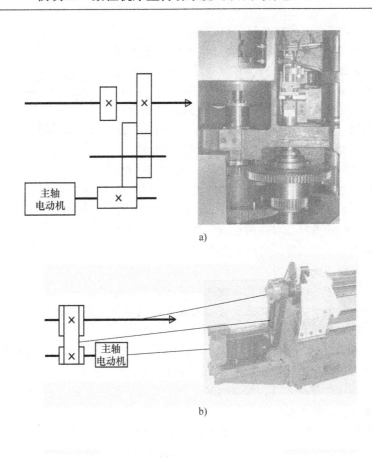

a)

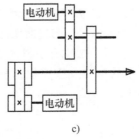

b)

c)

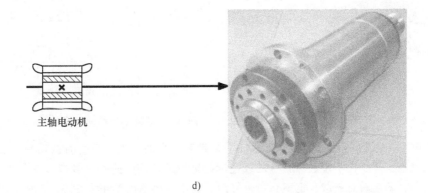

d)

图 2-4　数控机床主传动的四种配置方式

a) 齿轮变速　b) 带传动　c) 两个电动机分别驱动主轴　d) 内装电动机主轴的传动结构

图 2-5 所示为三位液压拨叉的工作原理。通过改变不同的通油方式可以使三联齿轮块获得三个不同的变速位置。该机构除液压缸和活塞杆外，还增加了套筒 4。当液压缸 1 通入压力油，而液压缸 5 卸压时（图 2-5a），活塞杆 2 便带动拨叉 3 向左移动到极限位置，此时拨叉带动三联齿轮块移动到左端。当液压缸 5 通入压力油，而液压缸 1 卸压时（图 2-5b），活塞杆 2 和套筒 4 一起向右移动，在套筒 4 碰到液压缸 5 的端部后，活塞杆 2 继续右移到极限位置，此时，三联齿轮块被拨叉 3 移动到右端。当压力油同时进入液压缸 1 和 5 时（图 2-5c），由于活塞杆 2 的两端直径不同，使活塞杆处在中间位置。在设计活塞杆 2 和套筒 4 的截面直径时，应使套筒 4 的圆环面上的向右推力大于活塞杆 2 的向左的推力。液压拨叉换档在主轴停止

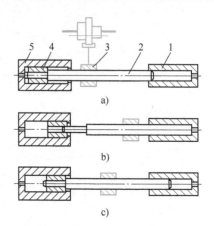

图 2-5　三位液压拨叉的工作原理
1、5—液压缸　2—活塞杆　3—拨叉　4—套筒

之后才能进行，但停止时拨叉带动齿轮块移动又可能产生"顶齿"现象，因此在这种主运动系统中通常设一台微电动机，它在拨叉移动齿轮块的同时带动各传动齿轮做低速回转，使滑移齿轮与主动齿轮顺利啮合。

（2）通过带传动的主传动（图 2-4b）　这种主传动形式主要用于转速较高、变速范围不大的机床，适用于高速、低转矩特性的主轴，常用的传动带是同步带。

带传动是传统的传动方式，常见的有 V 带、平带、多联 V 带、多楔带和同步带。为了定位准确，常用多楔带和同步带。

1）多联 V 带。多联 V 带又称复合 V 带，如图 2-6 所示，有双联和三联两种，每种都有三种不同的截面，横断面呈楔形，如图 2-7 所示，楔角为 40°。多联 V 带是一次成形，不会因长度不一致而受力不均，因而承载能力比多根 V 带（截面积之和相同）高。同样的承载能力，多联 V 带的截面积比多根 V 带小，因而重量较轻，耐挠曲性能高，允许的带轮最小直径小，线速度高。多联 V 带传递负载主要靠强力层。强力层中有多根钢丝绳或涤纶绳，具有断后伸长率小、抗拉强度和抗弯强度较高等特点。带的基底及缓冲楔部分采用橡胶或聚氨酯。多联 V 带有 5MS、7MS、11MS 等型号，其结构如图 2-7 所示。

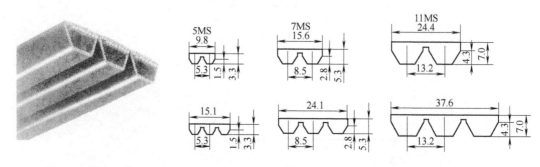

图 2-6　多联 V 带　　　　　　　　　图 2-7　多联 V 带的截面形状

2）多楔带。如图 2-8 所示，多楔带综合了 V 带和平带的优点，运转时振动小，发热少，运转平稳，重量轻，适于在不超过 40m/s 的线速度的情况下使用。此外，多楔带与带轮的接触好，负载分配均匀，即使瞬时超载，也不会产生打滑，其传动功率比 V 带大 20%～30%。因此，多楔带传动能够满足加工中心主轴传动的要求，在高速、大转矩下也不会出现打滑现象。安装多楔带时需要较大的张紧力，因此，主轴和电动机需承受较大的径向负载。

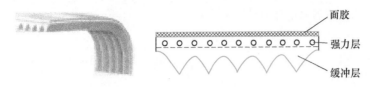

图 2-8　多楔带的结构

多楔带有 H 型、J 型、K 型、L 型和 M 型等型号，数控机床上常用的多楔带有 J 型（齿距为 2.4mm）、L 型（齿距为 4.8mm）、M 型（齿距为 9.5mm）三种规格。根据图 2-9 可大致选出所需的型号。

3）同步带。同步带根据齿形不同又分为梯形齿同步带和圆弧齿同步带，如图 2-10 所示。图 2-10a、b 所示为两种同步带的纵断面，其结构与材质和楔带相似，但在齿面上覆盖了一层尼龙帆布，用以减少传动齿与带轮的啮合摩擦。梯形齿同步带在传递功率时，由于应力集中在齿根部位，使传递功率能力下降；同时，由于与带轮是圆弧形接触，当带轮直径较小时，将使齿变形，影响了与带轮齿的啮合，不仅受力情况不好，而且在速度很高时，会产生较大的噪声与振动，这对于主传动来说是不利的。因此，在加工中心

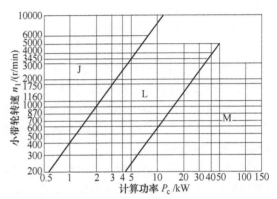

图 2-9　多楔带型号选择图

的主传动中很少采用梯形齿同步带传动，一般仅在转速不高的运动传动或小功率的动力传动中采用。圆弧齿同步带克服了梯形齿同步带的缺点，均化了应力，改善了啮合。因此，在加工中心上，无论是主传动还是伺服进给传动，当需要用带传动时，总是优先考虑采用圆弧齿同步带。

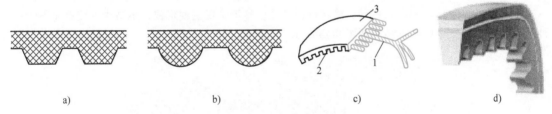

图 2-10　同步带
a）梯形齿　b）圆弧齿　c）同步带的结构　d）实物图
1—强力层　2—带齿　3—带背

同步带具有带传动和链传动的优点，与一般的带传动相比，它不会打滑，且不需要很大的张紧力，减少或消除了轴的静态径向力；传动效率高达 98%～99.5%；可用于 60～80m/s 的高速传动。但是应用在高速传动时，由于带轮必须设置轮缘，因此在设计时要考虑轮齿槽的排气，以免产生"啸叫"。

同步带的规格以相邻两齿的节距来表示（与齿轮的模数相似），主轴功率为 3～10kW 的加工中心多用节距为 5mm 或 8mm 的圆弧齿同步带，型号为 5M 或 8M。根

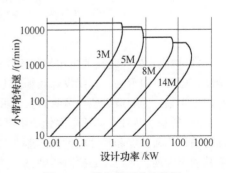

图 2-11　同步带型号选择图

据图 2-11 可大致选出所需的型号。

📖 **注 意** 应用同步带的注意事项

1）为了使转动惯量小，带轮由密度小的材料制成。带轮所允许的最小直径，根据有效齿数及平带包角，由同步带生产厂确定。

2）为了避免离合器引起的附加转动惯量，在驱动轴上的带轮应直接安装在电动机轴上。

3）为了对同步带长度的制造公差进行补偿并防止间隙，同步带必须预加载。预加载的方法可以是对电动机径向位移或是安装张紧轮。

4）对较长的自由同步带（大于带宽 9 倍），为使带振动衰减，常用张紧轮。

5）张紧轮可以是安装在同步带内部的牙轮，但更好的方式是在同步带外部采用圆筒形滚轮，这种方式可使同步带的包角增大，更有利于传动。为了减少运动噪声，应使用背面抛光的同步带。

（3）用两个电动机分别驱动主轴（图 2-4c）　高速时由一个电动机通过带传动驱动，低速时由另一个电动机通过齿轮传动驱动。其缺点是两个电动机不能同时工作，也是一种浪费。

（4）内装电动机主轴（电主轴，图 2-4d）　电动机转子固定在机床主轴上，结构紧凑，但需要考虑电动机的散热。主轴就是电动机轴，多用在小型加工中心上，这也是近年来高速加工中心主轴发展的一种趋势。

数控机床的高速电主轴单元包括动力源、主轴、轴承和机架（图 2-12）等几个部分。这种主轴电动机与机床主轴合二为一的传动结构，使主轴部件从机床的主传动系统和整体结构中相对独立出来，因此可做成主轴单元，俗称电主轴。由于当前电主轴主要采用的是交流高频电动机，故也称为高频主轴。由于没有中间传动环节，有时又称它为直接传动主轴。电主轴是一种智能型功能部件，它采用无外壳电动机，将带有冷却套的电动机定子装配在主轴单元的壳体内，转子和机床主轴的旋转部件做成一体，主轴的变速范围完全由变频交流电动机控制。电主轴具有结构紧凑、重量轻、惯性小、振动小、噪声低和响应快等优点，不但转速高、功率大，还具有一系列控制主轴温升与振动等机床运行参数的功能，以确保其高速运转的可靠性与安全性。使用电主轴可以减少带传动和齿轮传动，简化机床设计，易于实现主轴定位，是高速主轴单元中的一种理想结构。电主轴的基本结构如图 2-13 所示。

图 2-12　高速电主轴单元

1）轴壳。轴壳是高速电主轴的主要部件，轴壳的尺寸精度和位置精度直接影响主轴的综合精度。通常将轴承座孔直接设计在轴壳上。电主轴为加装电动机定子，必须开放一端，而大型或特种电主轴，为制造方便、节省材料，可将轴壳两端均设计成开放型。

2）转轴。转轴是高速电主轴的主要回转主体，其制造精度直接影响电主轴的最终精度。成品转轴的几何精度和尺寸精度要求都很高。当转轴高速运转时，由偏心质量引起的振动严重影响其动态性能，因此，必须对转轴进行严格的动平衡。

3）轴承。高速电主轴的核心支承部件是高速精密轴承，它具有高速性能好、动载荷承载能

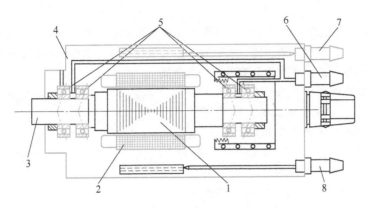

图 2-13 电主轴的基本结构

1—转子 2—定子 3—转轴 4—轴壳 5—角接触陶瓷球轴承

6—油雾入口 7—出水口 8—冷却水入口

力高、润滑性能好、发热量小等优点。近年来，相继开发出陶瓷轴承、动/静压轴承和磁悬浮轴承。磁悬浮轴承高速性能好、精度高，但价格昂贵。动/静压轴承有很好的高速性能，而且调速范围广，但必须进行专门设计，标准化程度低，维护也困难。目前，应用最多的高速电主轴轴承还是混合陶瓷球轴承，用其组装的电主轴，兼有高速、高刚度、大功率、长寿命等优点。

4）定子与转子。高速转轴的定子由具有高磁导率的优质硅钢片叠压而成，叠压成形的定子内腔带有冲制嵌线槽。转子由转子铁心、鼠笼和转轴三部分组成。

二、主轴支承

主轴轴承是主轴组件的重要组成部分，它的类型、结构、配置、精度、安装、调整、润滑和冷却都直接影响主轴组件的工作性能。在数控机床上，常用的主轴轴承有滚动轴承和滑动轴承。

1. 滚动轴承支承

（1）数控机床常用滚动轴承 滚动轴承摩擦阻力小，可以预紧，润滑、维护简单，能在一定的转速范围和载荷变动范围内稳定地工作。滚动轴承由专业化工厂生产，选购维修方便，广泛应用于数控机床上。但与滑动轴承相比，滚动轴承的噪声大，滚动体数目有限，刚度是变化的，抗振性略差，并且对转速有很大的限制。数控机床主轴组件在可能的条件下，应尽量使用滚动轴承，特别是大多数立式主轴和装在套筒内能够做轴向移动的主轴。这时用滚动轴承可以用润滑脂润滑，以避免漏油。滚动轴承根据滚动体的结构分为球轴承、圆柱滚子轴承和圆锥滚子轴承三大类。常用滚动轴承的实物如图 2-14 所示。

a)　　　　　　　　b)　　　　　　　　c)

图 2-14 常用滚动轴承的实物

a）双列推力角接触球轴承 b）双列圆锥滚子轴承 c）圆柱滚子轴承

（2）主轴滚动轴承的配置 在实际应用中，常见的数控机床主轴轴承配置有图 2-15 所示的三种形式。

图 2-15a 所示的配置形式能使主轴获得较大的径向和轴向刚度，可以满足机床强力切削的要求，普遍应用于各类数控机床的主轴，如数控车床、数控铣床、加工中心等。这种配置的后支承也可用圆柱滚子轴承，进一步提高后支承的径向刚度。

图 2-15b 所示的配置形式没有图 2-15a 所示的主轴刚度大，但这种配置提高了主轴的转速，适合要求主轴在较高转速下工作的数控机床。目前，这种配置形式在立式、卧式加工中心上得到广泛应用，满足了这类机床转速范围大、最高转速高的要求。为提高这种配置形式的主轴刚度，前支承可以用四个或更多的轴承组配，后支承用两个轴承组配。

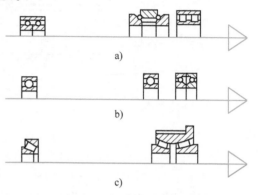

图 2-15c 所示的配置形式能使主轴承受较大载荷（尤其是承受较强的动载荷），径向和轴向刚度高，安装和调整性好。但这种配置限制了主轴最高转速和精度，适用于中等精度、低速与重载的数控机床主轴。

图 2-15　数控机床主轴轴承配置形式

为提高主轴组件刚度，数控机床还常采用三支承主轴组件。尤其是前后轴承间跨距较大的数控机床，采用辅助支承可以有效地减少主轴弯曲变形。三支承主轴结构中，一个支承为辅助支承，辅助支承可以为中间支承，也可以为后支承。辅助支承在径向要保留必要的游隙，以避免由于主轴安装轴承处轴颈和箱体安装轴承处孔的制造误差（主要是同轴度误差）造成的干涉。辅助支承常采用深沟球轴承。

2. 滑动轴承支承

数控机床上最常使用的滑动轴承是静压滑动轴承。静压滑动轴承的油膜压力，是由液压缸从外界供给的，与主轴转与不转、转速的高低无关（忽略旋转时的动压效应）。静压滑动轴承的承载能力不随转速而变化，而且无磨损，起动和运转时摩擦阻力力矩相同，因此静压滑动轴承的刚度大，回转精度高。但静压滑动轴承需要一套液压装置，故成本较高。

静压滑动轴承装置主要由供油系统、节流器和轴承三部分组成，其结构及工作原理如图 2-16 所示。轴承的内圆柱表面上对称地开了 4 个矩形油腔 2 和回油槽 5，油腔与回油槽之间的圆弧面称为周向封油面 4，封油面与主轴之间有 0.02～0.04mm 的径向间隙。系统的压力油经各节流器降压后进入各油腔。在压力油的作用下，主轴浮起并处在平衡状态。油腔内的压力油经封油面流出后，流回油箱。当轴受到外部载荷 F 的作用时，主轴轴颈产生偏移，上下油腔的回油间隙发生变化，上腔回油量增大，而下腔回油量减少。根据液压原理中节流器的流量 q 与节流器两端的

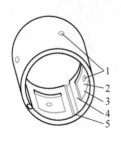
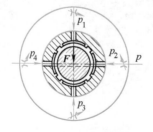

图 2-16　静压滑动轴承

1—进油孔　2—油腔　3—轴向封油面　4—周向封油面　5—回油槽

压力差 p 之间的关系式 $q = Kp$ 可知，当节流器进油口的压力保持不变时，流量改变，节流器出油口的压力也随之改变。因此，上腔压力 p_1 下降，下腔压力 p_3 增大，若油腔面积为 A，当 $A(p_3 - p_1) = F$ 时，则平衡了外部载荷 F。这样主轴轴线始终保持在回转中心线上。

另外，数控机床上的滑动轴承也有采用磁悬浮轴承的。磁悬浮轴承的工作原理如图 2-17 所示。

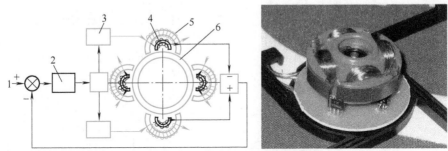

图 2-17 磁悬浮轴承的工作原理

1—基准信号 2—调节器 3—功率放大器 4—位移传感器 5—定子 6—转子

液体静压轴承和动压轴承主要应用在主轴高转速、高回转精度的场合，如应用于精密、超精密数控车床主轴及数控磨床主轴。对于转速要求更高的主轴，可以采用空气静压轴承，其可达每分钟几万转的转速，并有非常高的回转精度；也可以像图 2-18 所示那样采用磁悬浮轴承。

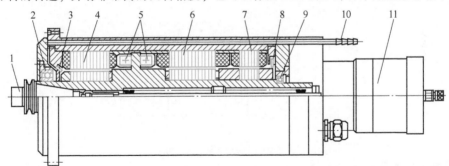

图 2-18 用磁悬浮轴承的高速主轴部件

1—刀具系统 2、9—支承轴承 3、8—传感器 4、7—径向轴承（磁悬浮轴承）
5—轴向推力轴承 6—高频电动机 10—冷却水管路 11—气、液压放大器

技能训练 根据实际情况，让学生在教师的指导下进行如下技能训练。

一、主轴滚动轴承的预紧

所谓轴承预紧，就是使轴承滚道预先承受一定的载荷，这不仅能消除间隙，而且使滚动体与滚道之间发生一定的变形，从而使接触面积增大，轴承受力时变形减少，抵抗变形的能力增大。因此，对主轴滚动轴承进行预紧和合理选择预紧量，可以提高主轴部件的旋转精度、刚度和抗振性。在装配机床主轴部件时对轴承进行预紧，但使用一段时间以后，间隙或过盈有了变化，还得重新调整，因此预紧结构应便于调整。滚动轴承间隙的调整或预紧，通常是使轴承内、外圈做相对轴向移动来实现的。常用的方法有以下几种：

1. 轴承内圈移动

图 2-19 所示方法适用于锥孔双列圆柱滚子轴承。用螺母通过套筒推动内圈在锥形轴颈上做轴向移动，使内圈变形胀大，在滚道上产生过盈，从而达到预紧的目的。其中，图 2-19a 所示的结构简单，但预紧量不易控制，常用于轻载机床主轴部件；图 2-19b 所示方法用右端螺母限制内

圈的移动量，易于控制预紧量；图 2-19c 所示是在主轴凸缘上均布数个螺钉以调整内圈的移动量，调整方便，但是用几个螺钉调整易使垫圈歪斜；图 2-19d 所示是将紧靠轴承右端的垫圈做成两个半环，可以径向取出，通过修磨其厚度来控制预紧量的大小，调整精度较高，调整螺母一般采用细牙螺纹，便于微量调整，而且在调好后要能锁紧防松。

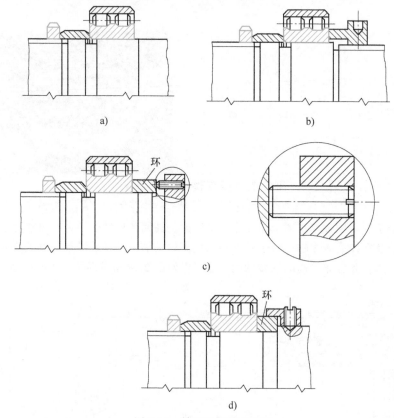

图 2-19　轴承内圈移动方法

2. 修磨座圈或隔套

图 2-20a 所示为轴承外圈宽边相对（背对背）安装，这时可修磨轴承内圈的内侧；图 2-20b 所示为轴承外圈窄边相对（面对面）安装，这时可修磨轴承外圈的窄边。在安装时按图示的相对关系装配，并用螺母或法兰盖将两个轴承轴向压拢，使两个修磨过的端面贴紧，从而在两个轴承的滚道之间产生预紧。另一种方法是将两个厚度不同的隔套放在两轴承内、外圈之间，同样将两个轴承轴向相对压紧，使滚道之间产生预紧，如图 2-21a、b 所示。

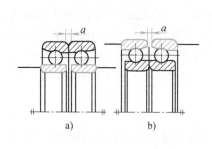

图 2-20　修磨座圈

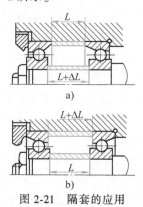

图 2-21　隔套的应用

3. 自动预紧

如图 2-22 所示,用沿圆周均布的弹簧对轴承预加一个基本不变的载荷,轴承磨损后能自动补偿,且不受热膨胀的影响。其缺点是只能单向受力。

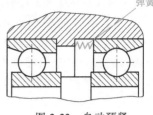

弹簧

图 2-22 自动预紧

想一想 您所在学校的数控机床主轴轴承预紧时遇到了什么情况?您是怎样解决的?

二、主轴的密封

工厂参观 在教师的带领下,让学生到工厂中看一下主轴的密封。

1. 非接触式密封

图 2-23a 所示是利用轴承盖与轴的间隙密封的,轴承盖的孔内开槽是为了提高密封效果。这种密封一般用在比较清洁的工作环境中,且为油脂润滑。

图 2-23b 所示是在螺母 2 的外圆上开锯齿形环槽,当油向外流时,靠主轴转动的离心力把油沿斜面甩到端盖 1 的空腔内,从而使油液流回箱内。

图 2-23c 所示是迷宫式密封结构,在切屑多、灰尘大的工作环境下可获得可靠的密封效果。这种结构适用于油脂或油液润滑的密封。

2. 接触式密封

接触式密封主要有油毡圈密封和耐油橡胶密封圈密封两种,如图 2-24 所示。

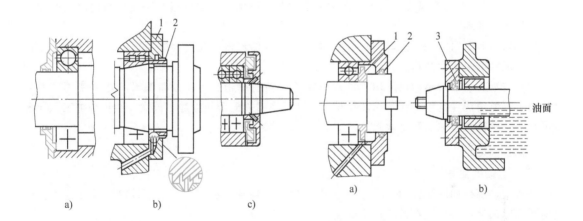

图 2-23 非接触式密封

1—端盖 2—螺母

图 2-24 接触式密封

a)油毡圈密封 b)耐油橡胶密封圈

1—甩油环 2—油毡圈 3—耐油橡胶密封圈

图 2-25 所示为卧式加工中心主轴前支承的密封结构,其采用的是双层小间隙密封装置。主轴前端加工有两组锯齿形护油槽,在法兰盘 4 和 5 上开有沟槽及泄漏孔,当喷入轴承 2 内的油液流出后被法兰盘 4 内壁挡住,并经其下部的泄油孔 9 和套筒 3 上的回油斜孔 8 流回油箱,少量油液沿主轴 6 流出时,在主轴护油槽处由于离心力的作用被甩至法兰盘 4 的沟槽内,再经回油斜孔 8 重新流回油箱,从而达到防止润滑油泄漏的目的。

当外部切削液、切屑及灰尘等沿主轴 6 与法兰盘 5 之间的间隙进入时,经法兰盘 5 的沟槽由泄漏孔 7 排出,少量的切削液、切屑及灰尘进入主轴前端的锯齿形护油槽,在主轴 6 高速旋转离心作用下仍被甩至法兰盘 5 的沟槽内,由泄漏孔 7 排出,达到主轴端部密封的目的。

要使间隙密封结构在一定的压力和温度范围内具有良好的密封防漏性能,必须保证法兰盘 4

和 5 与主轴及轴承端面的配合间隙，有如下几方面要求：

1）法兰盘 4 与主轴 6 的配合间隙应控制在单边 0.1~0.2mm 范围内。如果间隙偏大，则泄漏量将按间隙的三次方扩大；如果间隙过小，由于加工及安装误差，则法兰盘 4 容易与主轴局部接触，使主轴局部升温并产生噪声。

2）法兰盘 4 内端面与轴承端面的间隙应控制在 0.15~0.3mm。小间隙可使压力油直接被挡住并沿法兰盘 4 内端面下部的泄油孔 9 经回油斜孔 8 流回油箱。

3）法兰盘 5 与主轴的配合间隙应控制在单边 0.15~0.25mm 范围内。若间隙太大，则进入主轴 6 内的切削液及杂物会显著增多；若间隙太小，则法兰盘 5 易与主轴接触。法兰盘 5 的沟槽深度应大于 10mm（单边），泄漏孔 7 的直径应大于 6mm，并应位于主轴下端靠近沟槽的内壁处。

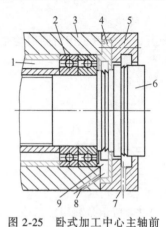

图 2-25 卧式加工中心主轴前
支承的密封结构

1—进油孔 2—轴承 3—套筒
4、5—法兰盘 6—主轴 7—泄漏孔
8—回油斜孔 9—泄油孔

4）法兰盘 4 的沟槽深度应大于 12mm（单边），主轴 6 上的锯齿尖而深，一般在 5~8mm 范围内，以确保具有足够的甩油空间。法兰盘 4 处的主轴锯齿向后倾斜，法兰盘 5 处的主轴锯齿向前倾斜。

5）法兰盘 4 上的沟槽与主轴 6 上的护油槽对齐，以保证被主轴甩至法兰盘沟槽内腔的油液能可靠地流回油箱。

6）套筒前端的回油斜孔 8 及法兰盘 4 的泄油孔 9 的流量应控制为进油孔 1 的 2~3 倍，以保证压力油能顺利地流回油箱。

这种主轴前端密封结构也适用于卧式车床的主轴前端密封。在油脂润滑状态下使用该密封结构时，可取消法兰盘泄油孔及回油斜孔，并且可将相关配合间隙适当放大，经正确加工及装配后同样可达到较为理想的密封效果。

想一想 主轴拆卸下来以后应怎样放置与保存？

三、主轴的维护

主轴维护部件如图 2-26 所示。其维护内容包括：每月检查加工中心主轴冷却单元油量，不足时需及时加油；每月在平衡配重块链条加润滑油脂一次。

四、主轴支承故障诊断与维修

1. 开机后主轴不转动的故障排除

故障现象：开机后主轴不转动。

故障分析：检查电动机情况良好，传动键没有损坏；调整 V 带松紧程度，主轴仍无法转动；检查并测量发现电磁制动器的接线和线圈均正常，拆下制动器发现弹簧和摩擦盘也完好；拆下传动轴发现轴承因缺乏润滑而烧毁，将其拆下，手动转动主轴正常。

故障处理：更换轴承重新装上，主轴转动正常，但因主轴制动时间较长，还需调整摩擦盘和衔铁之间的间隙。具体做法是先松开螺母，均匀地调整 4 个螺钉，使衔铁向上移动，将衔铁和摩擦盘间隙调至 1mm 之后，用螺母将其锁紧再试车，主轴制动迅速，故障排除。

2. 孔加工时表面粗糙度值太大的故障维修

故障现象：零件孔加工时表面粗糙度值太大，无法使用。

故障分析：此故障的主要原因是主轴轴承的精度降低或间隙增大。

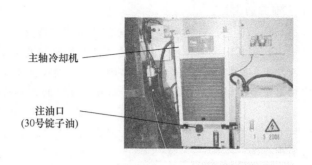

主轴冷却机

注油口
(30号锭子油)

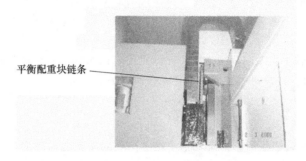

平衡配重块链条

图 2-26　主轴维护部件

故障处理：调整轴承的预紧量。经几次调试，主轴精度恢复，加工孔的表面粗糙度也达到了要求。

讨论总结　常见支承的故障（让学生上网查询，到图书馆查资料，并在教师的参与下讨论、总结数控机床支承常见的故障。）

主轴支承部件常见故障诊断及排除方法见表 2-2。

表 2-2　主轴支承部件常见故障诊断及排除方法

序号	故障现象	故障原因	排除方法
1	主轴发热	轴承润滑油脂耗尽或润滑油脂涂抹过多	重新涂抹润滑油脂,每个轴承 3mL
		主轴前后轴承损伤或轴承不清洁	更换轴承,清除脏物
		主轴轴承预紧力过大	调整预紧力
		轴承研伤或损伤	更换轴承
2	切削振动大	轴承预紧力不够,游隙过大	重新调整轴承游隙,但预紧力不宜过大,以免损坏轴承
		轴承预紧螺母松动,使主轴窜动	紧固螺母,确保主轴精度合格
		轴承拉毛或损坏	更换轴承
3	主轴噪声	轴承损坏或传动轴弯曲	修复或更换轴承,校直传动轴
		缺少润滑	涂抹润滑油脂,保证每个轴承的油脂不超过 3mL
4	轴承损坏	轴承预紧力过大或无润滑油	重新调整预紧力,并使之润滑充分
5	主轴不转	传动轴上的轴承损坏	更换轴承

🏠 **任务扩展**　电主轴的选用

电主轴选用的一般原则是：首先，要熟悉和了解电主轴的结构特点、基本性能、主要参数、润滑和冷却的要求等基本内容；其次，结合目前具备的条件，如机床的类型及特点、电源条件、润滑条件、气源条件、冷却条件、加工产品特点等诸多因素，正确选择适宜的电主轴。

实际上，选用电主轴最重要的是选定其最高转速、额定功率、转矩和转矩与转速的关系，主要应该注意以下几点：

1）从实际需要出发，切忌"贪高（高转速）求大（大功率）"，以免造成性能冗余、资金浪费、维护费事，以致后患无穷。

2）根据实际可行的切削规范，对多个典型工件的多个典型工序多做计算。

3）不要单纯依靠样本来选用，而应多与供应商的销售服务专家深入交谈，多听取他们的有益建议。

4）注意正确选择轴承类型与润滑方式。在满足需求的条件下，应尽量选用陶瓷球混合轴承与永久性油润滑的组合，这样可省去润滑部件并方便维护。

📖 **任务巩固**

一、填空题

1. 滚动轴承间隙的调整或预紧，通常是使轴承内、外圈做相对轴向移动来实现的。常用的方法有_____、_____和_____三种。

2. 主轴部件包括_____、主轴头、_____和主轴轴承等，是机床的关键部件。

3. 静压滑动轴承装置主要由_____、节流器和____三部分组成。

4. 主轴的接触式密封主要有_____密封和_____密封两种。

5. 滑动轴承在数控机床上最常使用的是_____。

6. 高速切削技术的发展，采用了"_____"和"_____"等。

7. 分段无级变速的方式有带有_____、通过带传动的主传动、用两个电动机分别驱动主轴、_____等形式。

8. 多联 V 带又称_____ V 带，有_____和_____两种，横断面呈楔形，楔角为_____。

9. 数控机床上常用的多楔带有_____（齿距为 2.4mm）、L 型（齿距为_____）、_____（齿距为 9.5mm）三种规格。

10. 同步带根据齿形不同又分为_____和_____。

11. 加工中心上常用节距为_____或_____的圆弧齿同步带，型号为_____或_____。

12. 数控机床的高速主轴单元包括_____、_____、_____和机架等几个部分。

13. 主轴部件是机床的一个关键部件，它包括_____、安装在主轴上的_____等。

14. _____克服了梯形齿同步带的缺点，均化了应力，改善了啮合。因此，在加工中心上，无论是主传动还是伺服进给传动，当需要用带传动时，总是优先考虑采用它。

二、选择题（请将正确答案的代号填在括号中）

1. 在带有齿轮传动的主传动系统中，齿轮的换档主要靠（　　）拨叉来完成。

A. 气压　　　　　B. 液压　　　　　C. 电动

2. 为了实现带传动的准确定位，常用多楔带和（　　）。

A. 同步带　　　　B. V 带　　　　　C. 平带　　　　　D. 多联 V 带

3. 电主轴是精密部件，在高速运转情况下，任何（　　）进入主轴轴承，都可能引起振动，甚至使主轴轴承咬死。

　　A. 微尘　　　　　B. 油气　　　　　C. 杂质

　　4. 多楔带运转时振动小，发热少，运转平稳，重量轻，因此在不超过（　　）的线速度下来使用。

　　A. 40m/s　　　　 B. 50m/s　　　　 C. 60m/s

　　5. 多楔带与带轮的接触好，负载分配均匀，即使瞬时超载，也不会产生打滑，而传动功率比 V 带大（　　）。

　　A. 15%~25%　　 B. 20%~30%　　 C. 25%~30%

　　6. （　　）具有带传动和链传动的优点，与一般的带传动相比，它不会打滑，且不需要很大的张紧力，减少或消除了轴的静态径向力；传动效率高达 98%~99.5%；可用于 60~80m/s 的高速传动。

　　A. 多楔带　　　　 B. V 带　　　　　 C. 同步带

　　7. 为了保证数控机床能满足不同的工艺要求，并能够获得最佳切削速度，主传动系统的要求是（　　）。

　　A. 无级调速　　　 B. 变速范围宽　　 C. 分段无级变速　　　 D. 变速范围宽且能无级变速

　　8. 主轴采用带传动变速时，一般常用（　　）、同步带。

　　A. 三角带　　　　 B. 多联 V 带　　 C. 平带　　　　　　　 D. O 型带

　　9. 主轴采用（　　）变速时，其滑移齿轮的位移常用液压拨叉和电磁离合器两种方式。

　　A. 齿轮分段　　　 B. 液压涡轮　　　 C. 变频器　　　　　　 D. 齿轮齿条

　　三、判断题（正确的画 "√"，错误的画 "×"）

　　1. （　　）主轴轴承采用高性能油脂润滑，并严格控制注入量，能使主轴温升很低。

　　2. （　　）采用机床机构故障诊断系统和自适应控制系统、优化切削用量等措施，有助于机床可靠地工作。

　　3. （　　）交流主轴电动机没有电刷，不产生火花，使用寿命长。

　　4. （　　）电主轴的转轴必须进行严格的动平衡。

　　5. （　　）主轴轴承的轴向定位采用前端支承定位。

　　6. （　　）保证数控机床各运动部件间的良好润滑就能提高机床寿命。

　　7. （　　）高速电主轴的轴壳尺寸精度和位置精度直接影响主轴的综合精度。

　　8. （　　）多联 V 带的横断面呈楔形，楔角为 29°。

任务二　数控车床主传动系统的装调与维修

任务引入

　　图 2-27 所示为数控机床主轴的装配现场。数控机床主传动系统装调的前提是看其装配图，而数控机床主传动系统维修的前提是数控机床主传动系统的装调。因此，本任务是从看数控车床主传动系统图开始来实施的。

任务目标

- 掌握数控车床主轴箱装配图的识图方法。
- 掌握数控车床主传动系统的拆卸、装配与调整。
- 掌握数控车床主传动系统的故障诊断与维修。
- 掌握数控车床主传动系统的保养与检查。

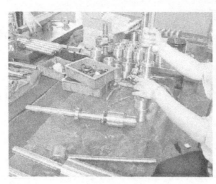

图 2-27　数控机床主轴的装配现场

● **任务实施**

■ **教师讲解**　数控车床的主轴部件

一、主运动传动

TND360 型数控卧式车床的主传动系统如图 2-28 所示，各传动元件是按照运动传递的先后顺序，以展开图的形式画出来的。该图只表示传动关系，不表示各传动元件的实际尺寸和空间位置。

数控车床主运动传动链的两端部件是主电动机与主轴，它的功用是把动力源（电动机）的运动及动力传递给主轴，使主轴带动工件旋转，实现主运动，并满足数控卧式车床主轴变速和换向的要求。

TND360 型数控卧式车床的主运动传动中，主轴伺服电动机（27kW）的运动由 27/40 的同步带传递到主轴箱中的轴 I，再经轴 I 上的双联滑移齿轮、齿轮副 84/60 或 29/86 传递到轴 II（即主轴），使主轴获得高（800～3150r/min）、低（7～800r/min）两档转速范围。在各转速范围内，由主轴伺服电动机驱动实现无级变速。

主轴的运动经过齿轮副 60/60 传递到轴 III，由轴 III 经联轴器驱动脉冲发生器。脉冲发生器将

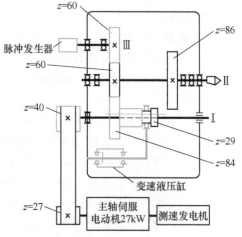

图 2-28　TND360 型数控卧式车床的主传动系统

主轴的转速信号转变为电信号送回数控装置，由数控装置控制实现数控车床上的螺纹切削加工。

二、主轴箱的结构

数控机床的主轴箱是一个比较复杂的传动部件，表达主轴箱中各传动元件的结构和装配关系时常用展开图。展开图基本上是按传动链传递运动的先后顺序，沿中心线剖开，并展开在一个平面上的装配图。图 2-29 所示为 TND360 型数控卧式车床的主轴箱展开图，该图是沿轴 I—轴 II—轴 III 的中心线剖开后展开的。

在展开图中通常主要表示：各种传动元件（轴、齿轮、带传动和离合器等）的传动关系；各传动轴及主轴等有关零件的结构形状、装配关系和尺寸，以及箱体有关部分的轴向尺寸和结构。

要表示清楚主轴箱部件的结构，有时仅有展开图还是不能表示出每个传动元件的空间位置及其他机构（如操作机构、润滑装置等），因此，装配图中有时还需要必要的向视图及其他剖视

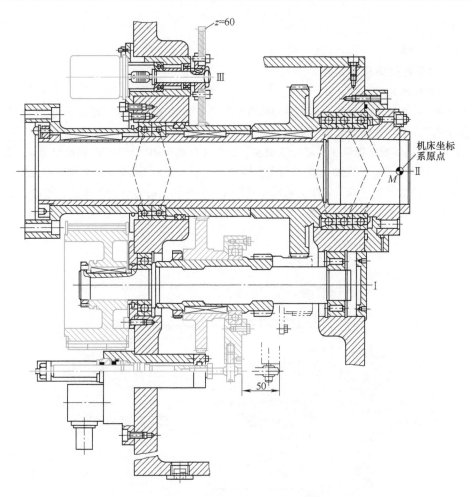

图 2-29　TND360 型数控卧式车床的主轴箱展开图

图加以说明。

1. 变速轴（轴Ⅰ）

变速轴是外花键。左端装有齿数为 40 的同步带轮，传递来自主电动机的运动。轴上花键部分安装有一双联滑移齿轮，齿轮齿数分别为 29（模数 $m=2\text{mm}$）和 84（模数 $m=2.5\text{mm}$）。齿数为 29 的齿轮工作时，主轴运转在低速区；齿数为 84 的齿轮工作时，主轴运转在高速区。双联滑移齿轮为分体组合形式，上面装有拨叉轴承，拨叉轴承用于隔离齿轮与拨叉的运动。双联滑移齿轮由液压缸带动拨叉驱动，在轴Ⅰ上做轴向移动，分别实现齿轮副 29/86、84/60 的啮合，完成主轴的变速。变速轴靠近带轮的一端由球轴承支承，外圈固定；另一端由长圆柱滚子轴承支承，外圈在箱体上不固定，以提高轴的刚度和降低热变形的影响。

2. 检测轴（轴Ⅲ）

检测轴是阶梯轴，由两个球轴承支承在轴承套中。它的一端装有齿数为 60 的齿轮，齿轮的材料为夹布胶木，另一端通过联轴器带动光电脉冲发生器。检测轴上齿数为 60 的齿轮与主轴上的齿数为 60 的齿轮相啮合，将主轴运动传到光电脉冲发生器上。

3. 主轴箱

主轴箱的作用是支承主轴和使主轴运动，其材料为密烘铸铁。主轴箱用底部定位面在床身左端定位，并用螺钉紧固。

🔧 **做一做** 根据您所在地区的实际情况，说明几种典型数控车床主传动的工作原理。

▨ **技能训练**

一、主轴部件的结构与调整

1. 主轴部件的结构

图 2-30 所示为 CK7815 型数控车床主轴部件的结构，该主轴的工作转速范围为 15～5000r/min。主轴 9 前端采用三个角接触球轴承 12，通过前轴承套 14 支承，由螺母 11 预紧。后端采用圆柱滚子轴承 15 支承，径向间隙由螺母 3 和螺母 7 调整。螺母 8 和螺母 10 分别用来锁紧螺母 7 和螺母 11，防止螺母 7 和 11 的回松。带轮 2 直接安装在主轴 9 上（不卸荷）。同步带轮 1 安装在主轴 9 后端支承与带轮之间，通过同步带和安装在主轴脉冲发生器 4 所在轴上的另一同步带轮，带动主轴脉冲发生器 4 和主轴同步运动。在主轴前端，安装有液压卡盘或其他夹具。

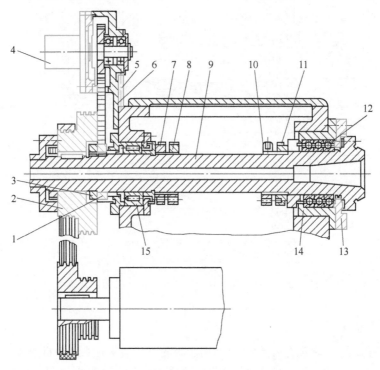

图 2-30　CK7815 型数控车床主轴部件的结构

1—同步带轮　2—带轮　3、7、8、10、11—螺母　4—主轴脉冲发生器　5—螺钉　6—支架
9—主轴　12—角接触球轴承　13—前端盖　14—前轴承套　15—圆柱滚子轴承

2. 主轴部件的拆卸与调整

（1）主轴部件的拆卸　主轴部件在维修时需要进行拆卸。拆卸前应做好工作场地清理、清洁工作和拆卸工具及资料的准备工作，然后进行拆卸操作。拆卸操作顺序大致如下：

1）切断总电源及主轴脉冲发生器等电气线路。总电源切断后，应拆下保险装置，防止他人误合闸而引起事故。

2）切断液压卡盘（图 2-30 中未画出）油路，排放掉主轴部件及相关各部位润滑油。油路切断后，应放尽管内余油，避免油溢出而污染工作环境。管口应包扎，防止灰尘及杂物侵入。

3）拆下液压卡盘及主轴后端液压缸等部件。

4）拆下电动机传动带及主轴后端的带轮和键。

5) 拆下主轴后端螺母 3。

6) 松开螺钉 5，拆下支架 6 上的螺钉，拆去主轴脉冲发生器（含支架和同步带）。

7) 拆下同步带轮 1 和后端油封件。

8) 拆下主轴后支承处轴向定位盘螺钉。

9) 拆下主轴前轴承套螺钉。

10) 拆下（向前端方向）主轴部件。

11) 拆下圆柱滚子轴承 15 和轴向定位盘及油封。

12) 拆下螺母 7 和螺母 8。

13) 拆下螺母 10 和螺母 11 以及前油封。

14) 拆下主轴 9 和前端盖 13。主轴拆下后要轻放，不得碰伤各部螺纹及圆柱表面。

15) 拆下角接触球轴承 12 和前轴承套 14。

以上各部件、零件拆卸后，应进行清洗及防锈处理，并妥善存放保管。

（2）主轴部件的装配调整　装配前，各零件、部件应严格清洗，需要预先加涂油的部件应加涂油。应根据装配要求及配合部位的性质选择装配设备、装配工具以及装配方法。操作者必须注意，不正确或不规范的装配方法，将影响装配精度和装配质量，甚至损坏被装配件。

CK7815 型数控车床主轴部件的装配过程，可大体依据拆卸顺序逆向操作，这里就不再叙述。主轴部件装配时的调整，应注意以下几个部位的操作：

1) 前端三个角接触球轴承，应注意前面两个大口向外，朝向主轴前端，后面的一个大口向里（与前面两个相反方向）。预紧螺母 11 的预紧量应适当（查阅制造厂家说明书），预紧后一定要注意用螺母 10 锁紧，以防止回松。

2) 后端圆柱滚子轴承的径向间隙由螺母 3 和螺母 7 调整。调整后通过螺母 8 锁紧，以防止回松。

3) 为保证主轴脉冲发生器与主轴转动的同步精度，同步带的张紧力应合理。调整时应先略松开支架 6 上的螺钉，然后调整螺钉 5，使同步带张紧。同步带张紧后，再旋紧支架 6 上的紧固螺钉。

4) 装配调整液压卡盘时，应充分清洗卡盘内锥面和主轴前端外短锥面，以保证卡盘与主轴短锥面的良好接触。旋紧卡盘与主轴的联接螺钉时，应沿对角线均匀施力，以保证卡盘的工作定心精度。

5) 液压卡盘驱动液压缸（图 2-30 中未画出）安装时，应调好卡盘的拉杆长度，以保证驱动液压缸有足够的、合理的夹紧行程储备量。

二、主传动链的维护

1) 熟悉数控机床主传动链的结构、性能参数，严禁超性能使用。

2) 主传动链出现不正常现象时，应立即停机排除故障。

3) 每天开机前检查机床的主轴润滑系统（图 2-31），发现油量过低时应及时加油。

4) 操作者应注意观察主轴油箱温度，检查主轴润滑恒温油箱，调节温度范围，并使油量充足。机床运行时间过长时，要检查主轴的恒温系统（图 2-32），如果温度表显示温度过高，应马上停机，检查主轴冷却系统是否有问题。

5) 使用带传动的主轴系统，需定期观察并调整主轴传动带的松紧程度，防止因传动带打滑造成的丢转现象，具体操作如下：①用手在垂直于 V 带的方向上拉 V 带，作用力必须在两轮中间；②拧紧电动机底座上的四个安装螺栓；③拧动调整螺栓，移动电动机底座，使 V 带具有适度的松紧度；④V 带轮槽必须清理干净，槽沟内若有油、污物、灰尘等，会使 V 带打滑，缩短带的使用寿命。

图 2-31　主轴润滑系统

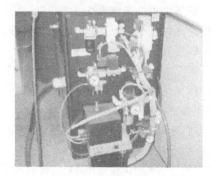

图 2-32　主轴恒温系统

6）对于用液压系统平衡主轴箱重量的平衡系统，需定期观察液压系统的压力表，当油压低于要求值时，应进行补油。

7）使用液压拨叉变速的主传动系统，必须在主轴停止后变速。

8）使用啮合式电磁离合器变速的主传动系统，离合器必须在低于 $1\sim2r/min$ 的转速下变速。

9）注意保持主轴与刀柄连接部位及刀柄的清洁，防止对主轴的机械碰击。

10）每年对主轴润滑恒温油箱中的润滑油更换一次，并清洗过滤器。

11）每年清理润滑油池底一次，并更换液压泵过滤器。

12）每天检查主轴润滑恒温油箱，使其油量充足，工作正常。

13）防止各种杂质进入润滑油箱，保持油液清洁。

14）经常检查轴端及各处密封，防止润滑油液泄漏。

15）刀具夹紧装置长时间使用后，会使活塞杆和拉杆间的间隙加大，造成拉杆位移量减少，使碟形弹簧张闭伸缩量不够，影响刀具的夹紧，故需及时调整液压缸活塞的位移量。

16）经常检查压缩空气气压，并调整到标准要求值。只有气压足够，才能使主轴锥孔中的切屑和灰尘清理彻底。

17）定期检查主轴电动机上的散热风扇（图 2-33），看其是否运行正常，发现异常情况应

图 2-33　主轴电动机散热风扇

及时修理或更换，以免电动机产生的热量传递到主轴上，损坏主轴部件或影响加工精度。

三、主轴部件的检修

1. 检修实例

（1）主轴转速显示为 0　一台 SIEMENS-810T 数控车床起动主轴时出现报警号为 7006，内容为 "Spindle Speed Not In Target Range"（主轴速度不在目标范围内）。

故障现象：这台机床第一次出现故障，在起动主轴旋转时出现 7006 号报警，不能进行自动加工。

故障分析：因为故障指示主轴有问题，观察主轴已经旋转，在屏幕上检查主轴转速的数值为 0，所以出现报警。但实际上，主轴不但已经旋转，而且转速也基本上没有问题，判断可能是转速反馈系统有问题，为此对主轴系统进行检查。这台机床的主轴编码器是通过传动带与主轴系统连接的，经检查发现传动带已经断开，因而使主轴编码器无法随主轴旋转，造成没有速度反馈信号。

故障处理：更换传动带，机床恢复正常工作。

（2）主轴电动机轴承损坏

故障现象：主轴电动机发热，主轴高速运转时出现过载报警，且主轴转动时主轴电动机内有机械摩擦声音。

故障分析：许多数控机床的主轴电动机与主轴之间通过同步带连接。主轴通过同步带将转矩传递到主轴的刀具上。主轴与主轴电动机的轴端装有带轮，由同步带连接两个带轮。为保证主轴的切削效果，在同步带上施加了张紧力，特别是很多数控机床为使其主轴能够完成刚性攻螺纹的要求，经常将同步带的张紧力调得很大，因而施加在轴端的悬臂力也随之增大。主轴电动机对于施加在其轴端的悬臂力是有严格要求的，悬臂力越大，电动机轴承的允许使用寿命越短。由此也可以看出，在设计数控机床时，一定要考虑所选用部件的性能指标和技术要求。如果各种部件的技术要求不达标，数控机床在用户现场使用的过程中就很可能出现故障，造成数控机床停机。

故障处理：调整主轴电动机与主轴之间的距离后，机床恢复正常工作。

讨论总结　学生通过上网查询和听教师讲解，总结主轴部件常见故障诊断与排除方法，最后总结出类似表 2-3 所列内容。

2. 主轴部件的故障诊断及排除

主轴部件常见故障诊断及排除方法见表 2-3。

表 2-3　主轴部件常见故障诊断及排除方法

序号	故障现象	故障原因	排除方法
1	切削振动大	主轴箱和床身的联接螺钉松动	恢复精度后紧固联接螺钉
		主轴与箱体精度超差	修理主轴或箱体，使其配合精度、位置精度达到要求
		其他因素	检查刀具或切削工艺问题
		如果是车床，可能是转塔刀架运动部位松动或压力不够而未夹紧	调整修理
2	主轴箱噪声大	主轴部件动平衡不好	重新进行动平衡
		齿轮啮合间隙不均或严重损伤	调整间隙或更换齿轮
		传动带长度不够或过松	调整或更换传动带，不能新旧混用
		齿轮精度差	更换齿轮
		润滑不良	调整润滑油量，保持油液的清洁度
3	主轴无变速	变档液压系统压力是否足够	检测并调整工作压力
		变档液压缸研损或卡死	修去毛刺和研伤，清洗后重装
		变档电磁阀卡死	检修并清洗电磁阀
		变档液压缸拨叉脱落	修复或更换拨叉
		变档液压缸窜油或内泄	更换密封圈
		变档复合开关失灵	更换复合开关
4	主轴不转动	保护开关没有压合或失灵	检修或更换压合保护开关
		连接主轴与电动机的传动带过松	调整或更换传动带
		主轴拉杆未拉紧夹持刀具的拉钉	调整主轴拉杆拉钉结构
		卡盘未夹紧工件	调整或修理卡盘
		变档复合开关损坏	更换复合开关
		变档电磁阀体内泄漏	更换电磁阀

（续）

序号	故障现象	故障原因	排除方法
5	主轴发热	润滑油脏或有杂质	清洗主轴箱,更换新油
		冷却润滑油不足	补充冷却润滑油,调整供油量
*6	刀具夹不紧	夹刀碟形弹簧位移量较小或拉刀液压缸动作不到位	调整碟形弹簧行程长度,调整拉刀液压缸行程
		刀具松夹弹簧上的螺母松动	拧紧螺母,使其最大工作载荷为 13kN
*7	刀具夹紧后不能松开	刀具松夹弹簧压合过紧	拧松螺母,使其最大工作载荷为 13kN
		液压缸压力和活塞行程不够	调整液压缸压力和活塞行程开关位置

注：带 " * " 是指车削中心、车铣中心、数控铣床和加工中心的情况，不是普通数控车床上的情况。

🏠 **任务扩展** *C* 轴的传动

一、MOC200MS3 型车削中心的传动

图 2-34 所示为 MOC200MS3 型车削中心的主轴传动系统结构和 *C* 轴传动及主传动系统简图。*C* 轴分度采用可啮合和脱开的精密蜗杆副（$i=1:32$）结构，由一个转矩为 $18.2\mathrm{N \cdot m}$ 的伺服电动机驱动蜗杆 1 及主轴 2 上的蜗轮 3，当机床处于铣削和钻削状态时，即主轴需要通过 *C* 轴回转或分度时，蜗杆与蜗轮啮合。该蜗杆副由一个可固定的精确调整滑块来调整，以消除啮合间隙。*C* 轴的分度精度由一个光电脉冲发生器来保证，分度精度为 0.01°。

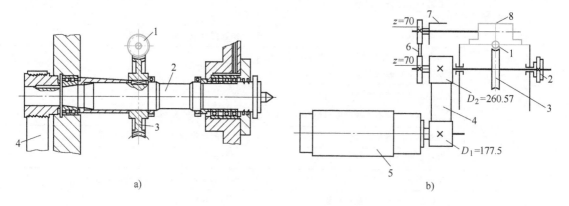

a)   b)

图 2-34   MOC200MS3 型车削中心的主轴传动系统结构和 *C* 轴传动及主传动系统简图
a）主轴传动系统结构   b）*C* 轴传动及主传动系统简图
1—蜗杆   2—主轴   3—蜗轮   4、6—同步带   5—主轴电动机
7—光电脉冲发生器   8—*C* 轴伺服电动机

二、CH6144 型车削中心的传动

图 2-35 所示为 CH6144 型车削中心 *C* 轴传动系统简图。当主轴在一般工作状态时，换位液压缸 6 使滑移齿轮 5 与主轴齿轮 7 脱离，制动液压缸 10 脱离制动，主轴电动机通过 V 带带动 V 带轮 11 使主轴 8 旋转。

当主轴需要 *C* 轴控制做分度或回转时，主轴电动机处于停止工作状态，滑移齿轮 5 与主轴齿轮 7 啮合。在制动液压缸 10 未制动状态下，*C* 轴伺服电动机 15 根据指令脉冲值旋转，通过 *C* 轴变速箱变速，经齿轮 5、7 使主轴分度，然后制动液压缸 10 工作制动主轴。进行铣削时，除制动液压缸不制动主轴外，其他动作与上述相同，此时主轴按照指令做缓慢连续旋转进给运动。

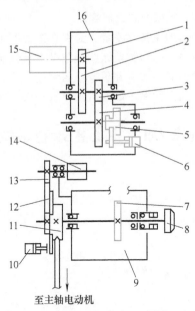

图 2-35　CH6144 型车削中心 C 轴传动系统简图

1~4—传动齿轮　5—滑移齿轮　6—换位液压缸　7—主轴齿轮　8—主轴　9—主轴箱　10—制动液压缸　11—V 带轮
12—主轴制动盘　13—同步带轮　14—光电脉冲发生器　15—C 轴伺服电动机　16—C 轴控制箱

📖 任务巩固

一、填空题

1. 主传动链出现不正常现象时，应立即_____。

2. 每天开机前检查机床的_____系统，发现油量过低时应_____。

3. 使用啮合式电磁离合器变速的主传动系统，离合器必须在低于_____ r/min 的转速下变速。

4. 使用液压拨叉变速的主传动系统，必须在_____后变速。

5. _____清理润滑油池底一次，并更换液压泵_____。

二、选择题（请将正确答案的代号填在括号中）

1. 每（　　）开机前应检查机床的主轴润滑系统，发现油量过低时及时加油。

A. 天　　　　　　B. 月　　　　　　C. 季　　　　　　D. 年

2. 使用液压拨叉变速的主传动系统，必须在主轴（　　）后变速。

A. 低速　　　B. 停止　　　C. 高速　　　D. 任意情况

3. 使用啮合式电磁离合器变速的主传动系统，离合器必须在低于（　　）的转速下变速。

A. 10~20r/min　　B. 100~200r/min　C. 1~2r/min　　　D. 任意情况

4. 每（　　）对主轴润滑恒温油箱中的润滑油更换一次，并清洗过滤器。

A. 天　　　　　　B. 月　　　　　　C. 季　　　　　　D. 年

5. 每（　　）清理润滑油池底一次，并更换液压泵过滤器。

A. 天　　　　　　B. 月　　　　　　C. 季　　　　　　D. 年

6. 每（　　）检查主轴润滑恒温油箱，使其油量充足，工作正常。

A. 天　　　　　　B. 月　　　　　　C. 季　　　　　　D. 年

三、判断题（正确的画"√"，错误的画"×"）

1. （　　）定期检查、清洗润滑系统，添加或更换油脂、油液，使丝杠、导轨等运动部件保持良好的润滑状态,目的是降低机械的磨损速度。

2.（　　）使用液压拨叉变速的主传动系统,必须在主轴停止后变速。

3.（　　）在加工中心主轴中,碟形弹簧张闭伸缩量不会影响刀具的夹紧。

4.（　　）每周清理润滑油池底一次,并更换液压泵过滤器。

5.（　　）每年对主轴润滑恒温油箱中的润滑油更换一次,并清洗过滤器。

任务三　数控铣床/加工中心主传动系统的装调与维修

任务引入

图 2-36 所示为数控铣床/加工中心主传动系统装配后的调试图,装配前首先要求能看懂其装配图,然后能对数控铣床/加工中心的主传动系统进行拆卸、装配与调整,进一步的要求是能进行故障诊断与维修。

图 2-36　数控铣床/加工中心主传动系统装配后的调试图

任务目标

- 掌握数控铣床/加工中心主轴箱装配图的识图方法。
- 掌握数控铣床/加工中心主传动系统的拆卸、装配与调整。
- 掌握数控铣床/加工中心主传动系统的故障诊断与维修。

任务实施

教师讲解

一、主传动系统结构

TH6350 型加工中心的主传动系统结构如图 2-37 所示。为了增加转速范围和转矩,主传动采用齿轮变速传动方式。主轴转速分为低速区和高速区。低速区的传动路线是:交流主轴电动机经弹性联轴器、齿轮 z_1、齿轮 z_2、齿轮 z_3、齿轮 z_4、齿轮 z_5、齿轮 z_6 到主轴。高速区的传动路线是:交流主轴电动机经联轴器及牙嵌离合器、齿轮 z_5、齿轮 z_6 到主轴。变换到高速档时,由液压活塞推动拨叉向左移动,此时主轴电动机慢速旋转,以利于牙嵌离合器啮合。主轴电动机采用 FANUC 交流主轴电动机,主轴能获得的最大转矩为 490N·m;主轴转速范围为 28~3150r/min,其中低速区为 28~733r/min,高速区为 733~3150r/min;低速时传动比为 1:4.75,高速时传动比 1:1.1。主轴锥孔为 ISO50。主轴结构采用了高精度、高刚度的组合轴承,其前轴承由 3182120 双列短圆柱滚子轴承和 2268120 推力球轴承组成,后轴承采用 46117 推力角接触球轴承,这种主轴结构可保证主轴的高精度。

二、主轴结构

图 2-38 所示为某加工中心主轴元件的结构图及实物图。某加工中心的主轴部件结构如图

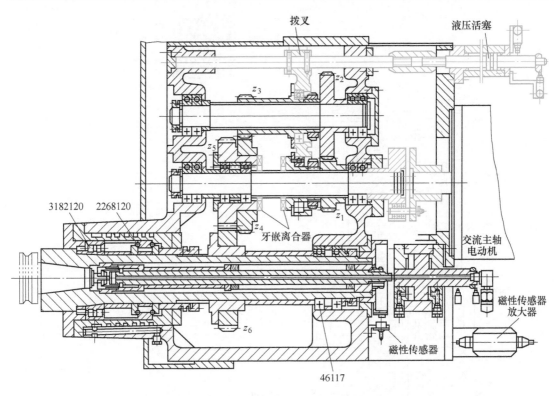

图 2-37　TH6350 型加工中心的主传动系统结构

2-39 所示，常采用 7∶24 的大锥度刀柄与主轴锥孔配合，既有利于定心，也为松夹带来了方便。标准拉钉 5 拧紧在刀柄上。放松刀具时，液压油进入液压缸活塞 1 的右端，油压使活塞左移，并

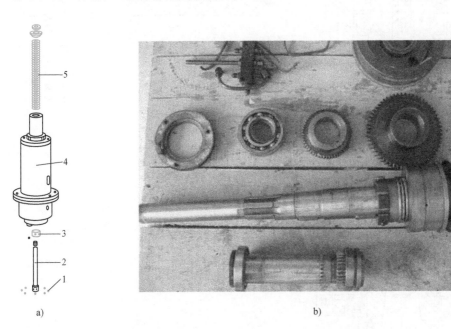

2-2　主轴结构

图 2-38　某加工中心主轴元件的结构图及实物图

a) 结构图　b) 实物图

1—钢球　2—拉杆　3—套筒　4—主轴　5—碟形弹簧

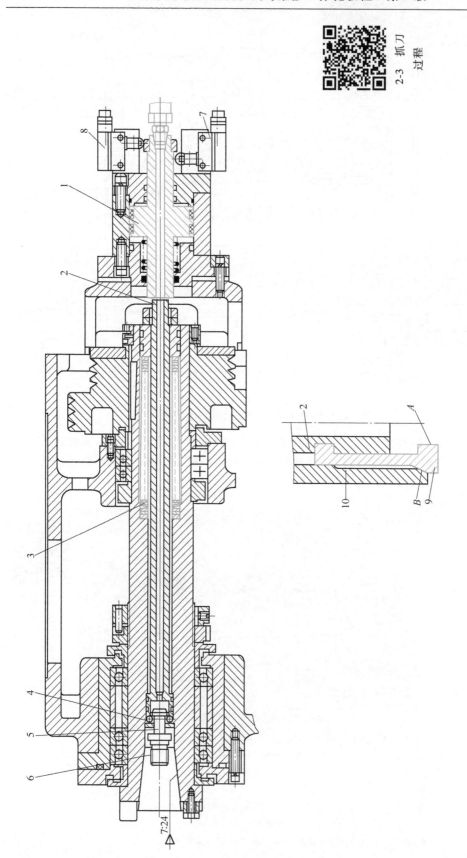

图 2-39　某加工中心的主轴部件结构

1—活塞　2—拉杆　3—碟形弹簧　4—钢球　5—标准拉钉　6—主轴
7、8—行程开关　9—弹力卡爪　10—卡套

2-3　抓刀过程

推动拉杆 2 左移，同时碟形弹簧 3 被压缩，钢球 4 随拉杆一起左移，当钢球移至主轴孔径较大处时，便松开拉钉，机械手即可把刀柄连同标准拉钉 5 从主轴锥孔中取出。夹紧刀具时，活塞 1 右端无油压，螺旋弹簧使活塞退到最右端，拉杆 2 在碟形弹簧 3 的弹簧力作用下向右移动，钢球 4 被迫收拢，卡紧在拉杆 2 的环槽中。这样，拉杆通过钢球把拉钉向右拉紧，使刀柄外锥面与主轴锥孔内锥面相互压紧，刀具随刀柄一起被夹紧在主轴上。

行程开关 8 和 7 用于发出夹紧和放松刀柄的信号。刀具夹紧机构使用碟形弹簧夹紧、液压放松，可保证在工作中如果突然停电，刀柄不会自行脱落。

自动清除主轴孔中的切屑和灰尘是换刀操作中的一个不容忽视的问题。为了保持主轴锥孔清洁，常采用压缩空气吹屑。图 2-39 所示活塞 1 的心部钻有压缩空气通道，当活塞向左移动时，压缩空气经过活塞由主轴孔内的空气嘴喷出，将锥孔清理干净。为了提高吹屑效率，喷气小孔要有合理的喷射角度，并均匀分布。

用钢球 4 拉紧标准拉钉 5，这种拉紧方式的缺点是接触应力太大，易将主轴孔和拉钉压出坑来。新式的刀杆已改用弹力卡爪，它由两瓣组成，装在拉杆 2 的左端，如图 2-39 中放大图所示。卡套 10 与主轴固定在一起，夹紧刀具时，拉杆 2 带动弹力卡爪 9 上移，卡爪下端的外周是锥面 B，与卡套 10 的锥孔配合，锥面 B 使卡爪收拢，夹紧刀杆。松开刀具时，拉杆 2 带动弹力卡爪 9 下移，锥面 B 使卡爪放松，使刀杆从卡爪中退出。这种卡爪与刀杆的结合面 A 与拉力垂直，故夹紧力较大；卡爪与刀杆为面接触，接触应力较小，不易压溃刀杆。目前，采用这种刀杆拉紧机构的加工中心逐渐增多。

三、刀杆拉紧机构

常用的刀杆尾部的拉紧机构如图 2-40 所示。图 2-40a 所示为弹力卡爪结构，它有放大拉力的作用，可用较小的液压推力产生较大的拉紧力。图 2-40b 所示为钢球拉紧结构，图 2-40c 所示为弹力卡爪的实物图。

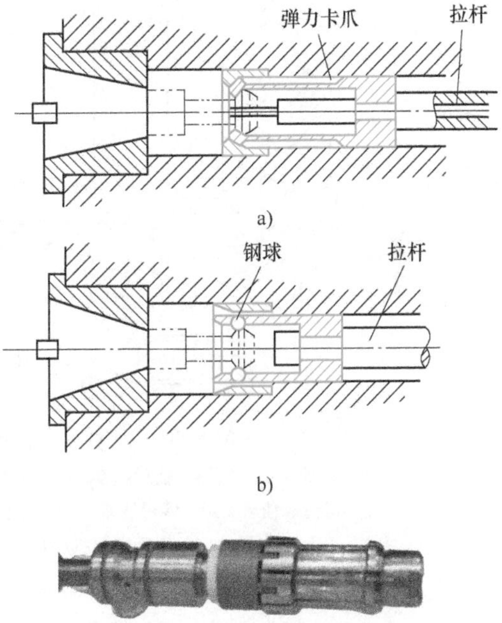

做一做　根据您所在地区的实际情况，说明几种典型数控铣床/加工中心主传动系统的工作原理。

图 2-40　拉紧机构

技能训练

一、数控铣床主轴部件的结构与调整

1. 主轴部件的结构

图 2-41 所示为 NT-J320A 型数控铣床主轴部件的结构。该机床主轴可做轴向运动，且轴向运动坐标轴为数控装置中的 Z 轴。伺服电动机 16，经同步带轮 13、15 及同步带 14，带动丝杠 17 转动，通过丝杠螺母 7 和螺母支承 10 使主轴套筒 6 带动主轴 5 做轴向运动，同时也带动脉冲编码器 12，数控装置可通过其发出的反馈脉冲信号进行控制。

主轴为实心轴，上端为花键，通过花键套 11 与变速箱联接，带动主轴旋转。主轴前端采用两个特轻系列角接触球轴承 1 支承，两个轴承背靠背安装，通过轴承内圈隔套 2、外圈隔套 3 和主轴台阶实现轴向定位，并用圆螺母 4 预紧，消除轴承轴向间隙和径向间隙。主轴后端采用深沟

2-4　钢球拉紧结构

球轴承8，与前端组成一个相对于套筒的双支点单固式支承。主轴前端锥孔为7：24锥度，用于刀杆定位。主轴前端的端面键用于传递铣削转矩。快换夹头18用于快速松开、夹紧刀具。

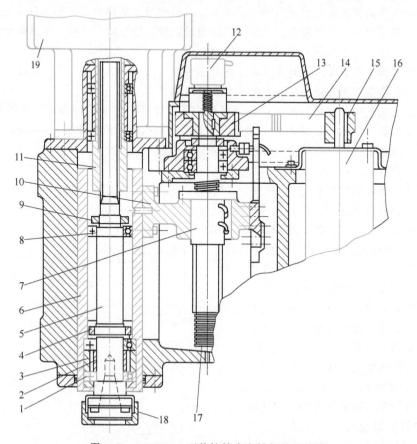

图 2-41　NT-J320A 型数控铣床主轴部件的结构

1—角接触球轴承　2、3—轴承隔套　4、9—圆螺母　5—主轴　6—主轴套筒　7—丝杠螺母
8—深沟球轴承　10—螺母支承　11—花键套　12—脉冲编码器　13、15—同步带轮
14—同步带　16—伺服电动机　17—丝杠　18—快换夹头　19—主轴电动机

2．主轴部件的拆卸与调整

（1）主轴部件的拆卸　数控铣床主轴部件拆卸前的准备工作与前述数控车床主轴部件拆卸前的准备工作相同。在准备就绪后，即可进行如下顺序的拆卸工作：

1）切断总电源、脉冲编码器12，以及伺服电动机16、主轴电动机19等的电气线路。

2）拆下主轴电动机法兰盘上的联接螺钉。

3）拆下主轴电动机19及花键套11等部件（根据具体情况，也可不拆此部分）。

4）拆下罩壳螺钉，卸掉上罩壳。

5）拆下丝杠座螺钉。

6）拆下螺母支承10与主轴套筒6的联接螺钉。

7）向右移动丝杠螺母7和螺母支承10等部件，卸下同步带14和螺母支承10处与主轴套筒联接的定位销。

8）卸下主轴部件。

9）拆下主轴部件前端法兰和油封。

10）拆下主轴套筒6。

11）拆下圆螺母 4 和 9。

12）拆下前、后轴承 1 和 8，以及轴承隔套 2 和 3。

13）卸下快换夹头 18。

拆卸后的零件、部件应进行清洗和防锈处理，并妥善保管存放。

（2）主轴部件的装配调整　数控铣床主轴部件装配前的准备工作与前述数控车床的相同。可根据装配要求和配合部位的性质选取装配设备、装配工具及装配方法。

装配顺序可大体按拆卸顺序逆向操作。数控铣床主轴部件装配调整时应注意以下几点：

1）为保证主轴工作精度，应注意调整好圆螺母 4 的预紧量。

2）前、后轴承应保证有足够的润滑油。

3）螺母支承 10 与主轴套筒 6 的联接螺钉要充分旋紧。

4）为保证脉冲编码器与主轴的同步精度，调整时应保证同步带 14 合理的张紧量。

二、主传动链的检修

1．检修实例

（1）换档滑移齿轮引起主轴停转的故障检修

故障现象：机床在工作过程中，主轴箱内机械换档滑移齿轮自动脱离啮合，主轴停转。

故障分析：图 2-42 所示为带有变速齿轮的主传动，采用液压缸推动滑移齿轮进行换档，同

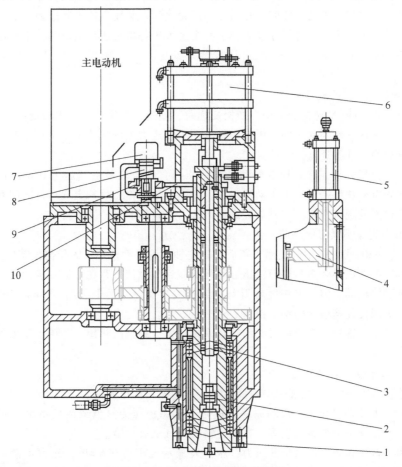

图 2-42　带有变速齿轮的主传动

1—主轴　2—弹力卡爪　3—碟形弹簧　4—拨叉　5—变速液压缸　6—松刀气缸　7—编码器
8—联轴器　9—同步带轮　10—同步带

时也锁住滑移齿轮。换档滑移齿轮自动脱离啮合主要是液压缸内压力变化引起的。控制液压缸的三位四通换向阀在中间位置时不能闭死，液压缸前、后两腔油路相渗漏，这样势必造成液压缸上腔推力大于下腔，使活塞杆渐渐向下移动，逐渐使滑移齿轮脱离啮合，造成主轴停转。

故障处理：更换新的三位四通换向阀后即可解决问题；或改变控制方式，采用二位四通换向阀，使液压缸一腔始终保持压力油。

（2）换档不能啮合的故障检修

故障现象：发出主轴箱换档指令后，主轴处于慢速来回摇摆状态，一直挂不上档。

故障分析：图 2-42 所示为带有变速齿轮的主传动。为了保证滑移齿轮移动顺利并啮合于正确位置，机床接到换档指令后，在电气设计上指令主电动机带动主轴做慢速来回摇摆运动。此时，如果电磁阀发生故障（阀芯卡孔或电磁铁失效），油路不能切换，液压缸不动作，或者液压缸动作，但发出反馈信号的无触点开关失效，滑移齿轮换档到位后不能发出反馈信号，这些都会造成机床循环动作中断。

故障处理：更换新的液压阀或失效的无触点开关后，故障排除。

（3）换档后主轴箱噪声大的故障检修

故障现象：主轴箱经过数次换档后，噪声变大。

故障分析：图 2-42 所示为带有变速齿轮的主传动。当机床接到换档指令后，变速液压缸 5 通过拨叉 4 带动滑移齿轮移动。此时，相啮合的齿轮之间必然发生冲击和摩擦。如果齿面硬度不够，或齿端倒角、倒圆不好，换档速度太快、冲击过大等都将造成齿面破坏，主轴箱噪声变大。

故障处理：使齿面硬度大于 55HRC，认真做好齿端倒角、倒圆工作，调节换档速度，减小冲击。

（4）变速无法实现的故障检修

故障现象：TH5840 型立式加工中心换档变速时，变速气缸不动作，无法变速。

故障分析：变速气缸不动作的原因有：①气动系统压力太低或流量不足；②气动换向阀未得电或换向阀有故障；③变速气缸有故障。

故障处理：根据分析，首先检查气动系统的压力，压力表显示气压为 0.6MPa，压力正常；检查气动换向阀电磁铁已带电，用手动换向阀，变速气缸动作，故判定气动换向阀有故障。拆下气动换向阀，检查发现有污物卡住阀芯。进行清洗后，重新装好，故障排除。

（5）主轴出现拉不紧刀的故障检修

故障现象：VMC 型加工中心使用半年后出现主轴拉刀松动现象，无任何报警信息。

故障分析：调整碟形弹簧与拉刀液压缸行程长度，故障依然存在；进一步检查发现拉钉与刀杆夹头的螺纹联接松动，刀杆夹头随着刀具的插拔发生旋转，后退了约 1.5mm。该加工中心的拉钉与刀杆夹头间无任何联接防松的措施。

故障处理：将主轴拉钉和刀杆夹头的螺纹联接用螺纹锁封胶锁固，并用锁紧螺母紧固，故障排除。

（6）松刀动作缓慢的故障检修

故障现象：TH5840 型立式加工中心换刀时，主轴松刀动作缓慢。

故障分析：主轴松刀动作缓慢的原因可能是气动系统压力过低或流量不足，或者机床主轴拉刀系统有故障，如碟形弹簧破损等，或者主轴松刀气缸有故障。

故障处理：首先检查气动系统的压力，压力表显示气压为 0.6MPa，压力正常；将机床操作转为手动，手动控制主轴松刀，发现系统压力下降明显，气缸的活塞杆缓慢伸出，故判定气缸内部漏气。拆下气缸，打开端盖，压出活塞和活塞环，发现密封环破损，气缸内壁拉毛。

故障处理：更换新的气缸后，故障排除。

（7）刀柄和主轴的故障检修

故障现象：TH5840 型立式加工中心换刀时，主轴锥孔吹气，把含有铁锈的水分吹出，并附着在主轴锥孔和刀柄上。刀柄和主轴接触不良。

故障分析：故障产生的原因是压缩空气中含有水分。

故障处理：采用空气干燥机，使用干燥后的压缩空气即可解决问题。若受条件限制，没有空气干燥机，也可在主轴锥孔吹气的管路上进行两次分水过滤，设置自动放水装置，并对气路中相关零件进行防锈处理，故障即可排除。

2. 主传动链的故障诊断及排除

主传动链常见故障诊断及排除方法见表 2-4。

表 2-4 主传动链常见故障诊断及排除方法

序号	故障现象	故障原因	排除方法
1	主轴在强力切削时停转	电动机与主轴之间的传动带过松	调整带的张紧力
		传动带表面有油	用汽油清洗后擦干净，再装上
		传动带老化失效	更换新带
		摩擦离合器调整过松或磨损	调整摩擦离合器，修磨或更换摩擦离合器
2	主轴有噪声	小带轮与大带轮传动平衡情况不佳	重新进行动平衡
		主轴与电动机之间的传动带过紧	调整带的张紧力
		齿轮啮合间隙不均匀或齿轮损坏	调整齿轮啮合间隙或更换齿轮
3	齿轮损坏	换档压力过大，齿轮受冲击产生破损	按液压原理图，调整到适当的压力和流量
		换档机构损坏或固定销脱落	修复或更换零件
4	主轴发热	主轴前端盖与主轴箱压盖研伤	修磨主轴前端盖使其压紧主轴前轴承，轴承与后盖有 0.02~0.05mm 间隙
5	主轴没有润滑油循环或润滑不足	液压泵转向不正确或间隙过大	改变液压泵转向或修理液压泵
		吸油管没有插入油箱的液面以下	将吸油管插入液面以下 2/3 处
		油管或过滤器堵塞	清除堵塞物
		润滑油压力不足	调整供油压力
6	液压变速时齿轮推不到位	主轴箱内拨叉磨损	选用球墨铸铁做拨叉材料
			在每个垂直滑移齿轮下方安装塔簧作为辅助平衡装置，减轻对拨叉的压力
			活塞的行程与滑移齿轮的定位相协调
			若拨叉磨损，予以更换
7	润滑油泄漏	润滑油量多	调整供油量
		检查各处密封件是否有损坏	更换密封件
		管件损坏	更新管件

任务扩展 主轴准停装置装调与维修

教师讲解

主轴准停装置有机械准停和电气准停两种。目前国内外中高档数控系统均采用电气准停控制，现以应用较多的磁传感器主轴准停为例来介绍。

磁传感器主轴准停控制由主轴驱动自身完成。当执行 M19 指令时，数控系统只需发出准停信号ORT，主轴驱动完成准停后会向数控系统回答完成信号ORE，然后数控系统再进行下面的工作。磁传感器主轴准停控制系统的基本结构如图2-43所示。

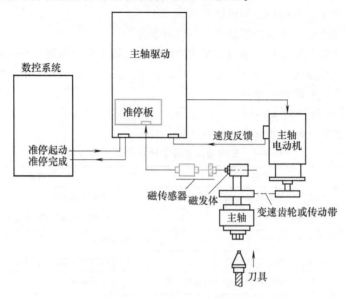

图2-43　磁传感器主轴准停控制系统的基本结构

　　由于采用了磁传感器，故应避免将产生磁场的元件（如电磁线圈、电磁阀等）与磁发体和磁传感器安装在一起。另外，磁发体（通常安装在主轴旋转部件上）与磁传感器（固定不动）的安装是有严格要求的，应按照说明书要求的精度安装。

　　采用磁传感器准停止时，主轴驱动接收到数控系统发来的准停信号ORT，主轴立即加速或减速至某一准停速度（可在主轴驱动装置中设定）。当主轴达到准停速度和准停位置时（即磁发体与磁传感器对准），主轴即减速至某一爬行速度（可在主轴驱动装置中设定）。然后，当磁传感器信号出现时，主轴驱动立即进入磁传感器作为反馈元件的闭环控制，目标位置即为准停位置。准停完成后，主轴驱动装置输出准停完成信号ORE给数控系统，从而可进行自动换刀（ATC）或其他动作。磁发体与磁传感器在主轴上的位置示意如图2-44所示。磁传感器准停时序如图2-45所示。磁传感器主轴准停装置如图2-46所示，磁发体安装在主轴后端，磁传感器安装在主轴箱上，其安装位置决定了主轴的准停点，磁发体和磁传感器之间的间隙为（1.5±0.5）mm。

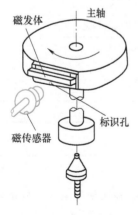

2-5　主轴准停装置工作原理

图2-44　磁发体与磁传感器在主轴上的位置示意

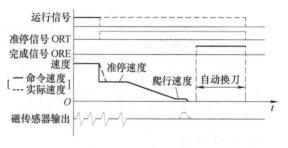

图2-45　磁传感器准停时序

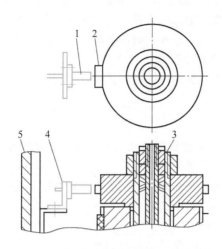

图 2-46　磁传感器主轴准停装置

1—磁传感器　2—磁发体　3—主轴　4—支架　5—主轴箱

技能训练　有条件的学校可以让学生进行如下技能训练。

1. 主轴准停装置的维护

主轴准停装置的维护主要包括以下几个方面:

1) 经常检查插接件和电缆有无损坏,使它们保持良好接触。

2) 保持磁传感器上的固定螺栓和联接器上的螺钉紧固。

3) 保持编码器上联接套的螺钉紧固,保证编码器联接套与主轴联接部分的合理间隙。

4) 保证传感器的合理安装位置。

2. 主轴准停装置的检修

(1) 主轴准停装置的故障诊断　主轴发生准停错误时大都无报警,只能在换刀过程中发生中断时才会被发现。发生主轴准停方面的故障时,应根据机床的具体结构进行分析、处理,先检查电气部分,如确认正常后再考虑机械部分。机械部分结构简单,最主要的是联接。主轴准停装置常见故障见表 2-5。

表 2-5　主轴准停装置常见故障

序号	故障现象	故障原因	排除方法
1	主轴不准停	传感器或编码器损坏	更换传感器或编码器
		传感器或编码器联接套上的紧定螺钉松动	紧固传感器或编码器联接套上的紧定螺钉
		插接件和电缆损坏或接触不良	更换或使之接触良好
2	主轴准停位置不准	重装后传感器或编码器位置不准	调整元件位置或对机床参数进行调整
		编码器与主轴的联接部分间隙过大,使旋转不同步	调整间隙到指定值

(2) 检修实例　主轴准停位置不准的故障排除。

故障现象:某加工中心采用编码器型主轴准停控制,主轴准停位置不准,引发换刀过程发生中断。开始时,故障出现次数不多,重新开机又能工作。

故障分析:经检查,主轴准停后发生位置偏移,且主轴在准停后如用手碰一下(和工作中在换刀时当刀具插入主轴时的情况相近），主轴会产生反方向的漂移。检查电气部分无任何报警，因此从故障的现象和可能发生的部位来看，电气部分发生故障的可能性比较小。检查机械联接部分，当检查到编码器的联接时，发现编码器上联接套的紧定螺钉松动，使联接套后退，造成与主轴的联接部分间隙过大，使旋转不同步。

故障排除：将紧定螺钉按要求固定好，故障排除。

🔖 任务巩固

一、填空题

1. 采用磁传感器准停止时，主轴驱动接收到数控系统发来的准停信号 ORT，主轴立即加速或减速至某一 _____。当主轴到达 _____ 和 _____ 时，主轴即减速至某一 _____。然后，当磁传感器信号出现时，主轴驱动立即进入磁传感器作为反馈元件的闭环控制，目标位置即为 _____。

2. 加工中心在换刀时，必须实现 _____。

二、选择题（请将正确答案的代号填在括号中）

1. 主轴准停是指主轴能实现（　　　）。

A. 准确的周向定位　　　　　B. 准确的轴向定位　　　　　C. 精确的时间控制

2. 数控机床的准停功能主要用于（　　　）。

A. 换刀和加工中退刀　　　　B. 退刀　　　　　　　　　　C. 换刀和退刀

三、判断题（正确的画"√"，错误的画"×"）

1. （　　　）主轴准停的目的之一是减少孔系的尺寸分布误差。

2. （　　　）主轴准停的目的之一是在镗孔后能够退刀。

3. （　　　）FANUC 系统中，G76 指令包括主轴准停功能。

4. （　　　）当执行 M19 指令时，数控系统只需发出准停信号 ORT，主轴驱动完成准停后会向数控系统回答完成信号 ORE。

四、简答题

1. 简述造成液压变速时齿轮推不到位的故障原因与排除方法。

2. 简述造成主轴没有润滑油循环或润滑不足的故障原因与排除方法。

任务四　数控机床的平衡补偿

🔖 任务引入

图 2-47 所示为卧式数控铣床，其主轴箱是可以上下移动的，那么主轴箱的重量是靠什么实现平衡的？在应用该数控铣床加工图 2-48 所示精度要求高的零件时，其同轴度很难保证，造成这种情况的原因是什么？怎样克服？这就是本任务所要解决的问题。

图 2-47 卧式数控铣床

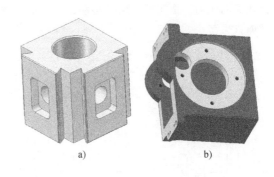

图 2-48 快换刀架零件与箱体零件
a）快换刀架零件 b）箱体零件

🦊 任务目标

- 掌握平衡补偿的原理与方法。
- 会进行镗轴自重挠曲（垂度）补偿。

⬤ 任务实施

📖 教师讲解 数控铣镗床的平衡补偿

卧式数控铣镗床的优点主要是支承主轴的滑枕可灵活伸缩。主轴的精度除了由自身特性决定以外，还受滑枕的运动精度、变形和位移的影响。

在滑枕形式的数控铣镗床主轴箱部件中，滑枕移动部分的重量占整个主轴箱部件重量的35%左右，而主轴箱移动式的数控铣镗床，滑枕移动部分的重量占整个主轴箱部件重量的60%。由于滑枕的移动，主轴箱部件的重心会发生改变。因此，保证主轴箱体在滑枕移动时位置不变是十分重要的。另外，滑枕向前延伸引起的自重变形也是一个不可忽略的因素。某机床研究所对一种落地铣镗床做过实验，在无补偿的情况下，滑枕伸出 1500mm 时，轴端在 Y 坐标轴方向下倾，即一般所称的"低头"现象，其误差值达 0.21mm。据分析，其中滑枕移动产生的主轴箱倾斜误差为 0.1mm，主轴箱前支承变形（即一般所称的"张口"）误差为 0.015mm，滑枕的自重挠曲变形误差为 0.095mm。以上误差还未包括镗轴伸出时的自重挠曲变形误差。各国落地铣镗床生产厂家都对这些变形采取各种补偿办法，特别注意研究对主轴箱部件重心变化的补偿，因为这种变化是产生"低头"现象的一个最重要的因素，而且其补偿装置比较复杂。

一、主轴箱的平衡补偿

为保证主轴箱体在滑枕移动时位置不变或少变，某系列数控铣镗床采用了先进的电子液压平衡方法，其工作原理如图 2-49a 所示。主轴箱由两根钢丝绳各通过一对滑轮挂在同一个平衡锤上，平衡锤的重量为主轴箱部件重量的103%，当滑枕外伸时，如图 2-49b 所示，主轴箱的重心发生变化，原平衡力系被破坏，相对原平衡位置产生了一个附加倾覆力矩，使主轴箱体前倾。尽管主轴箱体的前倾使前钢丝绳张力增加，但由于前钢丝绳的弹性较大，其增加的张力不足以克服全部附加倾覆力矩，其中的一部分附加倾覆力矩由立柱导轨承受。为克服主轴箱体的前倾，前钢丝绳与主轴箱体之间串接一个液压缸。当滑枕外伸时，液压缸左腔的油压升高，使前钢丝绳张力增加，对主轴箱体作用一个附加的反倾覆力矩。如果此反倾覆力矩等于主轴箱体因滑枕外伸而产生的倾覆力矩，主轴箱即可不因滑枕的外伸而前倾。

为了使前钢丝绳的张力变化与主轴箱因滑枕的外移而产生的倾覆力矩相适应，采用了图

2-50所示的电子液压补偿系统。电位计9输出的电位与滑枕的外伸量成正比,力传感器6用于测量钢丝绳的张力。由于滑枕向外移动,前、后钢丝绳的张力重新分配,且前钢丝绳张力增加,后钢丝绳张力减小。

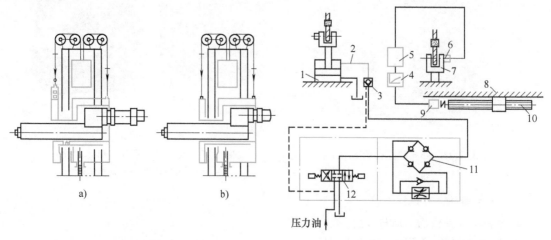

图 2-49 主轴箱平衡补偿工作原理

图 2-50 电子液压补偿系统
1—液压缸 2—微测引线 3—液控单向阀 4—控制器
5—调节箱 6—力传感器 7—钢丝绳吊架 8—主轴箱
9—电位计 10—滚珠丝杠 11—分油器
12—三位四通电磁阀

看一看 您所在学校(或地区)的数控机床主轴箱平衡采用的是哪种形式?

二、滑枕的平衡补偿

滑枕的自重挠曲变形是采用预变形的加工方法来实现补偿的,如图2-51所示。滑枕加工前靠装夹使之向下弯曲一定量,此弯曲量等于滑枕在重心 G 处支承后因自重而产生的挠度。图2-51中剖面线部分为加工掉的部分,剩余部分则为滑枕本身。图2-52所示为滑枕加工后的实际尺寸,虚线为滑枕支承在重心时的尺寸。采用这种滑枕预变形的补偿方法,简单可靠,只要滑枕在移动时支承点是在滑枕重心 G 上,滑枕就不会再产生弯曲现象。由于附件重量的影响,滑枕重心实际上是在300mm长的范围内变化(图2-52)。在该300mm长范围内的支承点前后装有两个带有液压缸活塞的滚动块(图2-53),滚动块在淬硬钢导轨上滚动。减压阀将油压降至2.5MPa,作用在滚动块上。采用上述两种综合补偿办法,如图2-54所示,滑枕在移动过程中,保证其重力始终作用在重心 G 上。

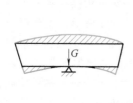

图 2-51 预变形加工补偿法示意

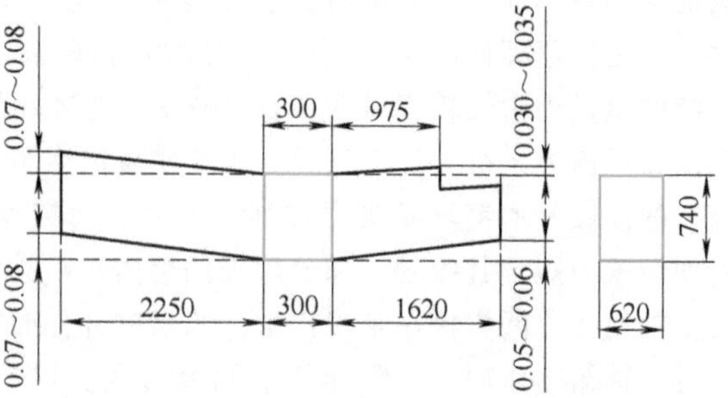

图 2-52 滑枕加工后的实际尺寸

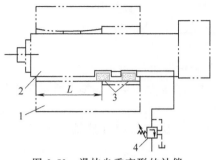

图 2-53　滑枕自重变形的补偿

1—主轴箱　2—滑枕　3—带有液压缸活塞

的滚动块　4—减压阀

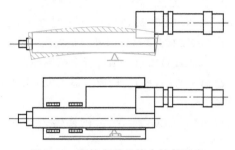

图 2-54　滑枕变形的综合补偿示意

技能训练 镗轴自重挠曲（垂度）的补偿

某些数控机床一个或两个轴在伸出时，一头处于悬空状态，由于轴的自重会产生下垂现象。例如，立卧镗铣床的卧轴伸出较长时，由于立轴头的重量，使卧轴产生一定下垂变形，影响机床的加工精度。自重挠曲（垂度）就是指轴由于部件的自重而引起的弯曲变形，如图 2-55 所示，部件向 Z 轴正方向移动越远，Z 轴横臂弯曲越大，越能影响到 Y 轴负方向的坐标位置。因此，应利用系统的自重挠曲（垂度）补偿功能，补偿由于轴的下垂引起的位置误差，当 Z 轴执行命令移动时，系统会在一个插补周期内计算 Y 轴上相应的补偿值。

铣镗床中镗轴的自重挠曲（垂度）补偿是一个重要问题。例如某铣镗床，镗轴直径为260mm，行程为1700mm，本身自重挠曲为 0.09mm，再加上铣镗配合间隙和对主轴箱重心的影响，镗轴在全行程时的下垂量竟达 0.28mm。这个误差的补偿在普通机床上难以解决，但在数控机床上采用 Y 轴位置补偿的办法很容易实现。如图 2-55 所示，镗轴每外伸 12.5mm 补偿一次，每次补偿量为 0.005mm，由 Y 轴完成。补偿后挠度值仅为 0.015mm，效果非常明显。

自重挠曲（垂度）的补偿是"坐标轴间的补偿"，即补偿一个坐标轴的垂度，将会影响到另外的坐标轴。通常把变形坐标轴称为基础轴，如图 2-55 中的 Z 轴，受影响的坐标轴称为补偿轴，如图 2-55 中的 Y 轴。把一个基础轴与一个补偿轴定义成一种补偿关系，基础轴作为输入，由此轴决定补偿点（插补点）的位置，补偿轴作为输出，计算得到的补偿值加到它的位置调节器中。具有两个以上坐标轴的数控机床，

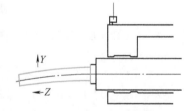

图 2-55　镗轴自重挠曲的补偿

由于一个坐标轴的垂度可能影响到其他几个坐标轴，需要为一个基础轴定义几个补偿关系。基础轴与补偿轴的补偿关系称为自重挠曲（垂度）补偿表，由系统规定的变量组成，以补偿文件的形式存入内存中，SIEMENS 系统数控机床的文件头是 "%_N_NC_CEC_INI"。

为了编制自重挠曲（垂度）补偿表，应当进行以下几项工作：定义作为输入的基础轴和作为输出的补偿轴；确定基础轴的坐标补偿范围，即补偿的位置起点和终点；确定两补偿点间的距离，以便计算自重挠曲（垂度）的补偿点数；还要给出基础轴的补偿方向，如有必要还可引入补偿加权因子或补偿的模功能。每个补偿关系的最大补偿点数量设置在机床数据 MD18342 中，由下式决定的实际补偿点数应小于 MD18342 中的设定值：

$$k = \frac{\$AN\_CEC\_MAX[t] - \$AN\_CEC\_MIN[t]}{\$AN\_CEC\_STEP[t]}$$

自重挠曲（垂度）补偿表包含下列系统变量。

1）$AN_CEC_STEP[t]：在补偿表 t 中，两个相邻补偿点之间的距离。

2）$AN_CEC_MIN[t]$：在补偿表 t 中，基础轴补偿点的起始位置。

3）$AN_CEC_MAX[t]$：在补偿表 t 中，基础轴补偿点的结束位置。

若 $k=MD18342-1$，则进行全范围补偿。

若 $k<MD18342-1$，则进行全范围补偿，但比 7 大的补偿点无效。

若 $k>MD18342-1$，则应考虑增大 MD18342 设置值或减小补偿点数，否则在给定的范围内得不到完全补偿。

4）$AN_CEC[t, N]$：在补偿表 t 中，基础轴补偿点数 N 对应补偿轴的补偿值，一般取 $0 \leqslant N \leqslant k$。

5）$AN_CEC_INPUT_AXIS[t]$：定义自重挠曲（垂度）的基础轴，作为补偿输入。

6）$AN_CEC_OUTPUT_AXIS[t]$：定义需要补偿的补偿轴，作为补偿值的输出。

7）$AN_CEC_DIRECTION[t]$：基础轴的补偿方向。其中，0 表示基础轴的两个方向补偿都有效；1 表示仅在基础轴的正方向补偿有效；-1 表示仅在基础轴的负方向补偿有效。

8）$AN_CEC_MULT_BY_TABLE[t1]=t2$：定义一个表的补偿值与另一个表相乘，其积作为附加补偿值累加到总补偿值中。$t1$ 为补偿坐标轴表 1 的索引号，$t2$ 为补偿坐标轴表 2 的索引号，两者不能相同，一般 $t1=t2+1$。

9）$AN_CEC_IS_MODULO[t]$：带模补偿功能，等于 0 表示无模补偿功能，等于 1 表示激活模补偿功能。

下面是两坐标轴的某数控机床自重挠曲（垂度）补偿的一个实例，Z 轴的位置变化，影响 Y 轴的实际坐标位置，Z 轴作为基础轴，Y 轴作为补偿轴，测得的补偿值如图 2-56 所示。

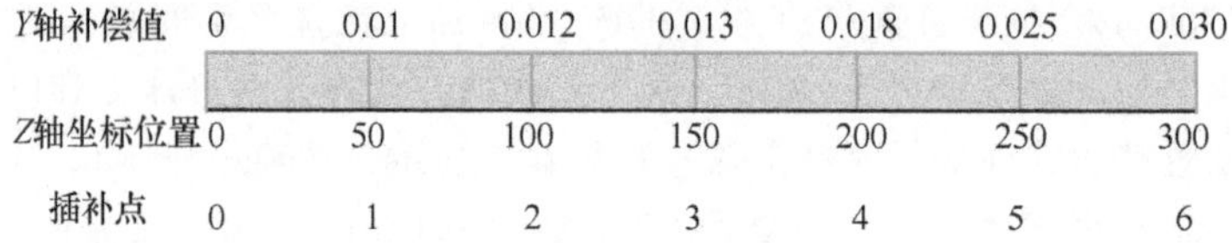

Y轴补偿值	0	0.01	0.012	0.013	0.018	0.025	0.030
Z轴坐标位置	0	50	100	150	200	250	300
插补点	0	1	2	3	4	5	6

图 2-56 自重挠曲（垂度）补偿值

```
%_N_NC_CEC_INI；自重挠曲（垂度）补偿的文件头
CHANDATA(1)
$AN_CEC[0, 0]=0；补偿点 0 的 Y 轴补偿值
$AN_CEC[0, 1]=0.010；补偿点 1 的 Y 轴补偿值
$AN_CEC[0, 2]=0.012；补偿点 2 的 Y 轴补偿值
$AN_CEC[0, 3]=0.013；补偿点 3 的 Y 轴补偿值
$AN_CEC[0, 4]=0.018；补偿点 4 的 Y 轴补偿值
$AN_CEC[0, 5]=0.025；补偿点 5 的 Y 轴补偿值
$AN_CEC[0, 6]=0.030；补偿点 6 的 Y 轴补偿值
$AN_CEC_INPUT_AXIS[0]=Z1；基础轴为 Z 轴
$AN_CEC_OUTPUT_AXIS[0]=Y1；补偿轴为 Y 轴
$AN_CEC_STEP[0]=50；相邻补偿点之间的距离，50mm
$AN_CEC_MIN[0]=0；补偿点起始位置，0mm
$AN_CEC_MAX[0]=300；补偿点结束位置，300mm
$AN_CEC_DIRECTION[0]=1；Z 轴正向自重挠曲（垂度）补偿有效
$AN_CEC_IS_MODULO[0]=0；模功能无效
M17；
```

系统能对自重挠曲（垂度）的值进行监控，若计算的总自重挠曲（垂度）的值大于机床数

据 MD32720 中设定的自重挠曲（垂度）的最大值，将会发生 20124 号"总补偿值太高"报警，但程序不会被中断，此时以设置的最大值作为补偿值。此外，系统还对补偿值的变化进行监控，限制补偿值的改变，当发生 20125 号报警时，说明当前补偿值的改变太快，超过了机床数据 MD32730 中设定的自重挠曲（垂度）补偿值的最大变化量。

在数控机床中使用自重挠曲（垂度）补偿功能，为使其补偿生效，需要满足下列条件：

① 插补补偿已经使能。

② 激活了坐标轴自重挠曲（垂度）补偿功能，即 MD32710＝1。

③ 补偿值已经存入数控机床的用户存储器中。

④ 相应的补偿表已经赋值且使能生效，即 SD41300＝1。

⑤ 基础轴和补偿轴已经完成返回参考点操作，参考点/同步信号 DB31.DBX60.4～DB61.DBX60.4、DB31.DBX60.5～DB61.DBX60.5 的值为 1。

⚙ **任务扩展**　数控机床故障维修的原则

1. 先外部后内部

数控机床是机械、液压、电气一体化的机床，故其故障的发生必然由机械、液压、电气三者综合反映出来。数控机床的检修要求维修人员掌握先外部后内部的原则。即当数控机床发生故障后，维修人员应先采用望、闻、听、问等方法，由外向内逐一进行检查。

2. 先机械后电气

由于数控机床是一种自动化程度高、技术复杂的先进机械加工设备，其机械故障一般较易察觉，而数控系统故障的诊断则难度要大些。先机械后电气的原则就是首先检查机械部分是否正常，行程开关是否灵活，气动、液压部分是否存在阻塞现象等；然后检查电气部分。

3. 先静后动

维修人员本身要做到先静后动，不可盲目动手，应先询问机床操作人员故障发生的过程及状态，阅读机床说明书、图样资料后，方可动手查找并处理故障。其次，对有故障的机床也要本着先静后动的原则，先在机床断电的静止状态，通过观察、测试和分析，确认为非恶性循环性故障或非破坏性故障后，方可给机床通电，在运行工况下进行动态的观察、检验和测试，查找故障。对恶性的破坏性故障，必须先行处理排除危险后，方可进行通电，再在运行工况下进行动态诊断。

4. 先公用后专用

公用性的问题往往影响全局，而专用性的问题只影响局部。如机床的几个进给轴都不能运动，这时应先检查和排除各轴公用的 CNC、PLC、电源、液压等部分的故障，然后再设法排除某轴的局部问题。

5. 先简单后复杂

当出现多种故障互相交织掩盖、一时无从下手时，应先解决简单的问题，后解决复杂的问题。常常在解决简单故障的过程中，复杂的问题也可能变得简单，或者在排除简单故障时受到启发，对复杂故障的认识更为清晰，从而也有了解决办法。

6. 先一般后特殊

在排除某一故障时，要先考虑最常见的可能原因，然后再分析很少发生的特殊原因。

📖 **任务巩固**

一、填空题

1. 滑枕的自重挠曲变形是采用＿＿＿＿的加工方法来实现补偿的。

2. 用液压系统平衡主轴箱重量的平衡系统，需定期观察液压系统的＿＿＿＿，当油压低于要求值时，要进行_____。

3. 主轴的精度除了由自身特性决定以外，还受滑枕的_____、_____和位移的影响。

二、判断题（正确的画"√"，错误的画"×"）

1.（   ）为保证主轴箱体在滑枕移动时位置不变或少变，一般采用平衡措施。

2.（   ）平衡锤的重量一般为主轴箱部件重量的 60%。

三、简答题

1. 为什么要对主轴箱进行平衡补偿？

2. 主传动系统平衡补偿常采用的措施有哪几种？

模块三　数控机床进给传动系统的装调与维修

数控机床的进给传动系统常用伺服进给系统。伺服进给系统的作用是根据数控系统传来的指令信息，进行放大以后控制执行部件的运动，它不仅控制进给运动的速度，同时还要精确控制刀具相对于工件的移动位置和轨迹。因此，数控机床的进给传动系统在控制中，尤其是轮廓控制时，数控系统必须对进给运动的位置和速度两方面同时实现自动控制。

一个典型的数控机床闭环控制进给传动系统，通常由位置比较器、放大元件、驱动单元、机械传动装置和检测反馈元件等几部分组成，而其中的机械传动装置是位置控制中的一个重要环节。这里所说的机械传动装置包括减速装置和丝杠副等中间传动机构，如图 3-1 所示。进给传动元件的作用见表 3-1。

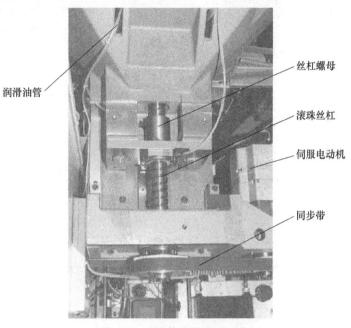

图 3-1　进给传动系统的组成

表 3-1　进给传动元件的作用

名称	图示	作用
导轨		机床导轨的作用是支承和引导运动部件沿一定的轨道进行运动 导轨是机床基本结构要素之一。数控机床对导轨的要求则更高，例如高速进给时不振动，低速进给时不爬行，有高的灵敏度，能在重负载下长期连续工作，耐磨性高，精度保持性好等，都是数控机床的导轨所必须满足的条件

（续）

名称	图示	作用
丝杠	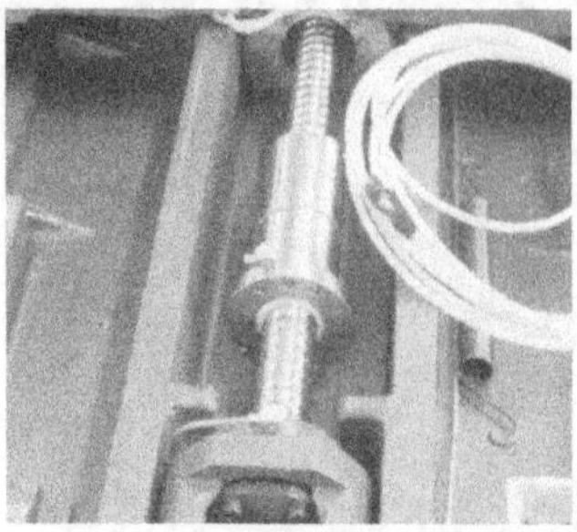	丝杠副的作用是实现直线运动与回转运动的相互转换 数控机床对丝杠的要求:传动效率高;传动灵敏,摩擦力小,动、静摩擦力之差小,能保证运动平稳,不易产生低速爬行现象;轴向运动精度高,施加预紧力后,可消除轴向间隙;反向时无空行程
轴承	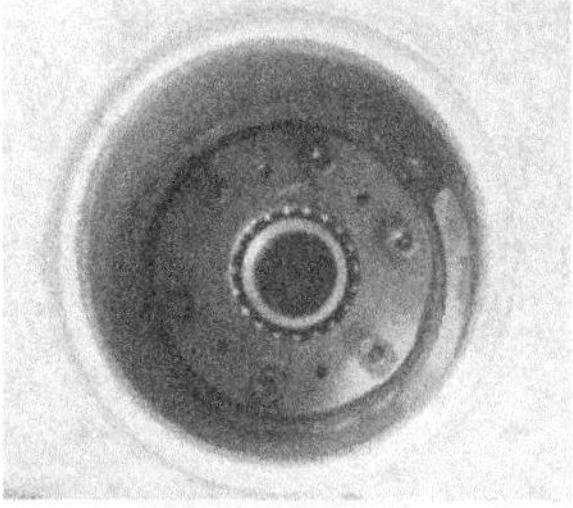	轴承主要用于安装、支承丝杠,使其能够转动,在丝杠的两端均要安装轴承
丝杠支架		该支架内安装了轴承,并布置于基座的两端,丝杠支架主要用于安装滚珠丝杠,从而带动工作台或刀架运动
联轴器		联轴器是伺服电动机与丝杠之间的联接元件,电动机的转动通过联轴器传递给丝杠,使丝杠转动,从而带动工作台运动
伺服电动机		伺服电动机是工作台或刀架移动的动力元件,传动系统中传动元件的动力均由伺服电动机产生,每根丝杠都装有一个伺服电动机

（续）

名称	图示	作用
润滑系统	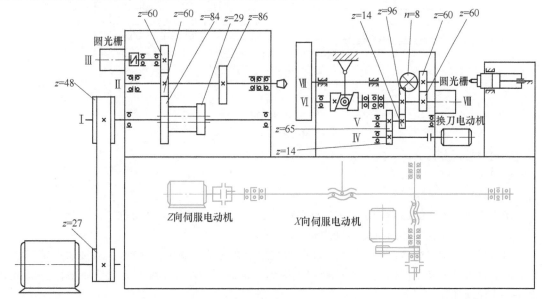	润滑系统可视为传动系统的"血液"，可减少阻力和摩擦、磨损，避免低速爬行，降低高速时的温升，并且可防止导轨面、滚珠丝杠副锈蚀。常用的润滑剂有润滑油和润滑脂，其中导轨主要用润滑油，丝杠主要用润滑脂

　　通过学习本模块，学生应掌握进给传动系统装配图的识图知识；掌握数控机床进给传动系统的保养和检查方法；掌握数控机床进给传动系统的结构和工作原理；能对数控机床进给传动系统进行拆卸、装配及调整，并能排除数控机床进给传动系统的机械故障。

任务一　认识数控机床的进给传动系统

🔵 任务引入

　　图 3-2 所示为某数控卧式车床的传动系统，其主传动系统已经在模块二中介绍了，本模块主要介绍其进给传动系统，其自动换刀装置则在模块四中介绍。

图 3-2　某数控卧式车床的传动系统

🔶 任务目标

- 了解进给传动的特点。
- 掌握联轴器的种类。
- 能对联轴器进行维护与调整。
- 掌握联轴器的拆卸与装配方法。

3-1　X 轴进给　　3-2　Z 轴进给

▣**任务实施**

▣**工厂参观** 在教师的带领下到工厂参观（若条件不允许，可采用放视频的手段），使学生对数控机床的进给传动系统（图3-3）有一个感性认识，参观时应注意安全。

图3-3 数控机床的进给传动系统

▣**教师讲解** 联轴器

1. 套筒联轴器

套筒联轴器（图3-4）由联接两轴轴端的套筒和联接套筒与轴的联接件（键或销钉）所组成。一般当轴端直径 $d \leqslant 80$mm 时，套筒用35或45钢制造；当 $d > 80$mm 时，可用强度较高的铸铁制造。

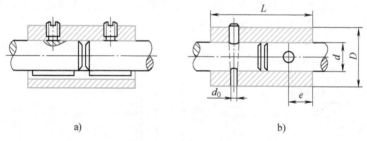

a) b)

图3-4 套筒联轴器
a) 键联接 b) 销钉联接

套筒联轴器各部分尺寸间的关系如下：

套筒长 $L \approx 3d$；

套筒外径 $D \approx 1.5d$；

销钉直径 $d_0 = (0.25 \sim 0.5) d$（对小联轴器取0.3，对大联轴器取0.25）；

销钉中心到套筒端部的距离 $e \approx 0.75d$。

这种联轴器构造简单，径向尺寸小，但其装拆困难（轴需做轴向移动），且要求两轴严格对中，不允许有径向及角度偏差，因此使用上受到一定限制。图3-5所示为套筒联轴器的应用实例——齿轮减速器。

2. 凸缘联轴器

凸缘联轴器是把两个带有凸缘的半联轴器分别与两轴联接，然后用螺栓把两个半联轴器联成一体，以传递动力和转矩，如图3-6所示。凸缘联轴器有两种对中方法：一种是用一个半联轴器上的凸肩与另一个半联轴器上的凹槽相配合而对中（图3-6a）；另一种则是共同与另一部分环相配合而对中（图3-6b）。前者在装拆时轴必须做轴向移动，后者则无此缺点。联接螺栓可以采用半精制的普通螺栓，此时螺栓杆与孔壁间存有间隙，转矩靠半联轴器接合面间的摩擦力来传

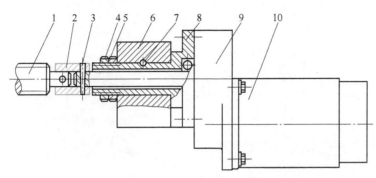

图 3-5　套筒联轴器的应用实例——齿轮减速器（电动机通过减速器与丝杠联接）
1—丝杠　2—套筒联轴器　3、7—锥销　4—螺母　5—垫圈　6—支架　8—支承架
9—减速器　10—步进电动机（JBF）

递（图 3-6b）；也可采用铰制孔用螺栓，此时螺栓杆与孔为过渡配合，靠螺栓杆承受挤压与剪切来传递转矩（图 3-6a）。凸缘联轴器可做成带防护边的（图 3-6a）或不带防护边的（图 3-6b）。凸缘联轴器实物如图 3-6c 所示。

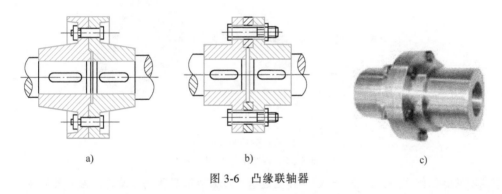

a)　　　　　　　　　b)　　　　　　　　　c)

图 3-6　凸缘联轴器

凸缘联轴器的材料可用 HT250 或碳钢，重载时或圆周速度大于 30m/s 时应用铸钢或锻钢。

凸缘联轴器对所联接两轴的对中性要求很高，当两轴间有位移与倾斜存在时，就会在机件内引起附加载荷，使工作情况恶化，这是它的主要缺点。但由于其构造简单、成本低及可传递较大转矩，故当转速低、无冲击、轴的刚性大以及对中性较好时也常采用。

3. 弹性联轴器

在大转矩、宽调速直流电动机及传递转矩较大的步进电动机的传动机构中，电动机与丝杠之间可采用直接连接的方式，这不仅可简化结构、降低噪声，而且有利于减小间隙、提高传动刚度。

图 3-7 所示为弹性联轴器。弹簧片 7 分别用螺钉和球面垫圈与两边的联轴套相联，通过弹簧片传递转矩。弹簧片每片厚 0.25mm，材料为不锈钢，两端的位置误差由弹簧片的变形来抵消。

由于弹性联轴器利用了锥环的胀紧原理，可以较好地实现无键、无隙联接，因此弹性联轴器通常又称为无键锥环联轴器。锥环形状如图 3-8 所示。

4. 安全联轴器

图 3-9 所示为 TND360 型数控车床的纵向滑板传动系统。直流伺服电动机 2，经安全联轴器直接驱动滚珠丝杠副，传动纵向滑板，使其沿床身上的纵向导轨运动；直流伺服电动机由尾部的旋转变压器和测速发电机 1 进行位置反馈和速度反馈，纵向进给的最小脉冲当量是 0.001mm。这样构成的伺服系统为半闭环伺服系统。

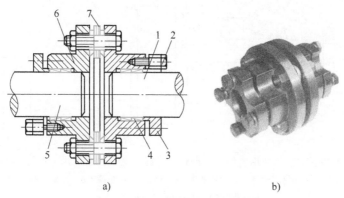

图 3-7 弹性（无键锥环）联轴器

a）锥环联轴器的结构 b）锥环联轴器的实物

1—丝杠 2—螺钉 3—端盖 4—锥环 5—电动机轴 6—联轴器 7—弹簧片

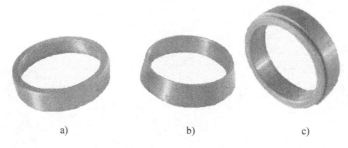

图 3-8 锥环形状

a）外锥环 b）内锥环 c）成对锥环

安全联轴器的作用是：在进给过程中，当进给力过大或滑板移动过载时，为了避免整个传动机构的零件损坏，安全联轴器动作会终止运动的传递，其工作原理如图 3-10 所示。在正常情况下，运动由联轴器传递到滚珠丝杠上（图 3-10a），当出现过载时，滚珠丝杠上的转矩增大，这时通过安全联轴器端面上的三角齿传递的转矩也随之增加，以致使端面三角齿处的轴向力超过弹簧的压力，于是便将联轴器的右半部分推开（图 3-10b），这时联接的左半部分和中间环节继续旋转，而右半部分却不能被带动，在两者之间产生打滑现象，将传动链断开（图 3-10c），因此传动机构不致因过载而损坏。机床许用的最大进给力取决于弹簧的弹力。拧动弹簧的调整螺母可以调整弹簧的弹力。在机床上采用无触点磁传感器来监测安全联轴器右半部分的工作状况，当右半部分产生滑移时，磁传感器产生过载报警信号，通过机床可编程序控制器使进给系统制动，并将此状态信号传送到数控装置，由数控装置发出报警指令。

安全联轴器与电动机轴、滚珠丝杠联接时，采用了无键锥环联接，其放大图如图 3-9 所示。无键锥环是相互配合的锥环，拧紧螺钉，紧压环压紧锥环，使内环的内孔收缩，外环的外圆胀大，靠摩擦力联接轴和孔，锥环的对数可根据所传递的转矩进行选择。这种结构不需要开键槽，避免了传动间隙。安全联轴器的结构如图 3-9 所示，由件 4~9 组成。件 4 与件 5 之间由矩形齿相联，件 5 与件 6 之间由三角形齿相联（参见 A—A 剖视图）。件 6 上用螺栓装有一组钢片 7，钢片 7 的形状像摩擦离合器的内片，中心部分是内花键。件 7 与套 9 外圆上的花键部分相配合，件 6 的转动能通过件 7 传至件 9，并且件 6 和件 7 能一起沿件 9 做轴向相对移动。件 9 通过无键锥环与滚珠丝杠相联。碟形弹簧 8 使件 6 紧紧地靠在件 5 上。如果进给力过大，则件 5、件 6 之间的

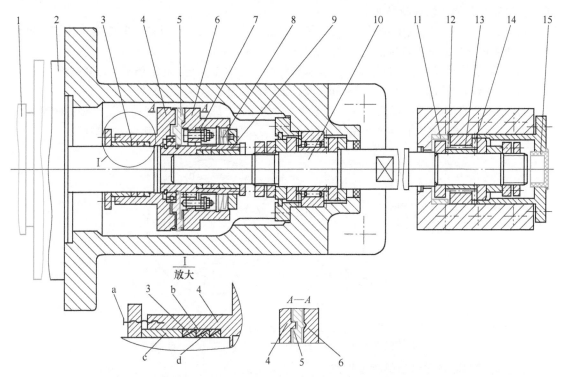

图 3-9 TND360 型数控车床的纵向滑板传动系统

1—旋转变压器和测速发电机 2—直流伺服电动机 3—锥环 4、6—半联轴器 5—滑块 7—钢片
8—碟形弹簧 9—套 10—滚珠丝杠 11—垫圈 12~14—滚针轴承 15—堵头

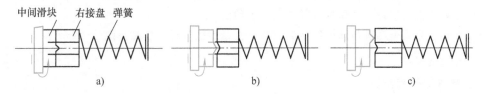

图 3-10 安全联轴器工作原理

三角形齿产生的轴向力超过了碟形弹簧 8 的弹力，使件 6 右移，无触点磁传感器发出监控信号给数控装置，使机床停机，直到消除过载因素后才能继续运动。

看一看 到当地数控机床生产厂家参观联轴器的安装。

技能训练

一、联轴器的拆卸与装配

图 3-11 是图 3-7 所示的弹性（无键锥环）联轴器的一种。这种联轴器能实现无间隙联接，且能传递较大的转矩。它的拆卸与装配方法如下：

（1）拆卸 拆卸顺序如下：

1）以图 3-11 所示的次序逐渐松开螺栓 3，开始时不要超过 1/4 圈，以免圆盘 1 偏歪、卡住。松开后的螺栓 3 仍留在圆盘上，不要卸下。

2）把轴套 5 与圆盘组件一起从轴 6 上卸下。

3）从轴套 5 上取下圆盘组件。

（2）装配 装配前，锥环 4 与圆盘 1 之间一般不需要清洗，若发现有脏物，则应清洗并加润滑脂和更换 O 形圈。装配顺序如下：

1）轻轻拧紧三个相隔 120°的螺栓 3，保持两盘平行，在三处检查两盘间距离。拧紧力的大小以锥环 4 在两盘上不转动为宜，拧紧力过大会使锥环 4 变形。

2）在轴套 5 外表面涂上润滑脂，把圆盘组件装配到轴套 5 上，此时仍不要拧紧螺栓。

3）去除轴 6 与轴套 5 内孔的油污和杂质，把装好的轴套组件装配到轴 6 上。

4）按图 3-11 所示的次序逐个地、逐渐地拧紧螺栓 3，最后用限力型扳手拧，保持两圆盘平行。如此反复多次拧紧，直到全部螺栓达到规定的力矩。力矩值标记在圆盘 1 的端面上。

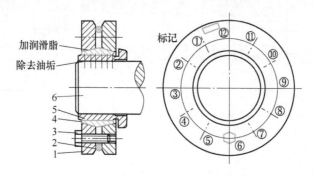

图 3-11　弹性（无键锥环）联轴器结构
1—圆盘　2—O 形圈　3—螺栓　4—锥环　5—轴套　6—轴

二、电动机联轴器松动的故障维修

故障现象：某半闭环控制的数控车床运行时，被加工零件径向尺寸呈忽大忽小的变化。

故障分析：检查控制系统及加工程序均正常，进一步检查传动链，发现伺服电动机与丝杠联接处的联轴器紧固螺钉松动，使电动机与丝杠产生相对运动。由于该机床是半闭环控制，机械传动部分误差无法得到修正，从而导致零件尺寸不稳定。

故障处理：紧固电动机与丝杠联接处的联轴器紧固螺钉后，故障排除。

讨论总结　通过参观、技能训练、上网查询、讨论，对数控机床装调的知识进行总结。

一、联轴器的维护

1）及时清理联轴器上的灰尘、切屑等，及时润滑联轴器上需要润滑的部位。

2）定期检查联轴器锥环上的螺钉有无松动现象。

3）联轴器件的防护。高速旋转而又突出于轴外的法兰盘、键、销及联接螺栓等都是危险因素，常会绞缠衣服，对人造成伤害。为此要采用沉头螺钉、不带突出部分的安全联轴器及筒形防护罩等措施，以保证安全传动。

二、联轴器松动的调整

由于数控机床进给速度较快，如快进、快退的速度有时高达 20m/min 以上，在整个加工过程中正反转转换频繁，联轴器承受的瞬间冲击较大，容易引起联轴器松动和扭转，并且随着使用时间的延长，其松动和扭转的情况加剧。在实际加工时，联轴器的松动和扭转主要表现为各方向运动正常、编码器反馈也正常、系统无报警，而运动值却始终无法与指令值相符合，加工误差越来越大，甚至造成零件报废。出现这种情况时，建议检查并调整一下联轴器。

联轴器分为刚性联轴器和弹性联轴器两种形式，因此可按其结构分别加以调整。

1. 刚性联轴器的调整

刚性联轴器目前主要采用联轴套加圆锥销的联接方法，而且大多数进给电动机轴上都备有平键。这种联接使用一段时间后，圆锥销开始松动，键槽侧面间隙逐渐增大，有时甚至锥销脱落，造成零件加工尺寸不稳定。解决此问题有如下两种方法：

1）采用特制的小头带螺纹的圆锥销，用螺母加弹性垫圈锁紧，防止圆锥销因快速转换而松动。该方法能很好地解决圆锥销松动的问题，同时也减轻了平键所承受的扭矩。但由于圆锥销小头有螺母，因此必须确保联轴器有一定的回转空间。

2）采用两个一大一小的弹性销取代圆锥销联接。这种方法虽然没有圆锥销的联接方法精度高，但能很好地解决圆锥销松动的问题。弹性销具有一定的弹性，能分担一部分平键承受的扭矩，而且结构紧凑，装配也十分方便，在维修中应用效果很好。但装配时要注意，大、小弹性销要求互成180°装配，否则会影响零件加工的精度。

2. 弹性联轴器的调整

弹性联轴器装配时，很难把握锥套是否锁紧，如果锥环胀开后摩擦力不足，就使丝杠轴头与电动机轴头之间产生相对滑移扭转，造成数控机床工作运行中，被加工零件的尺寸呈现有规律的变化（由小变大或由大变小），且每次的变化值基本上是恒定的。如果调整机床快速进给速度后，该变化值也会改变，那么此时数控系统并不报警，因为电动机转动是正常的，编码器的反馈也是正常的。一旦机床出现这种情况，单纯靠拧紧两端螺钉的方法不一定奏效。其解决方法是设法锁紧联轴器的弹性锥套，若锥套过松，则可将锥套沿轴向切一条缝，拧紧两端的螺钉后，就能彻底排除故障。

📖 **注 意**　电动机和滚珠丝杠联接用的联轴器松动或联轴器本身的缺陷，如裂纹等，会造成滚珠丝杠的转动与伺服电动机的转动不同步，从而使进给运动忽快忽慢，产生爬行现象。

📺 **现场教学**　把学生带到工厂中，在数控机床的旁边教学，并让学生找出所介绍内容的实物，应注意安全。

某加工中心的 X、Y 轴进给传动系统如图 3-12 所示，其 Z 轴进给传动系统如图 3-13 所示。其传动路线为：X、Y、Z 轴交流伺服电动机→联轴器→滚珠丝杠（X/Y/Z）→工作台 X、Y 向进给，主轴 Z 向进给。X、Y、Z 轴的进给分别由工作台、床鞍、主轴箱的移动来实现。X、Y、Z 轴方向的导轨均采用直线滚动导轨，其床身、工作台、床鞍、主轴箱均采用高性能、最优化整体铸铁结构，内部均布置适当的网状肋板、肋条，具有足够的刚性、抗振性，能保证良好的切削性能。

3-3　X 向工作台结构

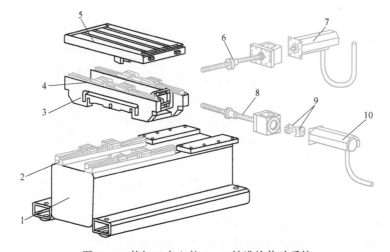

图 3-12　某加工中心的 X、Y 轴进给传动系统

1—床身　2—Y 轴直线滚动导轨　3—床鞍　4—X 轴直线滚动导轨　5—工作台　6—Y 轴滚珠丝杠
7—Y 轴伺服电动机　8—X 轴滚珠丝杠　9—联轴器　10—X 轴伺服电动机

X、Y、Z 轴的支承导轨均采用滑块式直线滚动导轨，该种导轨的摩擦为滚动摩擦，大大降低了摩擦因数。适当的预紧可提高导轨的刚性，使其具有精度高、响应速度快、无爬行现象等特点。这种导轨均为线接触（滚动体为滚柱、滚针）或点接触（滚动体为滚珠），总体刚性差，抗振性弱，在大型机床上较少采用。X、Y、Z 轴进给传动均采用滚珠丝杠副结构，其具有传动平稳、效率高、无爬行、无反向间隙等特点。加工中心采用轴伺服电动机通过联轴器直接与滚珠丝杠副联接，这样可减少中间环节引起的误差，保证了传动精度。

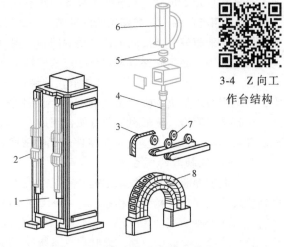

3-4 Z 向工作台结构

机床的 Z 向进给靠主轴箱的上、下移动来实现，这样可以增加 Z 向进给的刚性，便于强力切削。主轴则通过主轴箱前端套筒法兰直接与主轴箱固定，刚性高且便于维修、

图 3-13 某加工中心的 Z 轴进给传动系统
1—立柱 2—Z 轴直线滚动导轨 3—链条
4—Z 轴滚珠丝杠 5—联轴器
6—Z 轴伺服电动机 7—链轮 8—导管防护套

保养。另外，为使主轴箱做 Z 向进给时运动平稳，主轴箱体通过链条、链轮连接配重块；再则由于滚珠丝杠无自锁功能，为防止主轴箱体的垂向下落，Z 向伺服电动机内部带有制动装置。

⚙ **任务扩展** 消除间隙的齿轮传动结构

在数控设备的进给传动系统中，考虑到转动惯量、转矩或脉冲当量的要求，有时要在电动机和丝杠之间加入齿轮副，而齿轮副等传动副存在的间隙，会使进给运动反向滞后于指令信号，形成反向死区而影响其传动精度和系统的稳定性。因此，为了提高进给传动系统的传动精度，必须消除齿轮副的侧隙。以偏心套调整法为例来介绍，图 3-14 所示为偏心套消除间隙结构。电动机 1 通过偏心套 2 安装到机床本体上，通过转动偏心套 2，就可以调整两齿轮的中心距，从而消除齿轮副的侧隙。

3-5 偏心套调整法

📖 **任务巩固**

一、填空题

1. 进行轮廓控制时，数控系统必须对进给运动的_____和_____两方面同时实现自动控制。

2. 凸缘联轴器是把两个带有_____的半联轴器分别与_____联接，然后用螺栓把两个半联轴器联成一体，以传递_____和_____。

3. 刚性联轴器目前主要采用_____的联接方法，而且大多进给电动机轴上都备有_____。

二、选择题（请将正确答案的代号填在括号中）

1. 运动部件的（　　）对伺服机构的起动和制动特性都有影响，尤其是处于高速运转的零部件。

A. 摩擦力 　　　 B. 惯量 　　　 C. 调速范围

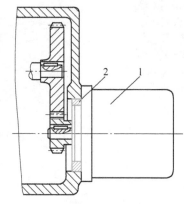

图 3-14 偏心套消除间隙结构
1—电动机 2—偏心套

2. 套筒联轴器由联接两轴轴端的套筒和联接套筒与轴的联接件（键或销钉）所组成。一般当轴端直径 $d>80mm$ 时，可用强度较高的（　　）制造。

　　A. 45 钢　　　　　　　　B. Q235　　　　　　　C. 铸铁

3. 由于利用了锥环的胀紧原理，（　　）可以较好地实现无键、无间隙联接，是一种安全的联轴器。

　　A. 挠性联轴器　　　B. 凸缘联轴器　　　　C. 安全联轴器

4. （　　）的作用是：在进给过程中，当进给力过大或滑板移动过载时，为了避免整个传动机构的零件损坏，其动作会终止运动的传递。

　　A. 弹性联轴器　　　B. 凸缘联轴器　　　　C. 安全联轴器

5. 电动机和滚珠丝杠联接用的（　　）松动或（　　）本身的缺陷，如裂纹等，会造成滚珠丝杠的转动与伺服电动机的转动不同步，从而使进给运动忽快忽慢，产生爬行现象。

　　A. 套筒　　　　　　　　B. 键　　　　　　　　C. 联轴器

6. 在数控机床的进给传动系统中，通常都采用（　　）来联接两轴（伺服或步进电动机的轴与滚珠丝杠）的旋转运动。

　　A. 齿轮　　　　　　　　B. 铰链　　　　　　　C. 无间隙传动联轴器　　　D. 键槽

7. 关于进给驱动装置描述不正确的是（　　）。

　　A. 进给驱动装置是数控系统的执行部分

　　B. 进给驱动装置的功能：接收加工信息，发出相应的脉冲

　　C. 进给驱动装置的性能决定了数控机床的精度

　　D. 进给驱动装置的性能是决定数控机床快速性的因素之一

三、判断题（正确的画"√"，错误的画"×"）

1. （　　）数控机床的进给传动系统常用齿轮箱进给系统来工作。

2. （　　）联轴器是伺服电动机与丝杠之间的支承元件。

3. （　　）联轴器是用来联接进给机构的两根轴使之一起回转，以消除反向间隙的一种装置。

4. （　　）数控机床在调整安全联轴器时，数控机床的最大进给力取决于锥环的胀紧力。

5. （　　）安全联轴器与电动机轴、滚珠丝杠相联时，采用无键锥环联接。

任务二　数控机床用滚珠丝杠副的装调与维修

🅛任务引入

数控机床的进给传动链中，将旋转运动转换为直线运动的装置很多，图 3-15 所示的滚珠丝杠副传动装置是最常用的装置之一。

图 3-15　滚珠丝杠副传动装置

🎒**任务目标**

- 掌握滚珠丝杠副的工作原理、特点、循环方式、支承与制动。
- 了解滚珠丝杠的预拉伸。
- 会对滚珠丝杠副进行安装、调整与维护。
- 能排除滚珠丝杠副的机械故障。

🎖**任务实施**

📒**教师讲解**

一、滚珠丝杠副的工作原理

滚珠丝杠副是一种在丝杠和螺母间装有滚珠作为中间元件的丝杠副，其结构如图3-16所示。丝杠3和螺母1上都有半圆弧形的螺旋槽，当它们套装在一起时便形成了滚珠的螺旋滚道。螺母1上有滚珠回路管道4，将几圈螺旋滚道的两端连接起来，构成封闭的循环滚道，并在滚道内装满滚珠2。当丝杠3旋转时，滚珠2在滚道内沿滚道循环转动即自转，迫使螺母（或丝杠）做轴向移动。

3-6 滚珠丝杠副的工作原理

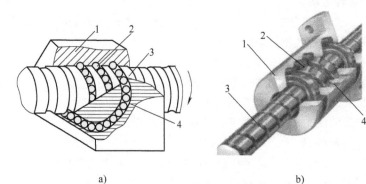

a)　　　　　　　　　　　　　　　　　　b)

图3-16　滚珠丝杠副的结构

a）平面结构图　b）实物结构图

1—螺母　2—滚珠　3—丝杠　4—滚珠回路管道

二、滚珠丝杠副的特点

1）传动效率高，摩擦损失小。滚珠丝杠副的传动效率 $\eta = 0.92 \sim 0.96$，比常规的丝杠副高3~4倍，因此其功率消耗只相当于常规丝杠副的1/4~1/3。

2）给予适当的预紧力，可消除丝杠和螺母之间的间隙，反向时可以消除空程死区，定位精度高，刚性好。

3）运动平稳，无爬行现象，传动精度高。

4）有可逆性，可以将旋转运动转换为直线运动，也可以将直线运动转换为旋转运动，即丝杠和螺母都可以作为主动件。

5）磨损小，使用寿命长。

6）制造工艺复杂。滚珠丝杠和螺母等元件的加工精度要求高，表面粗糙度要求也高，故制造成本高。

7）不能自锁。特别是对于垂直运动的丝杠，由于自重的作用，在下降过程中传动被切断后，丝杠不能立即停止运动，故必须有制动装置。

三、滚珠丝杠副的循环方式

常见的滚珠丝杠副的循环方式有两种：滚珠在循环过程中有时与丝杠脱离接触的循环称为

外循环；滚珠始终与丝杠保持接触的循环称为内循环。

1. 外循环

图 3-17 所示为常用的一种外循环方式，这种结构是在螺母上沿轴向相隔数个半导程处钻两个孔与螺旋槽相切，作为滚珠的进口与出口。再在螺母的外表面上铣出回珠槽并沟通两孔。另外，在螺母内的进、出口处各装一个挡珠器，并在螺母外表面装一个套筒，这样就构成封闭的循环滚道。外循环结构制造工艺简单，使用较广泛。其缺点是滚道接缝处很难做得平滑，影响滚珠滚动的平稳性，甚至发生卡珠现象，噪声也较大。

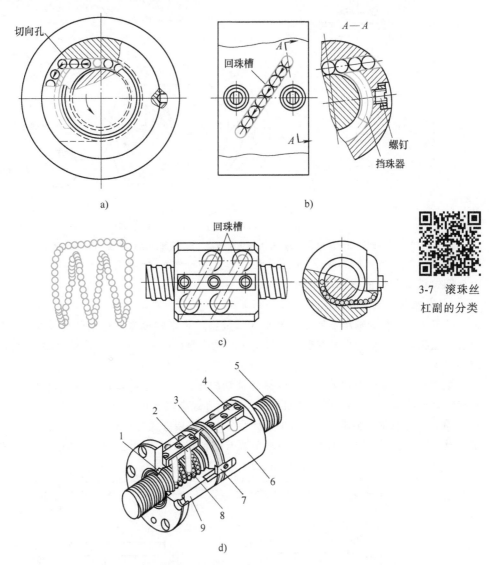

3-7　滚珠丝杠副的分类

图 3-17　外循环滚珠丝杠副

a）切向孔结构　b）回珠槽结构　c）滚珠的运动轨迹　d）结构图

1—迷宫式密封圈　2—回珠槽　3—垫片　4—压板　5—丝杠　6、9—螺母　7—键　8—滚珠

2. 内循环

内循环滚珠丝杠副（图 3-18）均采用反向器实现滚珠循环。反向器有两种形式，图 3-18a 所示为圆柱凸键反向器，该反向器的圆柱部分嵌入螺母内，端部开有反向槽 2，反向槽靠圆柱外圆面及其上端的凸键 1 定位，以保证对准螺纹滚道方向；图 3-18b 所示为扁圆镶块反向器，该反向

器为一半圆头平键形镶块，镶块嵌入螺母的切槽中，其端部开有反向槽3，用镶块的外廓定位。以上两种反向器比较，后者尺寸较小，从而减小了螺母的径向尺寸及轴向尺寸，但这种反向器的外轮廓和螺母上的切槽尺寸精度要求较高。

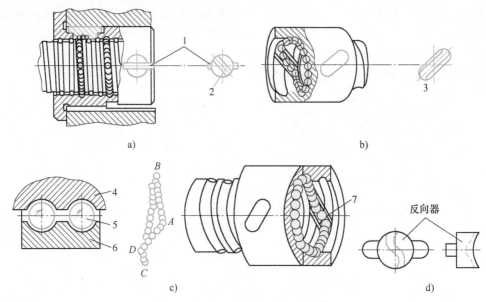

图 3-18　内循环滚珠丝杠副的反向器

a）圆柱凸键反向器　b）扁圆镶块反向器　c）滚珠的运动轨迹　d）反向器结构

1—凸键　2、3—反向槽　4—丝杠　5—钢珠　6—螺母　7—反向器

四、滚珠丝杠的支承与制动

1. 滚珠丝杠的支承

螺母座、丝杠的轴承及其支架等刚度不足将严重影响滚珠丝杠副的传动精度，因此螺母座应有加强肋，以减少受力的变形，螺母与床身的接触面积宜大一些，其联接螺钉的刚度要高，定位销要配合紧密。

滚珠丝杠常用推力轴承支承，以提高其轴向刚度（当滚珠丝杠的轴向负载很小时，也可用角接触球轴承支承）。滚珠丝杠在机床上的支承方式有以下几种：

（1）一端装推力轴承　如图 3-19a 所示，这种安装方式的承载能力小，轴向刚度低，只适用于短丝杠，一般用于数控机床的调节环节或升降台式数控铣床的立向（垂直）坐标轴中。

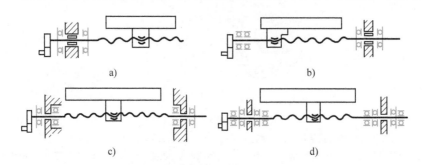

图 3-19　滚珠丝杠在机床上的支承方式

a）一端装推力轴承　b）一端装推力轴承，另一端装深沟球轴承

c）两端装推力轴承　d）两端装推力轴承及深沟球轴承

（2）一端装推力轴承，另一端装深沟球轴承　如图 3-19b 所示，这种支承方式可用于丝杠较

长的情况。应将推力轴承安装在远离液压马达等热源及丝杠上的常用段，以减小丝杠热变形的影响。

（3）两端装推力轴承 如图 3-19c 所示，把推力轴承装在滚珠丝杠的两端，并施加预紧力，这样有助于提高刚度，但这种安装方式对丝杠的热变形较为敏感，轴承的寿命较两端装推力轴承及深沟球轴承方式低。

（4）两端装推力轴承及深沟球轴承 如图 3-19d 所示，为使丝杠具有最大的刚度，它的两端可用双重支承，即推力轴承和深沟球轴承，并施加预紧拉力。这种支承方式不能精确地预先测定预紧力，预紧力的大小是由丝杠的温度变形转化而产生的。但设计时要求提高推力轴承的承载能力和支架刚度。

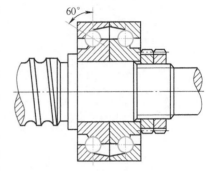

（5）专用轴承支承 这是一种能够承受很大轴向力的特殊角接触球轴承，与一般角接触球轴承相比，其接触角增大到 60°，增加了滚珠的数目并相应减小了滚珠的直径，其结构如图 3-20 所示。这种新结构的轴承比一般轴

图 3-20 接触角为 60° 的角接触球轴承

承的轴向刚度提高两倍以上，使用极为方便。该产品成对出售，而且在出厂时已经选配好内、外环的厚度，装配调试时只要用螺母和端盖将内环和外环压紧，就能获得出厂时已经调整好的预紧力。

看一看 您所在学校的数控机床滚珠丝杠采用的是哪种支承方式？

2. 滚珠丝杠的制动

由于滚珠丝杠副的传动效率高，无自锁作用（特别是滚珠丝杠垂直运动时），为防止丝杠因自重下降，必须装有制动装置。

（1）制动方式

1）用具有制动作用的制动电动机来制动。

2）在传动链中配置逆转效率低的高减速比系统，如齿轮减速器、蜗杆减速器等。该方法是靠摩擦损失来达到制动的目的，故不经济。

3）采用超越离合器制动。

4）采用摩擦离合器制动。

（2）制动结构 图 3-21a 所示为数控卧式镗床主轴箱进给丝杠的制动原理图。机床工作时，电磁铁通电，使摩擦离合器脱开。运动由步进电动机经减速齿轮传递给丝杠，使主轴箱上下移动。当加工完毕或中间停机时，步进电动机和电磁铁同时断电，靠压力弹簧作用合上摩擦离合器，使丝杠不能转动，主轴箱便不会下降。

XK5040A 型数控铣床升降台制动装置结构如图 3-21b 所示。伺服电动机 1 经过锥环联接带动滑块联轴器以及锥齿轮 2、3，使升降丝杠转动，工作台上升或下降。同时锥齿轮 3 带动锥齿轮 4，经单向超越离合器和摩擦离合器相联，这一部分称为升降台自动平衡装置。

当锥齿轮 4 转动时，通过锥销带动单向超越离合器的星轮 5。工作台上升时，星轮的转向是使滚子 6 和外壳 7 脱开的方向，外壳不转动，摩擦片不起作用；而工作台下降时，星轮的转向是使滚子 6 楔在星轮 5 与外壳 7 之间的方向，外壳 7 随锥齿轮 4 一起转动。经过花键与外壳联接在一起的内摩擦片与固定的外摩擦片之间产生相对运动，内、外摩擦片之间由弹簧压紧，存在一定的摩擦阻力，故起到阻尼作用，上升与下降的力量得以平衡。

XK5040A 型数控铣床选用了带制动器的伺服电动机。阻尼力的大小可以通过螺母 8 来调整，调整前应先松开螺母 8 的锁紧螺钉 9，调整后再将锁紧螺钉锁紧。

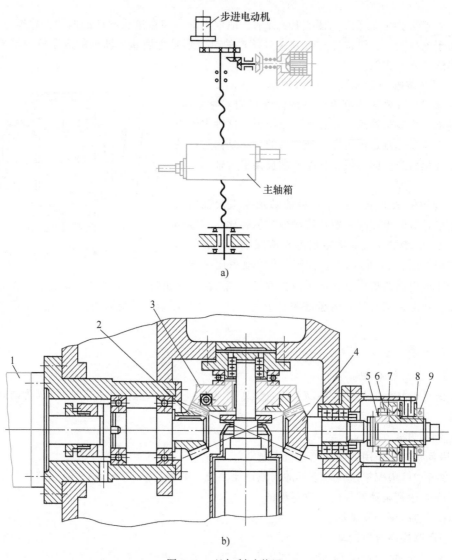

图 3-21　丝杠制动装置

a）主轴箱进给丝杠的制动原理图　b）升降台制动装置结构

1—伺服电动机　2～4—锥齿轮　5—星轮　6—滚子　7—外壳　8—螺母　9—锁紧螺钉

五、滚珠丝杠的预拉伸

滚珠丝杠在工作时会发热，其温度高于床身温度时，丝杠产生线膨胀，导程加大，影响定位精度。为了补偿线膨胀，可将丝杠预拉伸。预拉伸量应略大于线膨胀量。发热后，线膨胀量抵消了部分预拉伸量，使丝杠内的拉应力下降，但长度却没有变化。需进行预拉伸的丝杠在制造时应使其目标行程（螺纹部分在常温下的长度）等于公称行程（螺纹部分的理论长度，其等于公称导程乘以丝杠上的螺纹圈数）减去预拉伸量。拉伸后恢复公称行程值。减去的量称为"行程补偿值"。

图 3-22 所示为丝杠预拉伸的一种结构。丝杠两端由推力轴承 3、6 和滚针轴承 10 支承，拉伸力通过螺母 8、推力轴承 6、静圈 5、调整套 4 作用到支座 7 上。当丝杠装到两个支座 1、7 上之后，拧紧螺母 8，使推力轴承 3 靠在丝杠的台阶上，再压紧压盖 9，使调整套 4 两端顶紧在支

座 7 和静圈 5 上，用螺钉和销将支座 1、7 固定在床身上，然后卸下支座 1、7，取出调整套 4，换上加厚的调整套。加厚量等于预拉伸量，再装好，将支座固定在床身上。

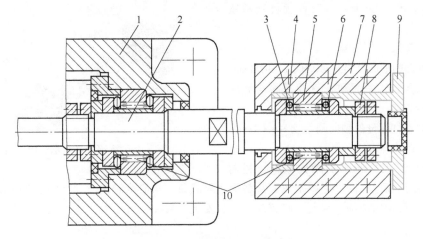

图 3-22　丝杠预拉伸的一种结构

1、7—支座　2—丝杠　3、6—推力轴承　4—调整套　5—静圈　8—螺母　9—压盖　10—滚针轴承

将丝杠制成空心，通入切削液强行冷却，可以有效地散发丝杠传动中的热量，对保证定位精度大有益处，由此也可获得较高的进给速度。据介绍，国外在端铣铝合金材料时，进给速度已经达到 70m/min，这在一般的滚珠丝杠传动中是难以实现的。图 3-23 所示为带中空强冷的滚珠丝杠传动，为了减少滚珠丝杠受热变形，在支承法兰处通入恒温油循环冷却，以保持其在恒温状态下工作。

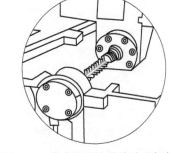

图 3-23　带中空强冷的滚珠丝杠传动

🔧 **想一想**　滚珠丝杠为什么需要预拉伸？

▨ **技能训练**

一、滚珠丝杠副的安装

滚珠丝杠在工作过程中主要承受的是轴向载荷。通常在丝杠两端安装轴承，用以支承滚珠丝杠，并通过轴承座将丝杠固定。丝杠的固定支承端连接电动机，用以提供动力源，螺母上安装运动部件。

图 3-24 中两端轴承座是活动的两个零件，运动部件上设计有与丝杠联接的螺母座。丝杠两

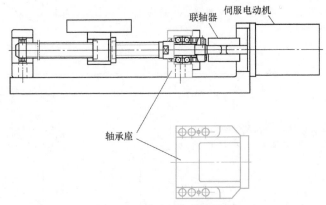

图 3-24　滚珠丝杠装配简图

端用轴承支承，用锁紧圆螺母和压盖对丝杠施加预紧力。丝杠一侧轴端通过联轴器与伺服电动机相联接。图 3-25 所示为滚珠丝杠轴承座的安装。

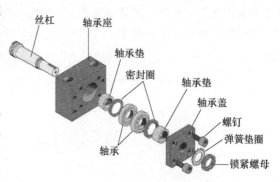

图 3-25　滚珠丝杠轴承座的安装

1. 安装要求

1）基准面的平面度误差≤0.02mm/1000mm。

2）滚珠丝杠水平面和垂直面素线与导轨的平行度误差≤0.015mm。

3）滚珠丝杠螺母的轴向圆跳动≤0.02mm。

2. 安装注意事项

滚珠丝杠副仅用于承受轴向载荷，径向力、弯矩会使滚珠丝杠副产生附加表面接触应力等载荷，从而可能造成丝杠的永久性损坏。正确的安装是有效维护的前提，因此，将滚珠丝杠副安装到数控设备中时，应注意以下事项。

1）丝杠的中心线必须和与之配套导轨的中心线平行，机床两端的轴承座与螺母座必须三点成一线。

2）螺母安装应尽量靠近支承轴承。

3）将滚珠丝杠安装到机床时，不要把螺母从丝杠轴上卸下来。如必须卸下来时要使用辅助套筒，否则装卸时滚珠有可能脱落。装卸螺母时应注意以下几点：

① 辅助套筒外径应小于丝杠小径 0.1～0.2mm。

② 辅助套筒在使用中必须靠紧丝杠轴肩。

③ 装卸时，不可使用过大力，以免损坏螺母。

④ 螺母装入安装孔时要避免撞击和偏心。

3. 安装步骤

（1）滚珠丝杠安装　滚珠丝杠的装配是数控机床装调与维修常见的操作项目，具体装配方法见表 3-2。

表 3-2　滚珠丝杠的装配方法

序号	说　明	操作示意图
1	如右图所示，将工作台倒转放置，在丝杠螺母孔中套入长 400mm 的精密检验棒，测量其中心线对工作台导轨面在垂直方向的平行度误差，公差为 0.005mm/1000mm	
2	如右图所示，以同样的方法测量丝杠中心线对工作台导轨面在水平方向的平行度误差，公差为 0.005mm/1000mm	

（续）

序号	说　　明	操作示意图
3	测量工作台导轨面与螺母座孔中心线的高度尺寸，并记录	—
4	如右图所示，将轴承座装于底座两端，并各自套入精密检验棒，测量其中心线对底座导轨面在垂直方向的平行度误差，公差为 0.005mm/1000mm	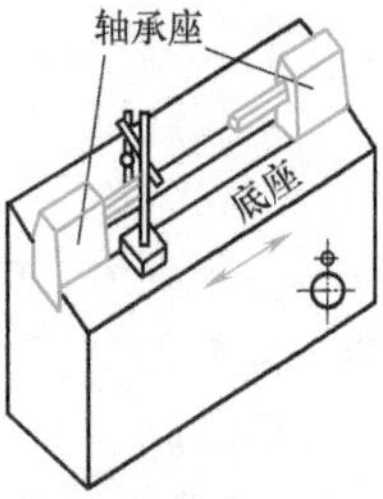
5	如右图所示，用同样的方法测量轴承座孔中心线对底座导轨面在水平方向的平行度误差，公差为 0.005mm/1000mm	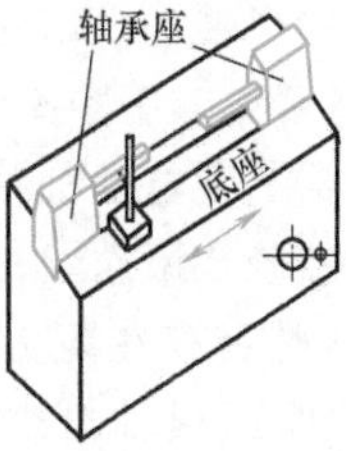
6	测量底座导轨面与轴承座孔中心线的高度尺寸，修整配合螺母座孔的高度尺寸	—
7	将工作台和底座导轨面擦拭干净，将工作台安放在底座正确位置上，装上镶条，以检验棒为基准，测量螺母座孔中心线与轴承座孔中心线的同轴度。如果达到装配要求，则可紧固螺钉并配钻、铰定位销孔；如果有偏差，则需修整直到满足要求为止	—
8	将轴承座孔、螺母座孔擦拭干净，再将滚珠丝杠副仔细装入螺母座，最后紧固螺钉	—
9	安装选定适当配合公差的轴承。安装轴承时，应采用专用套管，以免损坏轴承。使用百分表检查滚珠丝杠轴端径向圆跳动和轴向间隙，如下图所示，移动工作台并调整滚珠丝杠螺母，使螺母能在全行程范围内移动顺滑 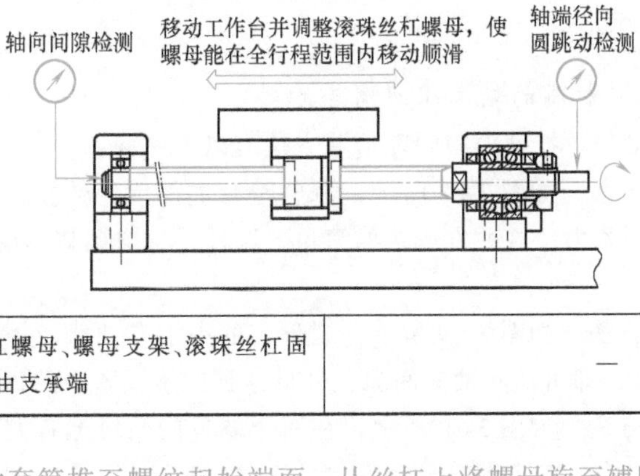	
10	按顺序依次拧紧丝杠螺母、螺母支架、滚珠丝杠固定以承端、滚珠丝杠自由支承端	—

🐾 **工作经验** 将辅助套筒推至螺纹起始端面，从丝杠上将螺母旋至辅助套筒上，将螺母、辅助套筒（图 3-26）一并小心取下，注意不要使滚珠散落。

图 3-26　辅助套筒

📋 **注 意** 滚珠丝杠的安装顺序与拆卸顺序相反。必须特别小心谨慎地安装，否则螺母、丝杠或其他内部零件可能会受损或掉落，导致滚珠丝杠传动系统的提前失效。

（2）电动机与丝杠的联接　首先安装电动机座；然后使用联轴器将电动机与丝杠相联，注意保证两者的安装精度。

1）调整电动机和滚珠丝杠的位置，使电动机轴和滚珠丝杠轴在同一直线上。

2）清洗电动机轴和滚珠丝杠轴表面，并在其上涂润滑油或润滑脂；注意不能使用含有硅和钼成分的油，以避免减小摩擦力。

3）将联轴器装到电动机轴上，然后移至轴承座。

4）将联轴器装在滚珠丝杠上，在紧固前，移动联轴器并确认是否存在阻力；如果旋转或移动时遇有阻力，说明两根轴出现偏移，则装配完成后，当电动机旋转时会出现振动。调整电动机座，使电动机轴与滚珠丝杠的同轴度在规定的范围内。

5）用螺钉固定联轴器，并用力矩扳手按对角线方向紧固螺钉，最后沿圆周方向紧固螺钉。

6）检查安装精度。用千分表检查联轴器外直径（避开螺钉孔），调整安装精度，使电动机轴处的精度在规定范围之内，如图 3-27 所示。

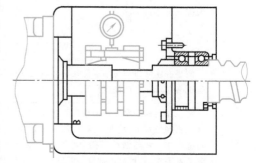

图 3-27　电动机与丝杠的联接

二、滚珠丝杠副间隙的调整方法

为了保证滚珠丝杠副的反向传动精度和轴向刚度，必须消除滚珠丝杠副的轴向间隙，为此常采用双螺母结构，即利用两个螺母的相对轴向位移，使两个螺母中的滚珠分别贴紧在螺旋滚道的两个相反的侧面上。用这种方法预紧消除轴向间隙时，应注意预紧力不宜过大（小于最大轴向载荷的 1/3），否则会使空载力矩增加，从而降低滚珠丝杠副的传动效率，缩短其使用寿命。

🔧 **想一想** 预紧力为什么不宜过大？

1. 双螺母滚珠丝杠副的轴向间隙消除方法

常用的双螺母滚珠丝杠副轴向间隙消除方法有以下三种：

（1）垫片调整方法　如图 3-28 所示，调整垫片的厚度，使左、右两螺母产生轴向位移，即可消除间隙和产生预紧力。这种方法结构简单，刚性好，但调整不便，滚道有磨损时不能随时消除间隙和进行预紧。

（2）螺纹调整方法　如图 3-29 所示，螺母 1 的一端有凸缘，螺母 7 的外端制有螺纹，调整时只要旋动圆螺母 6，即可消除轴向间隙，并可达到产生预紧力的目的。

（3）齿差调整方法　如图 3-30 所示，在两个螺母的凸缘上各制有圆柱齿轮，分别与紧固在套筒两端的内齿圈啮合，其齿数分别为 z_1 和 z_2，并相差一个齿。调整时，先取下内齿圈，将两个螺母相对于套筒同方向都转动一个齿，然后再插入内齿圈，则两个螺母便产生相对角位移，其

轴向位移量 $S = (1/z_1 - 1/z_2)Ph$。例如，当 $z_1 = 80$，$z_2 = 81$，滚珠丝杠的导程 $Ph = 6\text{mm}$ 时，$S = 6\text{mm}/6480 \approx 0.001\text{mm}$。这种调整方法能精确调整预紧量，调整方便、可靠，但其结构尺寸较大，多用于高精度的传动。

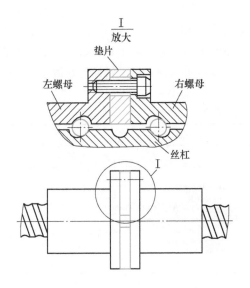

图 3-28 垫片调整方法

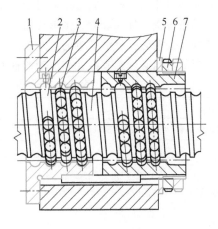

3-8 螺纹调隙式

图 3-29 螺纹调整方法
1、7—螺母 2—反向器 3—钢珠 4—丝杠
5—垫圈 6—圆螺母

2. 单螺母滚珠丝杠副的轴向间隙消除方法

（1）单螺母变位导程预加载荷方法 如图 3-31 所示，它是在滚珠螺母内的两列循环珠链之间，使内螺母滚道在轴向产生一个 ΔL_0 的导程突变量，从而使两列滚珠在轴向错位，实现预紧。这种调隙方法结构简单，但载荷量须预先设定，且不能改变。

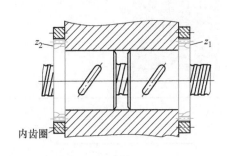

图 3-30 齿差调整方法

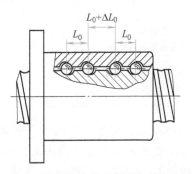

图 3-31 单螺母变位导程预加载荷方法

（2）单螺母螺钉预紧方法 如图 3-32 所示，螺母完成精磨之后，沿径向开一个薄槽，通过内六角调整螺钉实现间隙的调整和预紧。该方法实现了开槽后滚珠在螺母中良好的通过性。单螺母滚珠丝杠结构不仅具有很好的性价比，而且轴向间隙的调整和预紧极为方便。

技能训练 在教师的带领下对数控

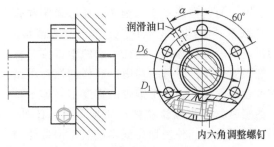

图 3-32 单螺母螺钉预紧方法

机床滚珠丝杠副进行维护、对常见故障进行维修（最好是到工厂中找实际故障维修。若没有条件，也可以人为设置故障进行维修）等。

一、滚珠丝杠副的维护

1. 防护罩防护

若滚珠丝杠副在机床上外露，则应采用封闭的防护罩，所用防护罩系列见表3-3。常用的防护罩有螺旋弹簧钢带套管、伸缩套管、锥形套筒及折叠式塑料或人造革防护罩，以防止尘埃和磨粒黏附到丝杠表面。安装时，将防护罩的一端连接在滚珠螺母的端面，另一端固定在滚珠丝杠的支承座上。防护罩的材料必须具有耐蚀和耐油的性能。

表3-3　防护罩（套）系列

名称	图　示
螺旋弹簧钢带套管	参见图3-33
伸缩套管	
锥形套筒	
折叠式塑料或人造革防护罩	

图3-33所示为螺旋弹簧钢带套管的结构，防护装置和螺母一起固定在滑板上，整个装置由支承滚子1、张紧轮2和钢带3等零件组成。钢带的两端分别固定在丝杠的外圆表面上。防护装置中的钢带绕过支承滚子，通过弹簧和张紧轮张紧。当丝杠旋转时，工作台（或滑板）相对丝杠做轴向移动，丝杠一端的钢带按丝杠的螺距被放开，而另一端则以同样的螺距将钢带缠卷在丝杠上。由于钢带的宽度正好等于丝杠的螺距，因此螺纹槽被严密地封住。此外，因为钢带的内、外表面始终不接触，钢带外表面黏附的脏物就不会被带到内表面去，使内表

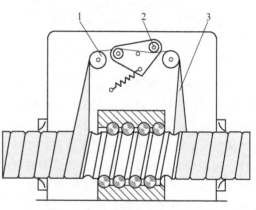

图3-33　螺旋弹簧钢带套管的结构
1—支承滚子　2—张紧轮　3—钢带

面保持清洁。这是其他防护装置很难做到的。

2. 密封圈防护

如图 3-34 所示，如果滚珠丝杠副处于隐蔽的位置，则可采用密封圈对螺母进行密封，密封圈厚度为螺距的 2~3 倍，装在滚珠螺母的两端。接触式的弹性密封圈是用耐油橡胶或尼龙制成的，其内孔做成与丝杠螺纹滚道相配的形状。接触式密封圈的防尘效果好，但因有接触压力，使摩擦力矩略有增加。非接触式密封圈是用聚氯乙烯等塑料制成的，又称迷宫式密封圈，其内孔形状与丝杠螺纹滚道的形状相反，并略有间隙，这样可避免产生摩擦力矩，但防尘效果较差。

图 3-34　密封圈防护

二、滚珠丝杠副的润滑

滚珠丝杠副也可用润滑剂来提高耐磨性及传动效率。润滑剂分为润滑油和润滑脂两大类。润滑油为一般全损耗系统用油或 90~180 号汽轮机油、140 号或 N15 主轴油，而润滑脂一般采用锂基润滑脂。润滑脂通常加注在螺纹滚道和安装螺母的壳体空间内，而润滑油则是经过壳体上的油孔注入螺母的内部。通常每半年对滚珠丝杠副上的润滑脂更换一次，清洗丝杠上的旧润滑脂，涂上新的润滑脂。润滑脂的给脂量一般为螺母内部空间容积的 1/3，滚珠丝杠副出厂时在螺母内部已加注锂基润滑脂。用润滑油润滑的滚珠丝杠副，可在每次机床工作前加油一次，给油量随使用条件等的不同而有所变化。

三、滚珠丝杠副的故障诊断与排除

1. 位置偏差过大的故障诊断与排除

故障现象：某卧式加工中心出现 ALM421 报警，即 Y 轴移动中的位置偏差大于设定值。

分析及处理过程：该加工中心使用 FANUC 0M 数控系统，采用闭环控制。伺服电动机和滚珠丝杠通过联轴器直接联接。根据该加工中心的控制原理及传动联接方式，初步判断出现 ALM421 报警的原因是 Y 轴联轴器联接不良。

对 Y 轴传动系统进行检查，发现联轴器中的胀紧套与丝杠联接松动，紧固 Y 轴传动系统中所有的紧定螺钉后，故障排除。

2. 加工尺寸不稳定的故障诊断与排除

故障现象：某加工中心运行 9 个月后，发生 Z 轴方向加工尺寸不稳定，尺寸超差且无规律，CRT 及伺服放大器无任何报警显示。

分析及处理过程：该加工中心采用三菱 M3 系统，交流伺服电动机与滚珠丝杠通过联轴器直接联接。根据故障现象，分析故障原因可能是联轴器的联接螺钉松动，从而导致联轴器与滚珠丝杠或伺服电动机间产生滑动。

对 Z 轴联轴器联接进行检查，发现联轴器的 6 个紧定螺钉都出现松动。紧固螺钉后，故障排除。

3. 加工尺寸存在不规则偏差的故障诊断与排除

故障现象：检验由龙门数控铣削中心加工的工件，发现工件 Y 轴方向的实际尺寸与程序编制的理论数据存在不规则的偏差。

（1）故障分析　从数控机床控制角度来判断，Y轴尺寸偏差是由Y轴位置环偏差造成的。该机床数控系统为 SIEMENS 810M，伺服系统为 SIMODRIVE 611A 驱动装置，Y轴进给电动机为1FT5 交流伺服电动机，带内装式的 ROD320 编码器。

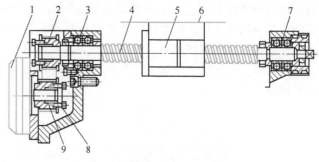

1）检查Y轴有关位置参数，发现反向间隙、夹紧误差等均在要求范围内，故可排除由于参数设置不当引起故障的因素。

2）检查Y轴进给传动链。图 3-35 所示为龙门数控铣削中心Y轴进给传动，从图中可以看出，传动链中任何联接部分存在间隙或松动，均会引起位置误差，从而造成加工工件尺寸超差。

图 3-35　龙门数控铣削中心Y轴进给传动
1—电动机　2—弹性联轴器　3、7—轴承　4—滚珠丝杠　5—螺母
6—工作台　8—锁紧螺钉　9—弹性胀套

（2）故障诊断

1）如图 3-36a 所示，将一个千分表底座吸在横梁上，表头找正主轴运动坐标轴Y轴的负方向，并使表头压缩到 50μm 左右，然后把表头复位到零。

2）将机床操作面板上的工作方式开关置于增量方式（INC）的“×10”档，轴选择开关置于Y轴档，按负方向进给键，观察千分表读数的变化。理论上应该每按一下，千分表读数增加 10μm。经测量，Y轴正、负方向的增量运动都存在不规则的偏差。

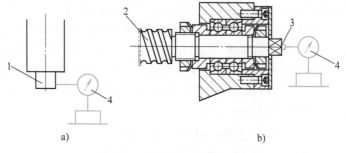

图 3-36　安装千分表示意图
a）表头找正主轴　b）表头找正丝杠端面
1—主轴　2—滚珠丝杠　3—滚珠　4—千分表

3）将一颗滚珠置于滚珠丝杠的端部中心，用千分表的表头顶住滚珠，如图 3-36b 所示。将机床操作面板上的工作方式开关置于手动方式（JOG），按正、负方向的进给键，主轴箱沿Y轴正、负方向连续运动，观察千分表读数无明显变化，故排除滚珠丝杠轴向窜动的可能。

4）检查与Y轴伺服电动机和滚珠丝杠联接的同步带轮，发现与伺服电动机转子轴联接的带轮锥套有松动，使得进给传动与伺服电动机运动不同步。由于在运行中松动是不规则的，从而造成位置误差的不规则，最终使工件加工尺寸出现不规则的偏差。

（3）维修要点　工作台Y轴方向的运动由 ROD320 编码器组成的半闭环位置控制系统控制，因此编码器检测的位置值不能反映Y轴的实际位置值，位置控制精度在很大程度上由进给传动链的传动精度决定。维修时注意以下几点：

1）在日常维护中要注意检查进给传动链，特别是传动链中的联接元件，如联轴器、锥套等有无松动现象。

2）根据传动链的结构形式，采用分步检查的方法，排除可能引起故障的因素，最终确定故障的部位。

3）通过对加工工件的检测，随时监测数控机床的动态精度，以决定是否对数控机床的机械装置进行调整。

4. 位移过程中产生机械抖动的故障诊断与排除

（1）Y 轴方向

故障现象：某加工中心运行时，工作台 Y 轴方向位移过程中产生明显的机械抖动故障，故障发生时系统不报警。

分析及处理过程：因故障发生时系统不报警，同时观察 CRT 显示出来的 Y 轴位移脉冲数字量的速率均匀（通过观察 X 轴与 Z 轴位移脉冲数字量的变化速率比较后得出），故可排除系统软件参数与硬件控制电路的故障影响。由于故障发生在 Y 轴方向，故可以采用交换法判断故障部位。通过交换伺服控制单元，故障没有转移，因此故障部位应在 Y 轴伺服电动机与丝杠传动链一侧。为区别电动机故障，可拆卸电动机与滚珠丝杠之间的弹性联轴器，单独通电检查电动机。检查结果表明，电动机运转时无振动现象，显然故障部位在机械传动部分。脱开弹性联轴器，用扳手转动滚珠丝杠进行手感检查。通过手感检查，感觉到这种抖动故障的存在，且丝杠的全行程范围均有这种异常现象。拆下滚珠丝杠检查，发现滚珠丝杠轴承损坏。换上新的同型号规格的轴承后，故障排除。

（2）X 轴方向

故障现象：某加工中心运行时，工作台 X 轴方向位移过程中产生明显的机械抖动故障，故障发生时系统不报警。

分析及处理过程：因故障发生时系统不报警，但故障明显，故采用交换法检查，确定故障部位应在 X 轴伺服电动机与丝杠传动链一侧。为区别电动机故障，可拆卸电动机与滚珠丝杠之间的弹性联轴器，单独通电检查电动机。检查结果表明，电动机运转时无振动现象，显然故障部位在机械传动部分。脱开弹性联轴器，用扳手转动滚珠丝杠进行手感检查。通过手感检查，感觉到这种抖动故障的存在，且丝杠的全行程范围均有这种异常现象。拆下滚珠丝杠检查，发现滚珠丝杠螺母在丝杠副上转动不畅，时有卡死现象，故而引起机械转动过程中的抖动现象。拆下滚珠丝杠螺母，发现螺母内的反向器处有脏物和小切屑，因此钢珠流动不畅，时有卡死现象。经过认真清洗和修理，重新装好，故障排除。

5. 丝杠窜动的故障诊断与排除

故障现象：TH6380 型卧式加工中心，起动液压系统后，手动运行 Y 轴，液压系统自动中断，CRT 显示报警，驱动失效，其他各轴正常。

分析及处理过程：该故障涉及电气、机械、液压等部分。任一环节有问题均可导致驱动失效，故障检查的顺序大致如下：伺服驱动装置→电动机及测量器件→电动机与丝杠联接部分→液压平衡装置→开口螺母和滚珠丝杠→轴承→其他机械部分。

1）检查伺服驱动装置外部接线及内部元器件的状态良好，电动机与测量系统正常。

2）拆下 Y 轴液压抱闸后，将电动机与丝杠之间的同步带脱离，手摇 Y 轴丝杠，发现丝杠上下窜动。

3）拆开滚珠丝杠上轴承座，经检查确认其正常。

4）拆开滚珠丝杠下轴承座后，发现轴向推力轴承的紧固螺母松动，从而导致滚珠丝杠上下窜动。

由于滚珠丝杠上下窜动，造成伺服电动机转动时，带动丝杠空转约一圈。在数控系统中，当数控指令发出后，测量系统应有反馈信号，若间隙的距离超过了数控系统所规定的范围，即电动机空转若干个脉冲后光栅尺无任何反馈信号，则数控系统必报警，导致驱动失效，机床不能运行。拧好紧固螺母，滚珠丝杠不再窜动，故障排除。

讨论总结 通过上网查询、到图书馆查资料等方式，在工厂技术人员参与下讨论滚珠丝杠副的故障诊断与排除方法（表 3-4）。

表 3-4　滚珠丝杠副的故障诊断与排除方法

序号	故障现象	故障原因	排除方法
1	加工件表面粗糙度值高	导轨的润滑油不足够,致使溜板爬行	加润滑油,排除润滑故障
		滚珠丝杠有局部拉毛或研损	更换或修理丝杠
		丝杠轴承损坏,运动不平稳	更换损坏轴承
		伺服电动机未调整好,增益过大	调整伺服电动机控制系统
2	反向误差大,加工精度不稳定	丝杠与电动机轴之间的联轴器锥套松动	重新紧固并用百分表反复测试
		丝杠滑板配合压板过紧或过松	重新调整或修研,用 0.03mm 塞尺塞不入为合格
		丝杠滑板配合镶块过紧或过松	重新调整或修研,使接触率达 70% 以上,用 0.03mm 塞尺塞不入为合格
		滚珠丝杠预紧力过大或过小	调整预紧力。检查轴向窜动值,使其误差不大于 0.015mm
		滚珠丝杠螺母端面与结合面不垂直,结合过松	修理、调整或加垫处理
		丝杠支座轴承预紧力过大或过小	修理调整
		滚珠丝杠制造误差大或轴向窜动	用控制系统自动补偿功能消除间隙,用仪器测量并调整丝杠窜动
		润滑油不足或没有	调节至各导轨面均有润滑油
		其他机械干涉	排除干涉部位
3	滚珠丝杠在运转中转矩过大	两滑板配合压板过紧或研损	重新调整或修研压板,使 0.04mm 塞尺塞不入为合格
		滚珠丝杠螺母反向器损坏,滚珠丝杠卡死或轴端螺母预紧力过大	修复或更换丝杠并精心调整
		丝杠研损	更换丝杠
		伺服电动机与滚珠丝杠联接不同轴	调整同轴度并紧固连接座
		无润滑油	调整润滑油路
		超程开关失灵造成机械故障	检查故障并排除
		伺服电动机过热报警	检查故障并排除
4	丝杠、螺母润滑不良	分油器不分油	检查定量分油器
		油管堵塞	清除污物使油管畅通
5	滚珠丝杠副噪声	滚珠丝杠轴承压盖压合不良	调整压盖,使其压紧轴承
		滚珠丝杠润滑不良	检查分油器和油路,使润滑油充足
		滚珠产生破损	更换滚珠
		电动机与丝杠联轴器松动	拧紧联轴器的锁紧螺钉
6	滚珠丝杠不灵活	轴向预加载荷太大	调整轴向间隙和预加载荷
		丝杠与导轨不平行	调整丝杠支座位置,使丝杠与导轨平行
		螺母轴线与导轨不平行	调整螺母座的位置
		丝杠弯曲变形	矫直丝杠

⚑**任务扩展**　静压丝杠副

　　静压丝杠副是在丝杠和螺母的螺旋面之间通入压力油，使其间保持一定厚度、一定刚度的压力油膜，因而丝杠和螺母之间为纯液体摩擦的传动副。如图 3-37a 所示，油腔在螺旋面的两侧，而且互不相通，压力油经节流器进入油腔，并从螺纹根部与端部流出。设供油压力为 p_H，经节流器后压力为 p_i（即油腔压力）。当无外载时，螺纹两侧间隙 $h_1 = h_2$，从两侧油腔流出的流量相等，两侧油腔中的压力也相等，即 $p_1 = p_2$。这时，丝杠螺纹处于螺母螺纹的中间平衡状态的位置。当丝杠或螺母受到轴向力 F 作用后，受压一侧的间隙减小，由于节流器的作用，油腔压力 p_2 增大；相反的一侧间隙增大，而压力 p_1 下降。因而形成油膜压力差 $\Delta p = p_2 - p_1$，以平衡轴向力 F。图 3-37b、c 所示分别为静压丝杠副的结构图和安装图。

🖉**查一查**　用静压丝杠副的机床有哪些？

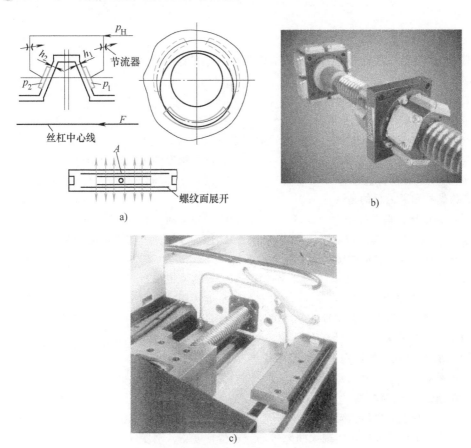

图 3-37　静压丝杠副
a) 原理图　b) 结构图　c) 安装图

⚑**任务巩固**

一、填空题

1. 丝杠副的作用是_____与_____相互转换。

2. 常用的双螺母滚珠丝杠副消除间隙的方法有_____、_____、_____三种。

3. 滚珠丝杠副是一种在丝杠和螺母间装有_____作为中间元件的丝杠副，有_____和

_____两种。

4. 若电动机与丝杠联轴器松动，则滚珠丝杠副产生_____。

二、选择题（请将正确答案的代号填在括号中）

1. 滚珠丝杠副的传动效率 $\eta = 0.92 \sim 0.96$，比常规的丝杠副提高3~4倍。因此，功率消耗只相当于常规丝杠副的（　　）。

　　A. 1/2~1/3　　　　　　B. 1/3~1/4　　　　　　C. 1/4~1/3

2. 滚珠丝杠副有可逆性，可以将旋转运动转换为直线运动，也可以将直线运动转换为旋转运动，即丝杠和螺母都可以作为（　　）。

　　A. 主动件　　　　　　　B. 从动件　　　　　　　C. 主运动

3. 滚珠丝杠副消除间隙的方法常采用双螺母结构，即利用两个螺母的相对轴向位移，使两个螺母中的滚珠分别贴紧在螺旋滚道的两个相反的侧面上，其预紧力要小于最大轴向载荷的（　　）。

　　A. 1/2　　　　　　　　B. 1/3　　　　　　　　C. 1/4

4. 滚珠丝杠副用润滑脂的给脂量一般为螺母内部空间容积的（　　）。

　　A. 1/2　　　　　　　　B. 1/3　　　　　　　　C. 1/4

5. 滚珠丝杠副由丝杠、螺母、滚珠和（　　）组成。

　　A. 消隙器　　　　　　B. 补偿器　　　　　　　C. 反向器　　　　　　　D. 插补器

6. 一端固定，一端自由的丝杠支承方式适用于（　　）。

　　A. 丝杠较短或丝杠垂直安装的场合　　　　　B. 位移精度要求较高的场合

　　C. 刚度要求较高的场合　　　　　　　　　　D. 以上三种场合

7. 滚珠丝杠预紧的目的是（　　）。

　　A. 增加阻尼比，提高抗振性　　　　　　　　B. 提高运动平稳性

　　C. 消除轴向间隙和提高传动刚度　　　　　　D. 加大摩擦力，使系统能自锁

8. 滚珠丝杠副消除轴向间隙的目的是（　　）。

　　A. 减小摩擦力矩　　　　　　　　　　　　　B. 提高使用寿命

　　C. 提高反向传动精度　　　　　　　　　　　D. 增大驱动力矩

9. 可以精确调整滚珠丝杠副轴向间隙的结构形式是（　　）。

　　A. 双螺母垫片式　　　B. 双螺母齿差式　　　C. 双螺母螺纹式

10. 滚珠丝杠副在工作过程中所承受的载荷主要是（　　）。

　　A. 轴向载荷　　　　　B. 径向载荷　　　　　C. 扭转载荷

三、判断题（正确的画"√"，错误的画"×"）

1. （　　）为了减少传动阻力，只在丝杠的一端安装轴承。

2. （　　）滚珠丝杠副可实现无间隙传动，定位精度高，刚度好。

3. （　　）滚珠丝杠副有高的自锁性，不需要增加制动装置。

4. （　　）滚珠在循环过程中有时与丝杠脱离接触的循环称为内循环。

5. （　　）为了补偿热膨胀，可对滚珠丝杠预拉伸。预拉伸量应等于热膨胀量。

6. （　　）将丝杠制成空心，通入切削液强行冷却，可以有效地散发丝杠传动中的热量。

7. （　　）数控机床中常用滚珠丝杠，用滚动摩擦代替滑动摩擦。

8. （　　）滚珠丝杠副是通过预紧的方式调整丝杠和螺母间的轴向间隙的。

9. （　　）消除滚珠丝杠副轴向间隙的目的主要是减小摩擦力矩。

10. （　　）数控机床传动丝杠的反方向间隙是不能补偿的。

11. （　　）滚珠丝杠副由于不能自锁，故在垂直安装应用时须添加平衡或自锁装置。

12.（　　）X 轴和 Z 轴方向采用滚珠丝杠副传动的数控车床，其机械间隙一般可忽略不计。

任务三　数控机床用导轨的装调与维修

🔵 任务引入

导轨主要用来支承和引导运动部件沿一定的轨道运动，如图 3-38 所示。在导轨副中，运动的部分称为动导轨，不动的部分称为支承导轨。动导轨相对于支承导轨的运动，通常是直线运动或回转运动。

图 3-38　数控机床用导轨

🔩 任务目标

- 掌握数控机床用导轨的种类与特点。
- 掌握数控机床用导轨的工作原理。
- 会对数控机床用导轨进行安装与维护。
- 能排除数控机床用导轨常见的故障。

🔵 任务实施

🔳 教师讲解

一、塑料导轨

塑料导轨已广泛用于数控机床上，其具有如下特点：摩擦因数小，且动、静摩擦因数差很小，能防止出现低速爬行现象；耐磨性好，抗撕伤能力强；加工性和化学稳定性好，工艺简单，成本低，并有良好的自润滑性和抗振性。塑料导轨多与铸铁导轨或淬硬钢导轨配合使用。塑料导轨按工艺可分为贴塑导轨和注塑导轨。

3-9　认识滑动导轨

1. 贴塑导轨

贴塑导轨是在动导轨的摩擦表面上贴一层塑料软带，以降低摩擦因数，提高导轨的耐磨性。导轨软带材料是以聚四氟乙烯为基体，加入青铜粉、二硫化钼和石墨等填充，混合烧结，并做成软带状。这种导轨摩擦因数低，一般为 $0.03 \sim 0.05$，且耐磨性、减振性、工艺性均好，广泛应用于中小型数控机床。

导轨软带的使用工艺简单，先将导轨粘贴面加工至表面粗糙度值为 $3.2 \sim 1.6 \mu m$，有时为了起定位作用，还要在导轨粘贴面加工 $0.5 \sim 1mm$ 深的凹槽，清洗粘贴面后，用黏结剂粘结，加压固化后，再进行精加工即可，如图 3-39 所示。

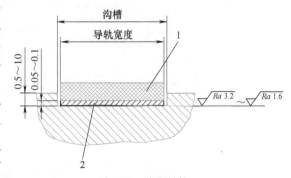

图 3-39　贴塑导轨

1—导轨软带　2—粘结剂

2. 注塑导轨

注塑导轨又称为涂塑导轨，其抗磨涂层是环氧型耐磨导轨涂层。抗磨涂层是以环氧树脂和二硫化钼为基体，加入增塑剂，混合成膏状为一组分，固化剂为一组分的双组分塑料涂层。注塑导轨有良好的可加工性、良好的摩擦特性及耐磨性，其抗压强度比聚四氟乙烯导轨软带要高，特别是可在调整好支承导轨和运动导轨之间的相对位置精度后注入塑料，能节省很多工时，适用于大型和重型机床。

使用时，先将导轨涂层面加工成锯齿形，如图 3-40 所示，清洗与注塑导轨配合的金属导轨面并涂上一薄层硅油或专用脱模剂（以防与耐磨导轨涂层粘接），将涂层涂抹于导轨面，固化后，将两导轨分离。

贴塑导轨有逐渐取代滚动导轨的趋势，不仅适用于数控机床，而且适用于其他类型机床。此外，贴塑导轨的应用可使旧机床修理和数控化改装中机床结构的修改减少，因而更加扩大了塑料导轨的应用领域。

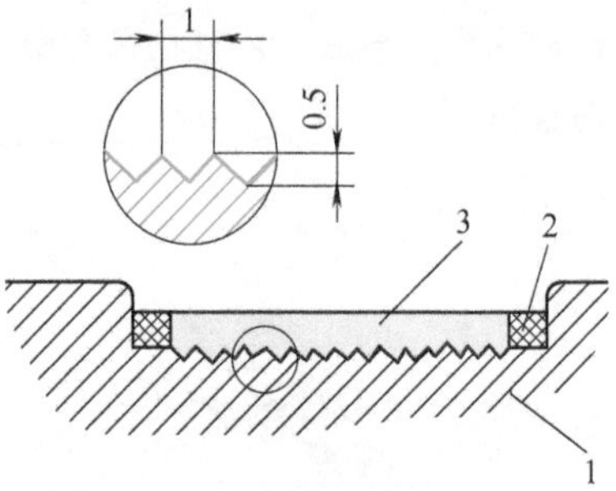

图 3-40　注塑导轨
1—滑座　2—胶条　3—注塑层

二、静压导轨

1. 液体静压导轨

液体静压导轨的滑动面之间开有油腔，将有一定压力的油通过节流器输入油腔，形成压力油膜，使运动导轨浮起，导轨工作表面处于纯液体摩擦，不产生磨损，精度保持性好。同时，摩擦因数极低（$\mu = 0.0005$），使驱动功率大大降低；其运动不受速度和负载的限制，低速无爬行，承载能力大，刚度好；油液有吸振作用，抗振性好，导轨摩擦发热也小。其缺点是结构复杂，要有供油系统，油的清洁度要求高。

（1）液体静压导轨的工作原理　由于承载的要求不同，液体静压导轨分为开式静压导轨和闭式静压导轨两种，其工作原理与液体静压轴承完全相同。开式静压导轨的工作原理如图 3-41a 所示。液压泵 2 起动后，油经过滤器 1 吸入，由溢流阀 3 调节供油压力 p_s，再经过滤器 4，通过节流器 5 降压至 p_r（油腔压力）进入导轨的油腔，并通过导轨间隙向外流出，回到油箱 8。油腔

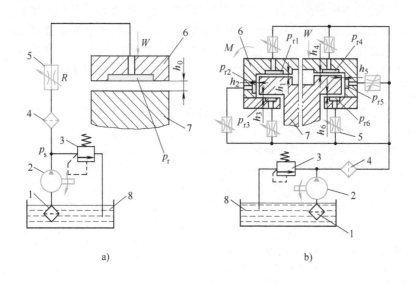

a)　　　　　　　　　　　　　　b)

图 3-41　静压导轨
1、4—过滤器　2—液压泵　3—溢流阀　5—节流器　6—运动导轨　7—静止导轨　8—油箱

压力 p_r 形成浮力将运动导轨 6 浮起，形成一定的导轨间隙 h_0。当载荷增大时，运动导轨下沉，导轨间隙减小，液体阻力增加，流量减小，从而油经过节流器时的压力损失减小，油腔压力 p_r 增大，直至与载荷 W 平衡时为止。

开式静压导轨只能承受垂直方向的载荷，承受颠覆力矩的能力差。闭式静压导轨能承受较大的颠覆力矩，导轨刚度也较高，其工作原理如图 3-41b 所示。当运动导轨 6 受到颠覆力矩 M 后，油腔 3、4 的间隙 h_3、h_4 增大，油腔 1、6 的间隙 h_1、h_6 减小。由于各相应的节流器的作用，使 p_{r3}、p_{r4} 减小，p_{r1}、p_{r6} 增大，由此，作用在运动导轨上的力形成一个与颠覆力矩方向相反的力矩，从而使运动导轨保持平衡。在承受载荷 W 时，油腔 1、4 的间隙 h_1、h_4 减小，油腔 3、6 的间隙 h_3、h_6 增大。由于各相应的节流器的作用，使 p_{r1}、p_{r4} 增大，p_{r3}、p_{r6} 减小，由此形成的力向上，以平衡载荷 W。

（2）液体静压导轨的结构

1）开式静压导轨的结构。开式静压导轨是指不能限制工作台从导轨上分离的静压导轨，如图 3-42 所示。这种导轨的载荷总是指向导轨，不能承受相反方向的载荷，并且不易达到很高的刚性。这种静压导轨用于运动速度比较低的重型机床。

2）闭式静压导轨的结构。闭式静压导轨是指导轨设置在机座的几个面上，能够限制工作台从导轨上分离的静压导轨，如图 3-43 所示。闭式静压导轨承受载荷的能力小于开式静压导轨，但闭式静压导轨具有较高的刚性和能够承受反向载荷，因此常用于要求承受倾覆力矩的场合。

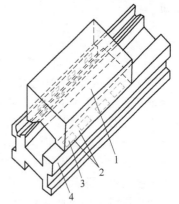

图 3-42 开式静压导轨

1—工作台 2—油封面
3—油腔 4—导轨座

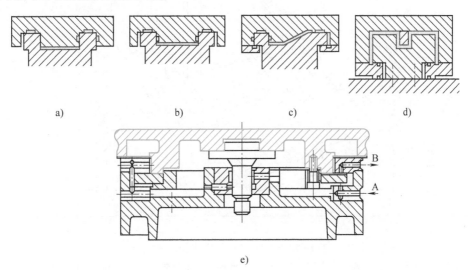

图 3-43 闭式静压导轨

a）在床身一条导轨两侧 b）在床身两导轨内侧 c）在床身两条导轨上下和一条导轨两侧
d）在床身呈三个方向分布 e）回转运动闭式静压导轨结构
A—进油 B—出油

液体静压导轨的尺寸不受限制，可根据具体需要确定，但要考虑载荷的性质、大小与情况灵活选用油腔的形状、数目及配置。因此，液体静压导轨的设计主要是确定导轨油腔结构参数、节流器参数以及供油系统的压力、流量等参数。

2. 气体静压导轨

如图3-44所示，气体静压导轨是利用恒定压力的空气膜，使运动部件之间均匀分离，以得到高精度的运动，其摩擦因数小，不易引起发热变形。但是，气体静压导轨中的空气膜会随空气压力波动而发生变化，且承载能力小，故常用于载荷不大的场合，如数控坐标磨床和三坐标测量机。

图3-44　气体静压导轨

查一查　应用静压导轨的典型数控机床有哪些？

技能训练　静压导轨的装配与调整

图3-45所示为FB260型机床立柱静压导轨，电动机M驱动多头泵，每一个泵供应一个油腔。为保证油膜间隙，用1∶50的斜镶条进行间隙调整，油膜间隙一般为0.025～0.035mm。两条主导轨面上各有三个油腔，前面两个油腔的距离较近，以承受使立柱向前倒的较大的颠覆力矩。左侧导轨面两端各有一个平镶条4，修刮平镶条4，可调整主轴轴线与床身导轨的垂直度。右侧导轨面两端各有一个斜镶条5，用以调整侧向间隙。每侧下导轨面各有三个压板，分别用一个斜镶条6调整间隙。除上油腔外，其余油腔均开在镶条上。各镶条滑动面上均镶有一层夹布胶木板，以避免失压时金属之间接触而引起擦伤。一般仅修刮镶条背面，如需要修刮滑动面时只允许轻刮。

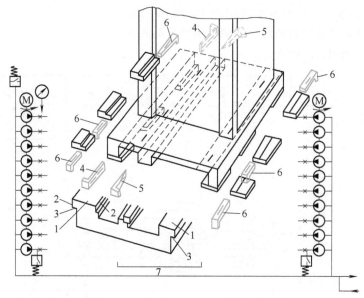

图3-45　FB260型机床立柱静压导轨

1—床身主导轨面　2—侧导轨面　3—下导轨面　4—平镶条　5、6—斜镶条　7—油箱

教师讲解　滚动导轨

一、滚动导轨的特点

滚动导轨的导轨工作面之间有滚动体，导轨面的摩擦为滚动摩擦。滚动导轨的摩擦因数小（$\mu = 0.0025 \sim 0.005$），动、静摩擦因数很接近，且不受运动速度变化的影响，因而具有以下优点：运动轻便灵活，所需驱动功率小；摩擦发热少、磨损小、精度保持性好；低速运动时，不易出现爬行现象，定位精度高；滚动导轨可以预紧，刚度显著提高。滚动导轨适用于要求移动部件运动平稳、灵敏及实现精密定位的场合，在数控机床上得到了广泛的应用。

　　滚动导轨的缺点是结构较复杂、制造较困难、成本较高。此外，滚动导轨对脏物较敏感，因此必须有良好的防护装置。

二、滚动导轨的种类

　　滚动导轨也分为开式滚动导轨和闭式滚动导轨两种，其中开式滚动导轨用于加工过程中载荷变化较小、颠覆力矩较小的场合。当颠覆力矩较大、载荷变化较大时则用闭式滚动导轨，此时采用预加载荷的方法，能消除其间隙，减小工作时的振动，并大大提高导轨的接触刚度。

　　滚动导轨按滚动体的种类可分为滚珠导轨、滚柱导轨和滚针导轨。图 3-46a 所示为滚珠导轨结构。它用滚珠作为滚动体 4，并用保持架 6 隔开，利用调节螺钉 1 可调整镶钢导轨 3 和 5 与滚动体（滚珠）4 的间隙，并实现预紧，调整后用锁紧螺母 2 锁紧。其特点是结构紧凑、运动灵

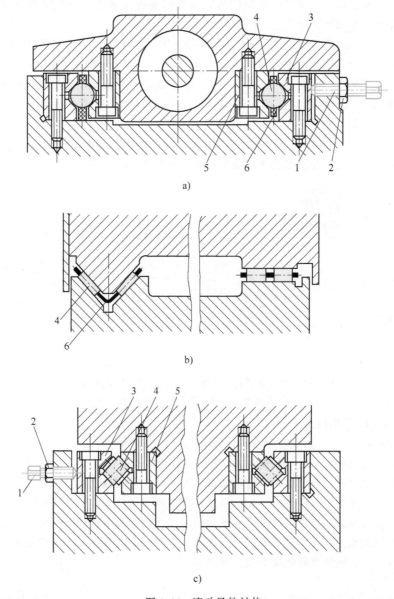

图 3-46　滚动导轨结构

a）滚珠导轨　b）滚针导轨　c）十字交叉滚柱导轨

1—调节螺钉　2—锁紧螺母　3、5—镶钢导轨　4—滚动体　6—保持架

活、制造容易，但由于其属于点接触，故刚度和承载能力较差，适用于载荷较小的机床，如工具磨床的工作台导轨。图3-46b所示为滚针导轨结构。它用滚针作为滚动体4，并在其间装有保持架6，以减少相邻滚针之间的摩擦。其特点是结构简单、制造方便。图3-46c所示为十字交叉滚柱导轨。其结构是前后相邻的滚柱中心线交叉成90°，分别承受不同方向的载荷，利用调节螺钉1可调整导轨的间隙，并使其实现预紧。滚柱导轨的承载能力和刚度均较高，适于载荷较大的机床，但滚柱导轨对导轨面的平行度要求较高。目前，精密机床及数控机床多采用滚柱导轨。滚针导轨与滚柱导轨结构相似，只是滚针的长径比比滚柱大。由于滚针尺寸小、结构紧凑，在同样长度内，可排列更多的滚针，因此滚针导轨的承载能力大。滚针导轨多用于导轨结构受限制的机床上。

滚动导轨按照滚动体的滚动是否沿封闭的轨道返回做连续运动可分为滚动体循环式滚动导轨和滚动体不循环式滚动导轨两类。

图3-46所示的滚动导轨显然是滚动体不循环式。图3-47所示为滚动体循环式的滚动导轨，按滚动体的不同又可分为滚珠式滚动导轨和滚柱式滚动导轨两种。这种导轨常做成独立的标准化部件，由专业工厂生产，简称为滚动导轨支承。在一条动导轨上，根据导轨长度不同而固定不同数量的滚动导轨支承。滚动体1可通过支承体2两端的返回滚道3循环滚动（图3-47a）。图3-47b所示为山形-矩形组合导轨上的滚动导轨支承。

滚动导轨支承由于结构紧凑、使用方便、刚度良好，并可应用在任意行程长度的运动部件上，故国内外新式精密机床与数控机床都逐渐地采用这种滚动导轨支承。

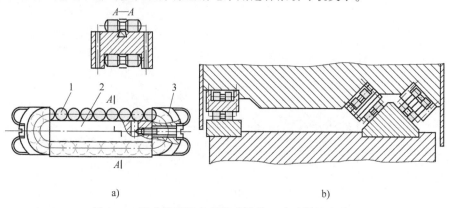

图3-47　滚动体循环式的滚动导轨（滚动导轨支承）
1—滚动体　2—支承体　3—返回滚道

三、滚动导轨的结构形式

1. 滚动导轨块

滚动导轨块（图3-48a）是一种滚动体做循环运动的滚动导轨，又称为单元滚动导轨。运动部件移动时，滚动体沿封闭轨道做循环运动。滚动导轨块已做成独立的标准部件，其特点是刚度高，承载能力大，便于拆装，可直接装在任意行程长度的运动部件上，其结构形式如图3-48b所示。件1为防护板，端盖2与导向片4引导滚动体返回，件5为保持器。使用时，用螺钉将滚动导轨块紧固在导轨面上。当运动部件移动时，滚柱3在导轨面与本体6之间滚动且不接触，同时又绕本体6循环滚动，因而该导轨面不需淬硬磨光。

2. 直线滚动导轨

直线滚动导轨由专业生产厂家生产，又称为单元直线滚动导轨。直线滚动导轨除能导向外还能承受颠覆力矩，它制造精度高，可高速运行，并能长时间保持高精度，通过预加负载可提高刚度，具有自调的能力，安装基面许用误差大。直线滚动导轨的外形如图3-38所示。

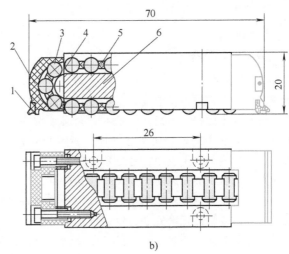

a)   b)

图 3-48 滚动导轨块

1—防护板 2—端盖 3—滚柱 4—导向片 5—保持器 6—本体

图 3-49 所示为 TBA-UU 型直线滚动导轨。它由四列滚珠组成，分别配置在导轨的两个肩部，可以承受任意方向（上、下、左、右）的载荷。与图 3-48 所示的滚动导轨块相比较，直线滚动导轨可承受颠覆力矩和侧向力。

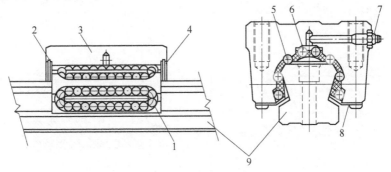

图 3-49 TBA-UU 型直线滚动导轨

1—保持器 2—压紧圈 3—支承块 4—密封板 5—承载滚珠列 6—反向滚珠列
7—加油嘴 8—侧板 9—导轨

直线滚动导轨的摩擦因数小，精度高，安装和维修都很方便，并且由于它是一个独立部件，对机床支承导轨的部分要求不高，既不需要淬硬，也不需要磨削或刮研，只需要精铣或精刨。由于这种导轨可以预紧，因此比滚动体不循环式滚动导轨刚度高，承载能力大，但不如滑动导轨，抗振性也不如滑动导轨。为提高其抗振性，有时在直线滚动导轨上装有抗振阻尼滑座，如图 3-50 所示。有过大振动和冲击载荷的机床不宜应用直线滚动导轨。

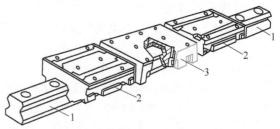

图 3-50 带阻尼器的直线滚动导轨

1—导轨条 2—循环滚柱滑座 3—抗振阻尼滑座

直线滚动导轨的移动速度可以达到 60m/min，它在数控机床和加工中心上得到了广泛的应用。

看一看 您所在学校所用滚动导轨的种类有哪些?

技能训练

一、导轨副的安装

1. 导轨的固定

直线滚动导轨采用由供应商提供的专用螺栓固定,拧紧时必须达到规定的拧紧力矩。螺栓的拧紧必须按一定的顺序进行,一般从中间开始向两边延伸,如图3-51所示,这样可防止导轨内部产生应力,避免导轨变形。

直线滚动导轨副的安装固定方式如图3-52所示。在实际使用中,通常是两条导轨成对使用,其中一条为基准导轨,通过对基准导轨的正确安装,以保证运动部件相对于

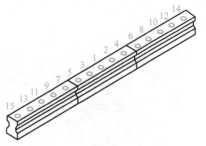

图 3-51　导轨螺栓的拧紧顺序

支承元件的正确导向。在安装时,将基准导轨的定位面紧靠在安装基准面上,然后用螺栓、压板、定位销和斜楔块固定。

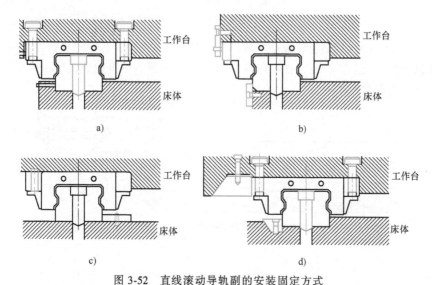

图 3-52　直线滚动导轨副的安装固定方式

a) 用螺栓固定　b) 用压板和螺栓固定　c) 用定位销固定　d) 用斜楔块和螺栓固定

2. 滑块座的固定

数控机床上用的滚柱式滚动导轨块如图3-53所示,它多用于中等负载导轨。支承块2用紧固螺钉1固定在移动件3上,滚子4在支承块与支承导轨5之间滚动,并经两端挡块7和6及上面的返回槽返回,做循环运动。使用时每一导轨副至少用两块或更多块,导轨块的数目取决于动导轨的长度和负载大小。滚动导轨块安装方式之一如图3-54所示,其中件3和件4为淬硬的钢导轨,件2是不同型号的滚动导轨块,件1是预加负载用的斜楔组件,左侧导轨3是导向导轨,四面都经过精磨,右侧导轨4是支承导轨,仅上下面经过精磨。滚动导轨块安装方式之二如图3-55所示,用两条淬硬导轨3内侧导向,件1是相同型号的滚动导轨块,件2是侧向预加负载用的斜楔组件,件4是上下预紧的垫片(装配时配磨)。直线滚动导轨副出厂时已预紧,其安装比较方便,如图3-56所示,导轨条用压板压紧在床身的导向面(侧面)上。其中,图3-56a所示左边滑块用压板压紧在工作台的定位面(侧面)上,右边滑块不定位;图3-56b所示右边滑块用压板压紧在工作台的定位面上,左边滑块配好垫片后用压板压紧。

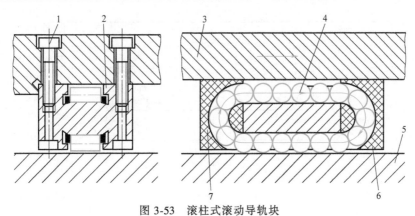

图 3-53　滚柱式滚动导轨块

1—紧固螺钉　2—支承块　3—移动件　4—滚子　5—支承导轨　6、7—挡块

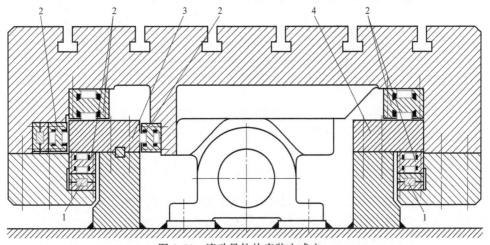

图 3-54　滚动导轨块安装方式之一

1—斜楔组件　2—滚动导轨块　3—导向导轨　4—支承导轨

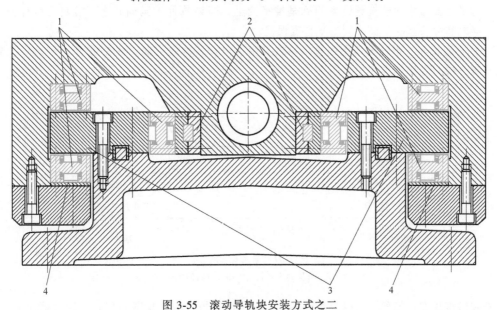

图 3-55　滚动导轨块安装方式之二

1—滚动导轨块　2—斜楔组件　3—淬硬导轨　4—垫片

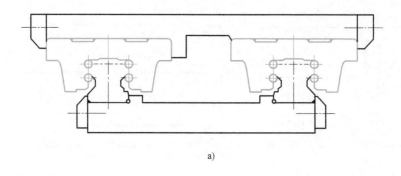

a)

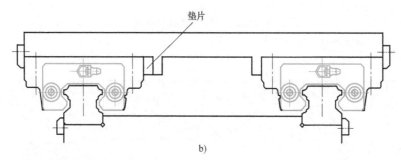

b)

图 3-56 直线滚动导轨副的安装

a）左滑块用压板固定，右滑块不定位 b）右滑块用压板固定，左滑块配垫片后压紧

3. 安装

（1）安装要求

1）对数控机床安装基准面的要求：基准面水平校准，水平仪气泡不得超过半格；水平面内平行度误差值≤0.04mm；侧基面内平行度误差值≤0.015mm。

2）安装后运行平行度误差值≤0.010mm。

3）安装后普通导轨对基准导轨的运行平行度误差值≤0.015mm。

运行平行度是指螺栓将导轨紧固到基准平面上，当导轨处于紧固状态，滑块沿行程全长运行时，导轨和滑块基准平面之间的平行度误差。

（2）安装步骤 本任务所用的直线导轨采用平行安装方式，如图 3-57 所示。滚动导轨副的安装步骤及检测方法见表 3-5。

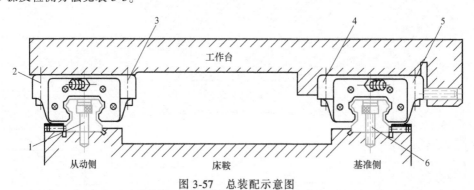

图 3-57 总装配示意图

1、6—滑块固定螺钉 2~5—滑轨固定螺钉

安装时需注意：装配同一组位置的螺栓，应保证长短一致，松紧均匀；装配时须涂上机油，螺栓尾部不得露在沉孔外；备有防尘帽的最后要将防尘帽全部盖好，螺孔防尘盖放置在导轨螺

栓孔中，用塑料槌轻敲防尘盖，并保持防尘盖上面与导轨顶面平行，不要凸起造成脱落，也不要凹陷造成堆积切屑。

表 3-5　滚动导轨副的安装步骤及检测方法

序号	说　明	操作示意图
1	检查待装机床部件，领出要用的直线滚动导轨副，区分出基准轨和从动轨，并辨识基准面。 　基准轨侧边基准面精度较高，作为机床安装承靠面。基准轨上刻有 MA 标记，如右图所示	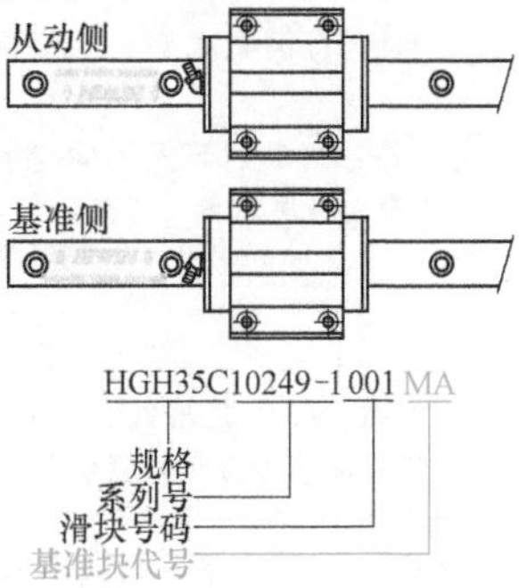 从动侧 基准侧 HGH35C10249-1 001 MA 规格 系列号 滑块号码 基准块代号
2	检查装配图。使用磨石将安装基准面的毛刺及微小变形处修平，并清洗导轨基准面上的防锈油，所有安装面上不得有油污、脏物和切屑存在	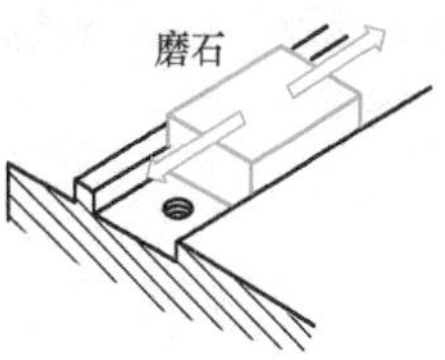 磨石
3	检测安装基准面的精度。用水平仪校准基准面的水平，气泡不得超过半格，否则应调整机床垫铁	—
4	将滑轨平稳地放置在机床安装基准面上，将滑轨侧边基准面靠上机床装配面	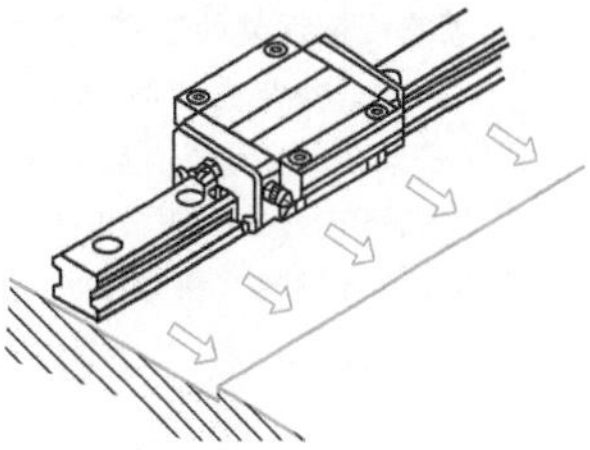
5	用螺栓试配来确认与螺孔位置是否吻合，由中央向两侧按顺序将滑轨定位螺钉稍微旋紧，使滑块底部基准面大概固定于机床底部装配面	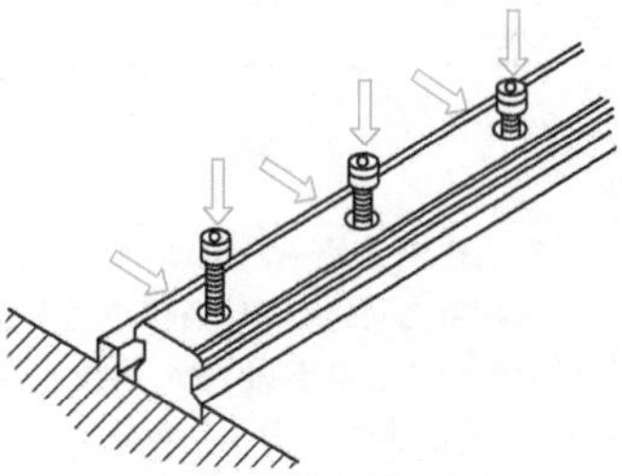
6	使用侧向固定螺钉，按顺序将滑轨侧边基准面紧靠机床侧边装配面，以固定滑轨位置	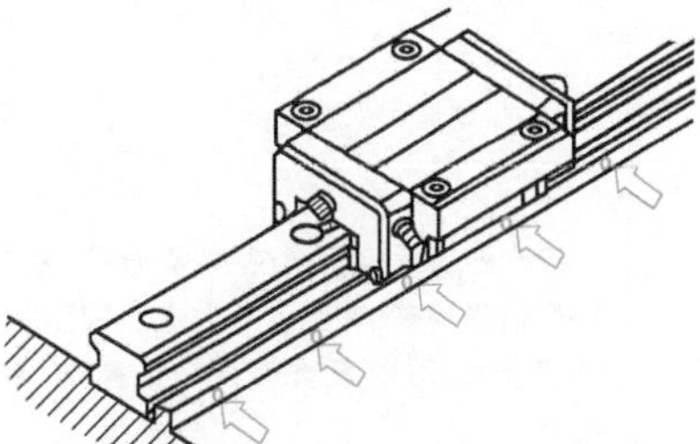

（续）

序号	说　明	操作示意图
7	使用扭力扳手，以厂商规定的扭力，按顺序锁紧固定螺钉，将滑轨底部基准面固定在机床底部装配面 注：按照滑轨材质及固定螺钉型号选用锁紧力矩，使用扭力扳手将滑轨螺栓慢慢紧固	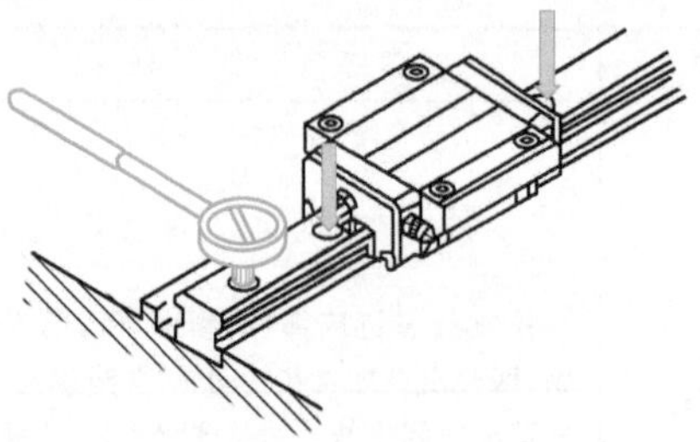
8	按步骤 2~5 安装其余配对滑轨。从中间开始按交叉顺序向两端逐步拧紧所有螺钉	—
9	安装完毕，检查其全行程内运行是否灵活，有无打隔和阻碍现象，摩擦阻力在全行程内不应有明显的变化，若此时发现异常应及时找到故障并及时解决，以防后患	—
10	导轨的装配精度检测和校直。利用千分表检测导轨水平和垂直方向的直线度误差是否符合要求，否则应调整导轨。采用垫薄片材料的方式校直导轨，使其直线度误差的值在规定的范围内。将千分表按图 a 所示固定在中间位置，其测头接触平尺，并调整平尺，使其头尾读数相等。然后全程检验，取其最大差值，即为垂直方向的直线度误差。水平面内的直线度测量方法如图 b 所示	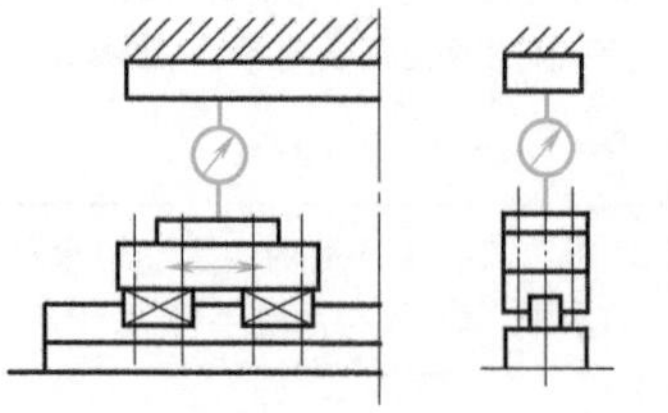 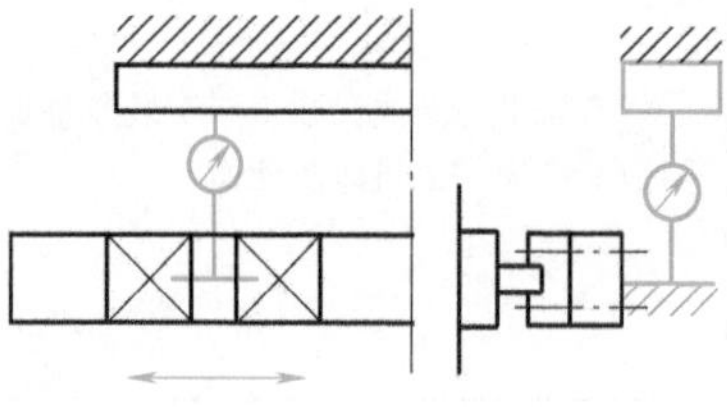
11	安装并校直另一条从动导轨。将直线量块放置于两滑轨之间，用千分表校准直线量块，使之与基准滑轨的侧边基准面平行；再按直线量块校准从动滑轨，从滑轨的一端开始校准，并按顺序用一定的扭力锁紧装配螺钉	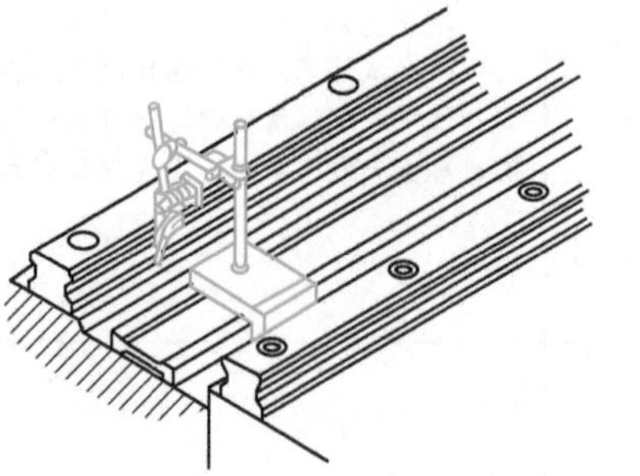
12	按右图所示检验精度，如不合格，松开紧固螺栓，进行返修调整，直至合格为止。调整手段可采用铲刮基准面、用砂纸或磨石修正基准面或增加补偿垫片	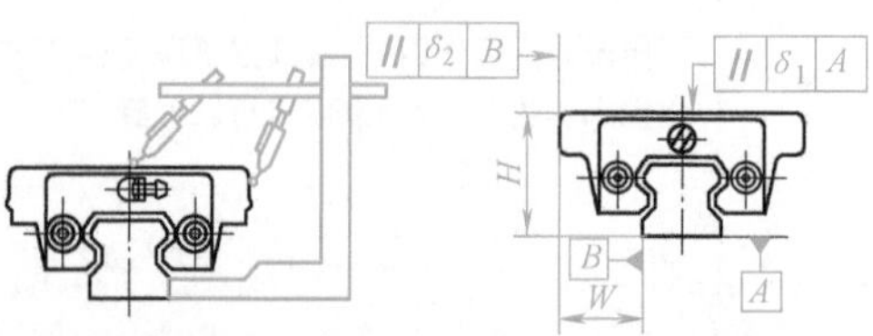

注意 安装时首先要正确区分基准导轨副与非基准导轨副，一般基准导轨副上有"J"的标记，滑块上有磨光的基准侧面，如图 3-58 所示；其次要认清导轨副安装时所需的基准侧面，如图 3-59 所示。

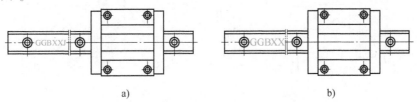

a) b)

图 3-58 基准导轨副与非基准导轨副的区分

a）基准导轨副 b）非基准导轨副

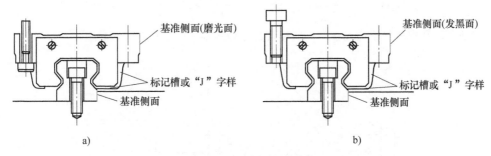

a) b)

图 3-59 基准侧面的区分

a）基准导轨副 b）非基准导轨副

二、导轨副的维护

1. 间隙调整

导轨接合面之间的间隙大小直接影响导轨的工作性能。若间隙过小，则不仅会增加运动阻力，而且会加速导轨磨损；若间隙过大，则不仅会降低导向精度，而且易引起振动。因此，导轨必须设置间隙调整装置，以利于保持合理的导轨间隙。常用压板和镶条来调整导轨间隙。

（1）压板调整间隙 图 3-60 所示是矩形导轨常用的几种压板调整间隙装置。其中，图 3-60a 所示是在压板 3 的顶面用沟槽将 d、e 面分开，若导轨间隙过大，则可修磨或刮研 d 面；若导轨间隙过小，则可修磨或刮研 e 面。这种结构刚性好，结构简单，但调整费时，适用于不经常调整间隙的导轨。图 3-60b 所示是在压板和动导轨接合面之间放几片垫片 4，调整时根据情况更换或增减垫片数量。这种结构调整方便，但刚度较差，且调整量受垫片厚度限制。图 3-60c 所示是在压板和支承导轨面之间装一平镶条 5，通过拧动带锁紧螺母的调整螺钉 6 来调整间隙。这种结构调整方便，但由于平镶条与螺钉只有几个点接触，刚度较差，多用于需要经常调整间隙、刚度要求不高的场合。

（2）镶条调整间隙 常用的镶条有平镶条与斜镶条两种。图 3-61 所示为平镶条的两种形式，用来调整矩形导轨和燕尾形导轨的间隙，其特点与图 3-60c 所示的结构类似。图 3-62 所示为斜镶条的三种结构。斜镶条的斜度在 1：100～1：40 之间选取，镶条长，可选较小斜度；镶条短，则选较大斜度。图 3-62a 所示的结构是用螺钉 1 推动镶条 2 移动来调整间隙的，其结构简单，但螺钉 1 头部凸肩与镶条 2 上的沟槽之间的间隙会引起镶条在运动中窜动，从而影响导向精度和刚度。为防止镶条窜动，可在导轨另一端再加一个与图示结构相同的调整结构。图 3-62b 所示的结构是通过修磨开口垫圈 3 的厚度来调整间隙的，这种结构的缺点是调整麻烦。图 3-62c 所示的结构是用螺钉 6、7 来调整间隙的，用螺母 5 锁紧。其特点是工作可靠，调整方便。斜镶条的两侧

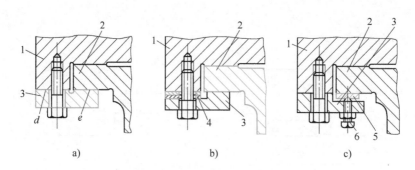

图 3-60　压板
a）带沟槽压板　b）带垫片压板　c）带平镶条压板
1—动导轨　2—支承导轨　3—压板　4—垫片　5—平镶条　6—调整螺钉

面分别与动导轨和支承导轨均匀接触，故刚度比平镶条高，但制造工艺性较差。

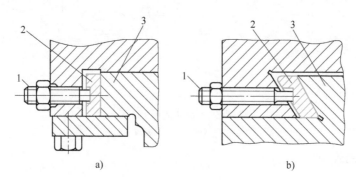

图 3-61　平镶条
a）矩形导轨　b）燕尾形导轨
1—螺钉　2—平镶条　3—支承导轨

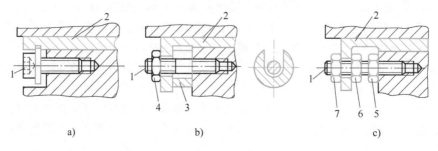

图 3-62　斜镶条
1—螺钉　2—镶条　3—开口垫圈　4~7—螺母

（3）压板镶条调整间隙　如图 3-63 所示，T 形压板用螺钉固定在运动部件上，运动部件内侧和 T 形压板之间放置斜镶条，该镶条不是在纵向有斜度，而是在高度方向做成倾斜。调整时，借助压板上几个推拉螺钉，使镶条上下移动，从而调整间隙。

（4）调整实例　图 3-64 所示为滚动导轨块的调整实例（镶条调整机构），镶条 1 固定不动，标准滚动导轨块 2 固定在镶条 4 上，可随镶条 4 移动，通过调整螺钉 5、7 可使镶条 4 相对镶条 1 运动，因而可调整滚动导轨块与支承导轨之间的间隙和预加载荷。

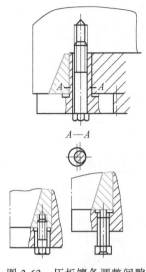

图 3-63　压板镶条调整间隙

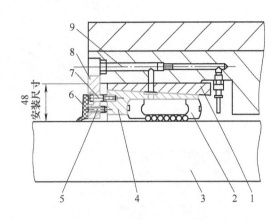

图 3-64　滚动导轨块的调整实例
1、4—镶条　2—标准滚动导轨块　3—支承导轨
5、7—调整螺钉　6—刮板　8—镶条调整板
9—润滑油路

2. 滚动导轨的预紧

为了提高滚动导轨的刚度，对滚动导轨应预紧。预紧可提高滚动导轨的接触刚度和消除间隙；在立式滚动导轨上，预紧可防止滚动体脱落和歪斜。常见的预紧方法有以下两种：

（1）采用过盈配合　如图 3-65a 所示，在装配导轨时，首先测量出实际尺寸 A，然后刮研压板与溜板的接合面或通过改变其间垫片的厚度，使之形成 δ（2~3μm）大小的过盈量。

（2）调整法　如图 3-65b 所示，拧调整螺钉 3，即可调整导轨体 1 和 2 之间的距离，从而预加载荷。也可以改用斜镶条调整，其过盈量沿导轨全长的分布较均匀。

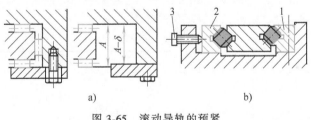

　　　　　a)　　　　　　　　　　　　　　　　b)

图 3-65　滚动导轨的预紧
1、2—导轨体　3—调整螺钉

3. 导轨副的润滑

对导轨副表面进行润滑后，可降低其摩擦因数，减少磨损，并且可以防止导轨面锈蚀。图 3-66 所示为滚动导轨副的润滑。

导轨副常用的润滑剂有润滑油和润滑脂，前者用于滑动导轨，而滚动导轨则两种都用。滚动导轨低速运行时（$v<15\text{m/min}$）推荐用锂基润滑脂润滑。导轨副的润滑要点如下：

1）最简单的导轨副润滑方法是人工定期加油或用油杯供油，这种方法简单，成本低，但不可靠，一般用于调节用的辅助导轨及运动速度低、工作不频繁的滚动导轨。

2）在数控机床上，对运动速度较高的导轨主要采用压力润滑，一般常用压力循环润滑和定时定量润滑两种方式，大都采用润滑泵，以压力油强制润滑。这样不仅可以连续或间歇供油给导轨进行润滑，而且可以利用油的流动冲洗和冷却导轨表面。为实现强制润滑，必须备有专门的供

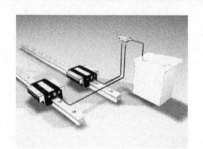

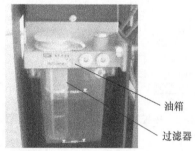

油管　　油箱　　过滤器

图 3-66　滚动导轨副的润滑

油系统。

常用的全损耗系统用油牌号有 L-AN10、L-AN15、L-AN32、L-AN46、L-AN68，精密机床导轨油 L-HG68，汽轮机油 L-TSA32、L-TSA46 等。油液牌号不能随便选，要求润滑油黏度随温度的变化要小，以保证有良好的润滑性能和足够的油膜刚度，且油中杂质应尽可能少，避免侵蚀机件。

4. 导轨副的防护

为了防止切屑、磨粒或切削液散落覆盖在导轨面上而引起磨损、擦伤和锈蚀，导轨面上应设置有可靠的防护罩，见表 3-6。在机床使用过程中，应防止损坏防护罩，对叠层式防护罩应经常用刷子蘸机油清理移动接缝，以避免碰壳现象的产生。

表 3-6　防护罩

名称	实物	结构简图
柔性风琴式防护罩		压缩后长度　　行程　　最大长度
钢板机床导轨防护罩		

（续）

名称	实物	结构简图
盔甲式机床防护罩		
卷帘式防护罩		

做一做　利用实训对数控机床的导轨进行维护。

三、故障诊断与排除

1. 行程终端产生明显机械振动的故障诊断与排除

故障现象：某加工中心运行时，工作台沿 X 轴方向移动接近行程终端过程中，产生明显的机械振动故障，故障发生时系统不报警。

分析及处理过程：因故障发生时系统不报警，但故障明显，故采用交换法检查，确定故障部位应在 X 轴伺服电动机与丝杠传动链一侧；为区别电动机故障，可拆卸电动机与滚珠丝杠之间的弹性联轴器，单独通电检查电动机。检查结果表明，电动机运转时无振动现象，显然故障部位在机械传动部分。脱开弹性联轴器，用扳手转动滚珠丝杠进行手感检查；通过手感检查，发现工作台沿 X 轴方向移动接近行程终端时，其阻力明显增加。拆下工作台检查，发现滚珠丝杠与导轨不平行，故而引起机械转动过程中的振动现象。经过认真修理、调整后，重新装好，故障排除。

2. 电动机过热报警的故障诊断与排除

故障现象：X 轴方向的驱动电动机过热报警。

分析及处理过程：电动机过热报警产生的原因有多种，除伺服单元本身的问题外，还可能是切削参数不合理，也可能是传动链上有问题。而该机床的故障原因是导轨镶条与导轨之间的间隙太小，调得太紧。松开镶条防松螺钉，调整镶条螺栓，使运动部件运动灵活，保证 0.03mm 的塞尺不得塞入，然后锁紧防松螺钉，故障排除。

3. 机床定位精度不合格的故障诊断与排除

故障现象：某加工中心运行时，工作台沿 Y 轴方向移动接近行程终端过程中，丝杠反向间隙明显增大，机床定位精度不合格。

分析及处理过程：故障部位明显在 Y 轴伺服电动机与丝杠传动链一侧；拆卸电动机与滚珠丝杠之间的弹性联轴器，用扳手转动滚珠丝杠进行手感检查。通过手感检查，发现工作台沿 Y 轴方向移动接近行程终端时，其阻力明显增加。拆下工作台检查，发现 Y 轴导轨平行度严重超差，故而引起机械转动过程中阻力明显增加，滚珠丝杠发生弹性变形，反向间隙增大，机床定位精度不合格。经过认真修理、调整后，重新装好，故障排除。

4. 移动过程中产生机械干涉的故障诊断与排除

　　故障现象：某加工中心采用直线滚动导轨，安装后用扳手转动滚珠丝杠进行手感检查，发现工作台沿 X 轴方向移动过程中产生明显的机械干涉故障，运动阻力很大。

　　分析及处理过程：故障明显在机械结构部分。拆下工作台，首先检查滚珠丝杠与导轨的平行度，结果为合格；再检查两条直线导轨的平行度，发现严重超差。拆下两条直线导轨，首先检查中滑板上直线导轨的安装基准面的平行度，结果为合格；再检查直线导轨，发现一条直线导轨的安装基准面与其滚道的平行度严重超差（0.5mm）。更换合格的直线导轨，重新装好后故障排除。

■ **讨论总结**　通过上网查询、到工厂调研、查找参考资料等方式，由教师带领与工厂技术人员讨论总结以下两个方面的问题。

一、导轨的故障诊断与排除方法（表 3-7）

表 3-7　导轨的故障诊断与排除方法

序号	故障现象	故障原因	排除方法
1	导轨研伤	机床长期使用后，地基与床身的水平面有变化，使导轨局部的单位面积载荷过大	定期进行床身导轨的水平调整，或修复导轨精度
		长期加工短工件或承受过分集中的载荷，使导轨局部磨损严重	注意合理分布短工件的安装位置，避免载荷过分集中
		导轨润滑不良	调整导轨润滑油量，保证润滑油压力
		导轨材质不佳	采用电镀加热自冷淬火方法对导轨进行处理，导轨上增加锌铝铜合金板，以改善摩擦情况
		刮研质量不符合要求	提高刮研修复的质量
		机床维护不良，导轨里落入脏物	加强机床保养，保护好导轨防护装置
2	导轨上移动部件运动不良或不能移动	导轨面研伤	用粒度为 F180 的砂布修磨机床导轨面上的研伤
		导轨压板研伤	卸下压板，调整压板与导轨之间的间隙
		导轨镶条与导轨之间的间隙太小，调得太紧	松开镶条防松螺钉，调整镶条螺栓，使运动部件运动灵活，保证 0.03mm 的塞尺不得塞入，然后锁紧防松螺钉
3	加工面在接刀处不平	导轨直线度超差	调整或修刮导轨，直线度误差不大于 0.015mm/500mm
		工作台镶条松动或镶条弯度太大	调整镶条间隙，镶条弯度在自然状态下小于 0.05mm/全长
		机床水平度差，使导轨发生弯曲	调整机床安装水平，保证平行度误差、垂直度误差在 0.02mm/1000mm 之内

二、进给传动系统的维护

进给传动系统的维护要点如下：

1）每次操作机床前都要先检查润滑油箱油位是否在使用范围内，如果低于最低油位，需加油后方可操作机床，如图 3-67 所示。

2）操作结束时，要及时清扫工作台、导轨防护罩上的切屑，如图 3-68 所示。

图 3-67　加润滑油　　　　　　　　　　　　　图 3-68　清除切屑

3）如果机床停放时间过长没有运行，特别是雨季（停机时间太长没有运行，进给传动零件容易生锈，雨季气候潮湿更容易发生锈蚀），应先打开导轨、滚珠丝杠的防护罩，将导轨、滚珠丝杠等零件擦干净，然后加上润滑油再开机运行，如图 3-69 所示。

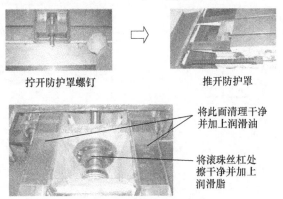

拧开防护罩螺钉　　　　　　　　　推开防护罩

将此面清理干净
并加上润滑油

将滚珠丝杠处
擦干净并加上
润滑脂

图 3-69　进给系统的维护

4）每月检查并及时对加工中心各轴的行程开关进行清洁，保持其灵敏度，如图 3-70 所示。

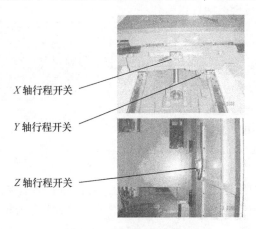

X轴行程开关

Y轴行程开关

Z轴行程开关

图 3-70　行程开关的维护

🏠**任务扩展**

一、齿轮—齿条传动

在大型数控机床（如大型数控龙门铣床）中，工作台的行程很大，其进给运动不宜采用滚珠丝杠副实现（滚珠丝杠只能应用在工作台行程≤6m 的传动中），这是因为太长的丝杠容易下垂，影响它的螺距精度及工作性能，其扭转刚度也相应下降，故常用齿轮—齿条传动。齿轮—齿条传动中，当驱动载荷较小时，可采用双片薄齿轮错齿调整法，两个薄齿轮分别与齿条齿槽的左、右侧贴紧，从而消除齿侧间隙。图 3-71 所示为双齿轮消除间隙原理，进给运动由轴 2 输入，通过两对斜齿轮将运动传给轴 1 和轴 3，然后由两个直齿轮 4 和 5 去驱动齿条，带动工作台移动，轴 2 上两个斜齿轮的螺旋线方向相反。如果通过弹簧在轴 2 上作用一个轴向力 F，则使斜齿轮产生微量的轴向移动，这时轴 1 和轴 3 便以相反的方向转过微小的角度，使直齿轮 4 和 5 分别与齿条的两齿面贴紧，消除了间隙。当驱动载荷较大时，采用径向加载法消除间隙。如图 3-72 所示，两个小齿轮 1 和 6 分别与齿条 7 啮合，并用加载装置 4 在齿轮 3 上预加载荷，于是齿轮 3 使与其啮合的大齿轮 2 和 5 向外伸开，与其同轴的齿轮 1、6 也同时向外伸开，与齿条 7 齿槽的左、右两侧相应贴紧而无间隙。齿轮 3 由液压马达直接驱动。

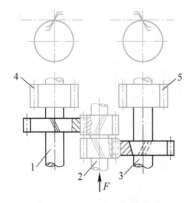

图 3-71　双齿轮消除间隙原理

1~3—轴　4、5—直齿轮

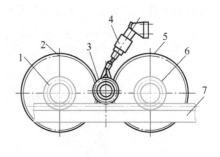

图 3-72　齿轮—齿条传动的齿侧间隙消除

1~3、5、6—齿轮　4—加载装置　7—齿条

二、静压蜗杆—蜗轮条传动

蜗杆—蜗轮条机构是丝杠螺母机构的一种特殊形式。如图 3-73 所示，蜗杆可看作长度很短的丝杠，其长径比很小。蜗轮条则可以看作一个很长的螺母沿轴向剖开后的一部分，其包容角常在 90°~120°之间。

液体静压蜗杆—蜗轮条机构是在蜗杆—蜗轮条的啮合面之间注入压力油，以形成一定厚度的油膜，使两啮合面之间形成液体摩擦，其工作原理如图 3-74 所示。图中油腔开在蜗轮条上，用毛细管节流的定压供油方式给静压蜗杆—蜗轮条供压力油。从液压泵输出的压力油，

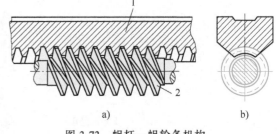

a)　　　　　　　　b)

图 3-73　蜗杆—蜗轮条机构

1—蜗轮条　2—蜗杆

经过蜗杆螺纹内的毛细管节流器 10，分别进入蜗轮条齿的两侧面油腔内，然后经过啮合面之间的间隙，再进入齿顶与齿根之间的间隙，将压力降为零，最后流回油箱。

三、直线电动机的安装

直线电动机是指可以直接产生直线运动的电动机，可作为进给驱动系统，如图 3-75 所示。其雏形在旋转电动机出现不久之后就出现了，但由于受制造技术水平和应用能力的限制，一直未能在制造业领域作为驱动电动机而使用。常规的机床进给驱动系统仍一直采用"旋转电动机+滚珠丝杠"的传动体系。随着近几年来超高速加工技术的发展，滚珠丝杠机构已不能满足高速

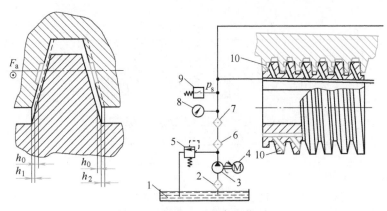

图 3-74　蜗杆—蜗轮条工作原理

1—油箱　2—过滤器　3—液压泵　4—电动机　5—溢流阀　6—粗过滤器

7—精过滤器　8—压力表　9—压力继电器　10—节流器

度和高加速度的要求，直线电动机才有了用武之地。特别是大功率电子器件、新型交流变频调速技术、微型计算机数控技术和现代控制理论的发展，为直线电动机在高速数控机床中的应用提供了条件。

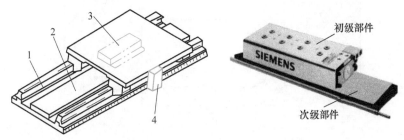

图 3-75　直线电动机进给驱动系统外观

1—导轨　2—次级部件　3—初级部件　4—检测系统

安装直线电动机时，有以下两种布局方式。

1. 水平布局

（1）单电动机驱动　如图 3-76 所示，单电动机驱动结构简单，工作台两导轨跨距小，测量装置安装和维修都比较方便，主要应用在推力要求不大的场合。

（2）双电动机驱动　如图 3-77 所示，双电动机驱动合成推力大，工作台两导轨跨距大，工作台受电磁吸引力变形较大，对工作台的刚度要求较高，安装比较困难，测量和控制复杂，只适合中等载荷的场合使用。

2. 垂直布局

（1）外垂直　如图 3-78 所示，外垂直布局机床的导轨跨距较小，可抵消工作台的部分弯曲变形，对初级与次级之间的间隙影响也小，但结构比较复杂，设计难度也比较大，只适合中等载荷的场合使用。

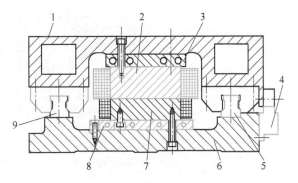

图 3-76　单电动机水平布局

1—工作台　2—初级　3—初级冷却板　4—测量系统

5、9—导轨　6—床身　7—次级　8—次级冷却板

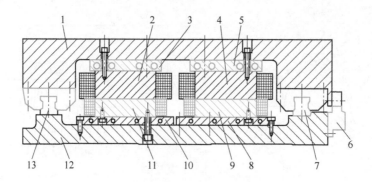

图 3-77　双电动机水平布局

1—工作台　2、4—初级　3、5—初级冷却板　6—测量系统　7、13—导轨
8、10—次级冷却板　9、11—次级　12—床身

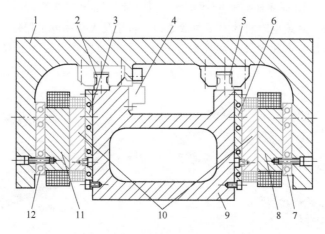

图 3-78　双电动机外垂直布局

1—工作台　2、5—导轨　3、6—次级冷却板　4—测量系统
7、12—初级冷却板　8、11—初级　9—床身　10—次级

（2）内垂直　如图 3-79 所示，内垂直布局机床的导轨跨距较大，安装和维修较难，适于推力大和精度高的应用场合。

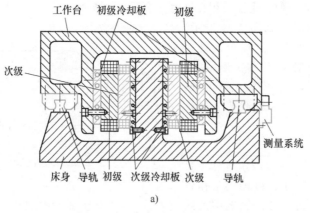

a)

图 3-79　双电动机内垂直布局

a) 长初级

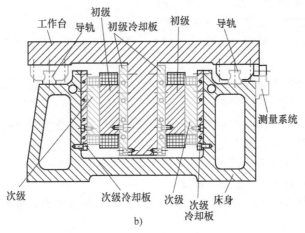

图 3-79　双电动机内垂直布局（续）

b）长次级

任务巩固

一、填空题

1. 数控机床导轨按运动轨迹可分为_____导轨和_____导轨。按工作性质可分为_____导轨、_____导轨和_____导轨。按受力情况可分为_____导轨和_____导轨。

2. 滚动导轨的结构形式，按滚动体的种类可分为_____、_____和_____。

3. 塑料导轨也称为_____导轨，有_____和_____两种。

4. 根据承载的要求不同，静压导轨分为_____和_____两种。

二、选择题（请将正确答案的代号填在括号中）

1. 贴塑导轨均需要进行精加工，通常采用（　　）。

A. 手工刮研方法　　　　B. 磨削加工　　　　C. 铣削加工

2. 塑料导轨两导轨面之间的摩擦性质为（　　）。

A. 滑动摩擦　　　　　B. 滚动摩擦　　　　C. 液体摩擦

3. 数控机床导轨按接合面的摩擦性质可分为滑动导轨、滚动导轨和（　　）导轨三种。

A. 贴塑　　　　　　　B. 静压　　　　　　C. 动摩擦　　　　D. 静摩擦

4. 贴塑导轨（在两个金属滑动面之间粘贴了一层特制的复合工程塑料带）比滚动导轨的抗振性要好，主要是由于动、静副之间为（　　）。

A. 面接触　　　　　　B. 线接触　　　　　C. 点接触　　　　D. 不接触

5. （　　）不是滚动导轨的缺点。

A. 动、静摩擦因数很接近　　　　　　　　B. 结构复杂

C. 防护要求高

6. 如果滚动导轨强度不够，结构尺寸也不受限制，应该（　　）。

A. 增加滚动体数目　　B. 增大滚动体直径　　C. 增加导轨长度　　D. 增大预紧力

7. 滚动导轨预紧的目的是（　　）。

A. 提高导轨的强度　　　B. 提高导轨的接触刚度　　　　　C. 减少牵引力

8. 如定位精度下降，反向间隙过大，机械爬行，轴承噪声过大等，这通常是（　　）故障。

A. 进给传动链　　　　B. 主轴部件　　　　C. 自动换刀装置

三、判断题（正确的画"√"，错误的画"×"）

1. （　　） 导轨按运动轨迹可分为开式导轨和闭式导轨。

2. （　　） 液体静压导轨的两导轨面之间有一层静压油膜，其摩擦性质属于纯液体摩擦，多用于主运动导轨。

3. （　　） 注塑导轨在调整好固定导轨和运动导轨之间的相对位置精度后注入塑料，可节省很多工时，适用于大型和重型机床。

4. （　　） 贴塑导轨表面经过刮研后，所形成的高凸部分容易储存润滑油，移动部件在运动中形成一层油膜，有效地改善了导轨的润滑性能。

5. （　　） 滚动导轨支承块已做成独立的标准部件，其特点是刚度高，承载能力大，便于拆装，可直接装在任意行程长度的运动部件上。

6. （　　） 直线滚动导轨制造精度高，可高速运行，通过预加载荷可提高刚性，不能承受颠覆力矩。

7. （　　） 贴塑导轨是在动导轨的摩擦表面上贴上一层塑料软带，以降低摩擦因数，提高导轨的耐磨性。

8. （　　） 开式静压导轨是指不能限制工作台从导轨上分离的静压导轨，其承受颠覆力矩的能力强。

9. （　　） 闭式静压导轨能承受较大的颠覆力矩。

10. （　　） 导轨润滑不良可使导轨研伤。

模块四　自动换刀装置的装调与维修

为进一步提高数控机床的加工效率，数控机床正朝着工件在一台机床一次装夹即可完成多道工序或全部工序加工的方向发展，这类多工序加工的数控机床使用多种刀具，因此必须有自动换刀装置，以便选用不同刀具，完成不同工序的加工工艺。自动换刀装置应当具备换刀时间短、刀具重复定位精度高、刀具储备量足够、占地面积小、安全可靠等特性。在数控车床上常应用刀架换刀，在加工中心上常应用刀库换刀。刀库换刀分为有机械手换刀和无机械手换刀两种。

通过学习本模块，学生应能看懂数控机床自动换刀装置（刀架、刀库与机械手）的装配图；能对自动换刀装置进行拆卸与装配；掌握数控机床自动换刀装置的维护方法，并能排除由机械原因引起的自动换刀装置的故障；掌握自动换刀装置的工作原理。

任务一　刀架换刀装置的装调与维修

🖐 任务引入

图 4-1 所示的几种刀架一般用在数控车床上，以加工轴类零件为主，控制刀具沿 X、Z 等轴

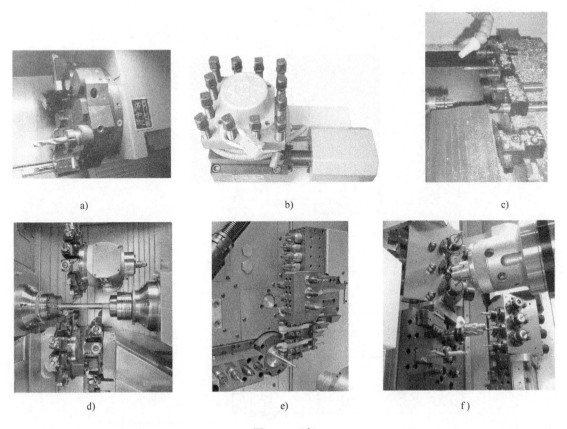

a)　　　　　　　　　　　　b)　　　　　　　　　　　　c)

d)　　　　　　　　　　　　e)　　　　　　　　　　　　f)

图 4-1　刀架

a) 回转刀架　b) 四工位方刀架　c) 排刀架　d) 带动力刀具的刀架　e) 独立刀架　f) 多轴数控车床刀架

方向进行各种车削、镗削、钻削等加工，但所加工孔的中心线一般都与 Z 轴重合，加工偏心孔则要靠夹具协助完成。车削中心上的动力刀具还可以沿 Y 轴方向运动，完成铣削加工、中心线不与 Z 轴重合的孔加工，以及其他加工，以实现工序集中的目的。

🔲 任务目标

- 掌握常用刀架的工作原理。
- 能看懂常用刀架的装配图。
- 会对常用刀架进行拆装。
- 能排除常用刀架的机械故障。
- 会对常用刀架进行维护与保养。

⬤ 任务实施

教师讲解

一、经济型方刀架

1. 刀架的结构

经济型数控车床方刀架是在普通车床四方刀架的基础上发展而来的一种自动换刀装置，其功能与普通车床四方刀架一样：有四个刀位，能装夹四把不同功能的刀具，方刀架回转 90° 时，刀具交换一个刀位，但方刀架的回转和刀位号的选择由加工程序指令控制。图 4-2 所示为方刀架

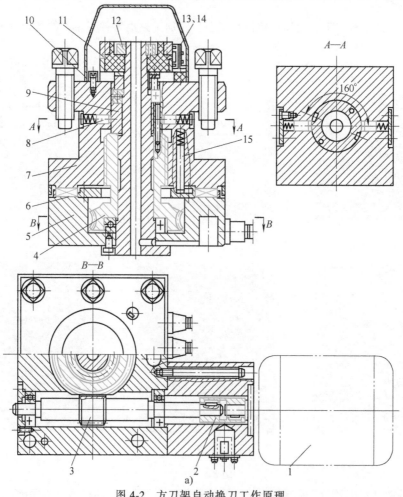

图 4-2　方刀架自动换刀工作原理

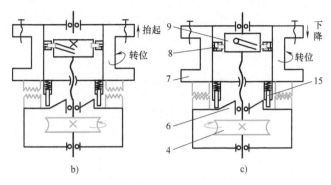

b)　　　　　　　　　c)

图 4-2　方刀架自动换刀工作原理（续）

1—电动机　2—平键套筒联轴器　3—蜗杆轴　4—蜗轮丝杠　5—刀架底座　6—粗定位盘　7—刀架体
8—球头销　9—转位套　10—电刷座　11—发信盘　12—螺母　13、14—电刷　15—粗定位销

自动换刀工作原理。图 4-3 所示为数控车床方刀架结构，其主要由电动机 1、刀架底座 5、刀架体 7、蜗轮丝杠 4、粗定位盘 6、转位套 9 等组成。

2. **刀架的电气控制**

图 4-4 所示为四工位立式回转刀架的电路控制图，主要是通过控制两个交流接触器来控制刀架电动机的正转和反转，进而控制刀架的正转和反转。图 4-5 所示为四工位立式回转刀架的 PMC 系统控制的输入及输出回路。四工位立式回转刀架换刀控制流程图如图 4-6 所示。

图 4-3　数控车床方刀架结构

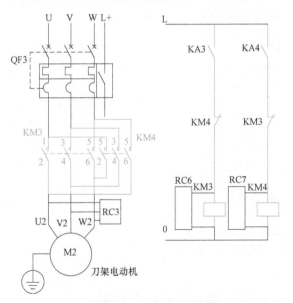

图 4-4　四工位立式回转刀架的电路控制图

M2—刀架电动机　KM3、KM4—刀架电动机正、
反转控制交流接触器
QF3—刀架电动机带过载保护的电源断路器
KA3、KA4—刀架电动机正、反转控制中间继电器
RC3—三相灭弧器　RC6、RC7—单相灭弧器

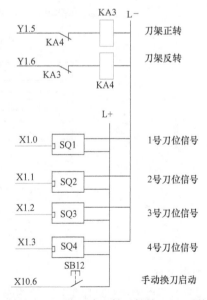

图 4-5　四工位立式回转刀架的 PMC 系统
控制的输入及输出回路

PMC 输入信号：X1.0~X1.3—1~4 号刀位信号输入
X10.6—手动刀位选择按钮信号输入 PMC 输出信号：
Y1.5—刀架正转继电器控制输出　Y1.6—刀架反转继电器控制输出
SB12—手动换刀启动按钮　SQ1~SQ4—刀位检测霍尔开关

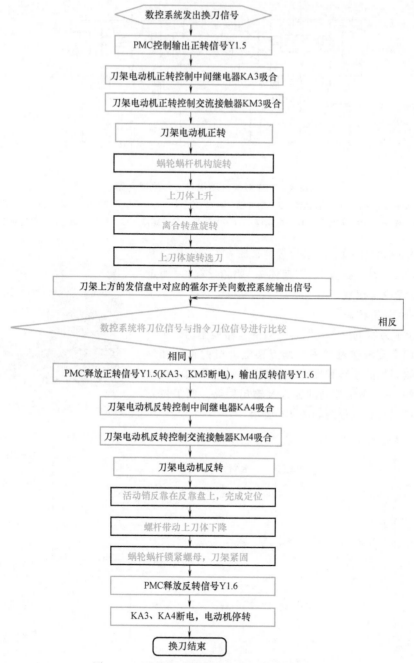

图 4-6　四工位立式回转刀架换刀控制流程图

3. 刀架的工作原理

方刀架换刀时的动作顺序是：刀架抬起→刀架转位→刀架定位→上刀架锁紧。

（1）刀架抬起　图 4-3 所示方刀架可以安装四把不同的刀具，转位信号由加工程序指定。数控系统发出换刀指令后，PMC 控制输出正转信号 Y1.5（图 4-5），刀架电动机正转控制中间继电器 KA3 吸合（图 4-4），刀架电动机正转控制交流接触器 KM3 吸合（图 4-4），电动机 1 起动正转，通过平键套筒联轴器 2 使蜗杆轴 3 转动，从而带动蜗轮丝杠 4 转动。因为蜗轮的上部外圆柱加工有外螺纹，所以该零件称为蜗轮丝杠。刀架体 7 内孔加工有内螺纹，与蜗轮丝杠旋合。蜗轮丝杠内孔与刀架中心轴外圆是滑动配合，在转位换刀时，中心轴固定不动，蜗轮丝杠环绕中心轴旋转。当蜗轮丝杠开始转动时，由于刀架底座 5 和刀架体 7 上的端面齿处在啮合状态，且蜗轮丝杠轴向固定，这时刀架体 7 抬起。当刀架体抬至一定距离后，端面齿脱开。转位套 9 用销钉与蜗轮丝杠 4 联接，随蜗轮丝杠一同转动。

（2）刀架转位　当端面齿完全脱开，转位套正好转过 160°（图 4-2A—A 剖视）时，蜗轮丝杠 4 前端的转位套 9 上的销孔正好对准球头销 8 的位置（图 4-2c）。球头销 8 在弹簧力的作用下进入转位套 9 的槽中，带动刀架体转位，进行换刀。

（3）刀架定位　刀架体 7 转动时带着电刷座 10 转动，当转到程序指定的刀号时，PMC 释放正转信号 Y1.5，KA3、KM3 断电，输出反转信号 Y1.6，刀架电动机反转控制中间继电器 KA4 吸合，刀架电动机反转控制交流接触器 KM4 吸合，刀架电动机反转，粗定位销 15 在弹簧力的作用下进入粗定位盘 6 的槽中进行粗定位，由于粗定位槽的限制，刀架体 7 不能转动，使其在该位置垂直落下，刀架体 7 和刀架底座 5 上的端面齿啮合，实现精确定位。同时球头销 8 在刀架下降时可沿销孔的斜楔槽退出销孔，如图 4-2c 所示。

（4）上刀架锁紧　电动机继续反转，此时蜗轮停止转动，蜗杆轴 3 继续转动，随着夹紧力的增加，转矩不断增大，当其达到一定值时，在传感器的控制下，电动机 1 停止转动。

译码装置由发信盘 11、电刷 13 和 14 组成，电刷 13 负责发信，电刷 14 负责位置判断。刀架不定期会出现过位或不到位，可松开螺母 12 调节发信盘 11 与电刷 14 的相对位置。有些数控机床的刀架用霍尔元件代替译码装置。

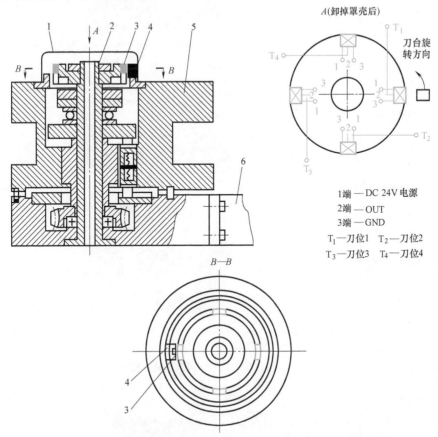

图 4-7　霍尔集成电路在 LD4 系列电动刀架中应用的示意图

1—罩壳　2—定轴　3—霍尔集成电路　4—磁钢　5—刀台　6—刀架座

　　图 4-7 为霍尔集成电路在 LD4 系列电动刀架中应用的示意图。其动作过程为：数控装置发出换刀信号→刀架电动机正转使锁紧装置松开且刀架旋转→检测刀位信号→刀架电动机反转定位并夹紧→延时→换刀动作结束。其中刀位信号是由霍尔式接近开关检测的，如果某个刀位上的霍尔式接近开关损坏，数控装置检测不到刀位信号，就会造成刀台连续旋转不定位。

　　在图 4-7 中，霍尔集成元件共有三个接线端子，1、3 端之间是 +24V 直流电源电压；2 端是输出信号端。判断霍尔集成元件的好坏，可用万用表测量 2、3 端的直流电压，人为将磁铁接近霍尔集成元件，若万用表测量数值没有变化，再将磁铁极性调换；若万用表测量数值还没有变化，说明霍尔集成元件已损坏。

　　这种刀架在经济型数控车床及普通车床的数控化改造中得到广泛的应用。

　　4. 刀架的拆卸

　　以经济型数控车床方刀架为例来介绍数控车床刀架的拆卸过程，见表 4-1。

表 4-1　经济型数控车床方刀架的拆卸过程

步骤	说明	图　示
1	拆下上防护盖	
2	拆发信盘连接线	
3	拆发信盘锁紧螺母	
4	拆磁钢	

（续）

步骤	说明	图　　示
5	拆转位盘锁紧部件	
6	拆转位盘	
7	拆刀架体	
8	旋出刀架体	
9	拆粗定位盘	

（续）

步骤	说明	图　示
10	拆刀架底座	
11	拆刀架轴和蜗轮—丝杠	
12	拆分丝杠和蜗轮	

提示

1）在刀架的拆卸过程中，应将各零部件集中放置，特别注意细小零件的存放，避免遗失。

2）刀架的安装基本上是拆卸的逆过程，按照正确的安装顺序把刀架装好即可。操作时要注意保持双手的清洁，并注意零部件的防护。

5. 刀架的维护

一定要注意将刀架的维护与维修紧密结合起来，维修中容易出现故障的地方，要重点维护。刀架的维护主要包括以下几个方面：

1）每次上、下班清扫散落在刀架表面上的灰尘和切屑。刀架体类的部件容易积留一些切屑，几天就会粘连成一体，清理起来很费事，且容易与切削液混合，发生氧化腐蚀等。特别是刀架体都要旋转时抬起，到位后反转落下，最容易将未及时清理的切屑卡在里面。故应每次上、下班清理刀架表面的切屑、灰尘，防止其进入刀架体内。

2）及时清理刀架体上的异物（图 4-8），防止其进入刀架内部，保证刀架换位的顺畅无

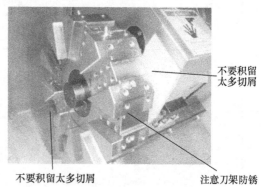

不要积留太多切屑

不要积留太多切屑　　注意刀架防锈

图 4-8　清理刀架体上的异物

阻，利于刀架回转精度的保持；及时拆开并清洁刀架内部机械接合处，否则容易产生故障，如内齿盘上有碎屑就会造成夹紧不牢或加工尺寸不稳定。定期对电动刀架进行清洁处理，包括拆开电动刀架、定位齿盘进行清扫。

3）严禁超负荷使用。

4）严禁撞击、挤压通往刀架的连线。

5）减少刀架被间断撞击（断续切削）的机会，保持良好的操作习惯，严防刀架与卡盘、尾座等部件碰撞。

6）保持刀架的润滑良好，定期检查刀架内部润滑（图4-9）情况，如果润滑不良，易造成旋转件研死，导致刀架不能起动。

图 4-9　刀架内部润滑

7）尽可能减少腐蚀性液体的喷溅，无法避免时，下班后应及时擦拭干净，并涂油。

8）注意刀架预紧力的大小要调节适度，如过大会导致刀架不能转动。

9）经常检查并紧固连线、传感器元件盘（发信盘）、磁铁，注意发信盘的螺母联接要紧固，如果松动，则易引起刀架的越位过冲或转不到位。

10）定期检查刀架内部机械配合是否松动，否则容易发生刀架不能正常夹紧的故障。

11）定期检查刀架内部反靠定位销、弹簧、反靠棘轮等是否起作用，以免发生机械卡死的故障。

做一做　利用实训时间对刀架进行维护。

二、双齿盘转塔刀架（转塔刀架）

转塔刀架由刀架换刀机构和刀盘组成，转塔刀架结构如图4-10所示，其传动系统如图4-11所示。转塔刀架的刀盘用于刀具的安装。刀盘的背面装有端齿盘，用于刀盘的圆周定位。换刀机构是刀盘实现开定位、转动换刀位、定位和夹紧的传动机构。换刀时，刀盘的定位机构首先脱开，驱动电动机带动刀盘转动。当刀盘转动到位后，定位机构重新定位，并由夹紧机构夹紧。转塔刀架的换刀由换刀电动机提供动力。换刀运动传递路线如下：

换刀电动机经轴 I，由齿轮副 14/65 驱动轴 II，再经齿轮副 14/96 驱动轴 III，轴 III 即是凸轮轴 6，其上的凸轮槽带动拨叉，由拨叉使轴 IV 实现纵向运动（开定位和定位夹紧），在拨叉将轴 IV 沿轴向移动、定位齿盘脱开（开定位）时，轴 III 上的齿轮（$z=96$）与在它上面和短圆柱滚子组成的槽杆，驱动轴上的槽轮（槽数 $n=8$）转动，从而实现刀盘的转动。当转位完成后，凸轮槽驱动拨叉，压动碟形弹簧 12，使轴 IV 沿轴向移动，实现刀盘的定位和夹紧。轴每转一转，刀

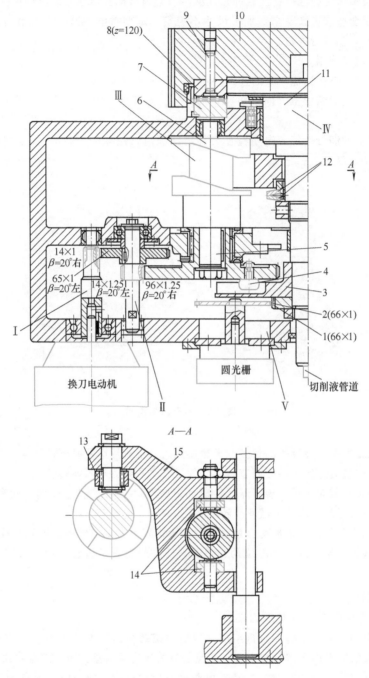

图 4-10　转塔刀架结构

1、2—齿轮　3—槽轮盘　4—滚子　5—换刀轴　6—凸轮轴　7、8—端齿盘　9—锥销　10—转塔盘
11—转塔轴　12—碟形弹簧　13、14—滚子　15—杠杆

4-1　数车转
塔刀架换刀

盘转动一个刀位。刀盘的转动经齿轮副 66/66 传到轴 V 上的圆光栅，由圆光栅将转位信号送至可编程序控制器进行刀位计数。加工时，如果端齿盘上的定位销拔出、切削力过大或撞车，刀盘就会产生微量转动，这时圆光栅将检测到刀架的转动信号，数控系统收到信号后通过 PMC 发出刀架过载报警信号，机床会迅速停止。

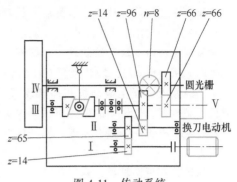

图 4-11　传动系统

看一看　您所在学校所用到的刀架有哪几种？

技能训练

一、刀架故障的分析与排除

1. 经济型数控车床刀架旋转不停的故障分析与排除

故障现象：刀架旋转不停。

故障分析：刀架刀位信号未发出。应检查发信盘弹性片触头是否磨坏，发信盘地线是否断路。

故障排除：更换弹性片触头或调整发信盘地线。

2. 经济型数控车床刀架越位的故障分析与排除

故障现象：刀架越位。

故障分析：反靠装置不起作用。应检查反靠定位销是否灵活，弹簧是否疲劳，反靠棘轮与蜗杆联接销是否折断，使用的刀具是否太长。

故障排除：针对检查的具体原因给予排除。

3. 经济型数控车床刀架转不到位的故障分析与排除

故障现象：刀架转不到位。

故障分析：发信盘触点与弹簧片触点错位。应检查发信盘夹紧螺母是否松动。

故障排除：重新调整发信盘触点与弹簧片触点的位置，锁紧螺母。

4. 经济型数控车床自动刀架不动的故障分析与排除

故障现象：刀架不动。

故障分析：造成刀架不动的原因如下：

1）电源无电或控制箱开关位置不对。

2）电动机相序接反。

3）夹紧力过大。

4）机械卡死，当用 6mm 六角扳手插入蜗杆端部，沿顺时针方向转不动时，即为机械卡死。

故障排除：针对上述原因，其故障处理方法如下：

1）检查电动机是否旋转。

2）检查电动机是否反转。

3）可用 6mm 六角扳手插入蜗杆端部，沿顺时针方向旋转，如果用力时可转动，但下次夹紧后仍不能起动，则可将电动机夹紧电流按说明书稍调小一些。

4）观察夹紧位置，检查反靠定位销是否在反靠棘轮槽内。如果反靠定位销在反靠棘轮槽内，将反靠棘轮与蜗杆联接销孔回转一个角度，重新钻孔联接。检查主轴螺母是否锁死，如螺母锁死应重新调整。检查润滑情况，如因润滑不良造成旋转件研死，应拆开处理。

5. SAG210/2NC 型数控车床刀架不转的故障分析与排除

故障现象：上刀体抬起但转动不到位。

故障分析：该车床所配套的刀架为 LD4-1 四工位电动刀架。根据电动刀架的机械原理，上刀体不能转动的原因可能是粗定位销在锥孔中卡死或断裂。拆开电动刀架，更换新的粗定位销后，上刀体仍然不能旋转到位。重新拆卸，发现在装配上刀体时，与下刀体的四边不对齐，而且齿牙盘没有完全啮合，而装配要求是，装配上刀体时，应与下刀体的四边对齐，而且齿牙盘必须啮合。

故障排除：按照上述要求装配后，故障排除。

6. SAG210/2NC 型数控车床刀架不能动作的故障分析与排除

故障现象：电动机无法起动，刀架不能动作。

故障分析：SAG210/2NC 型及 CKD6140 型数控车床配套的刀架为 LD4-1 四工位电动刀架。该故障产生的原因可能是电动机相序接反或电源电压偏低，但调整电动机电枢线及电源电压后，故障仍不能排除。这说明故障为机械原因所致。将电动机罩卸下，旋转电动机风叶，发现阻力过大。打开电动机进一步检查发现，蜗杆轴承损坏，电动机轴与蜗杆离合器质量差，使电动机旋转遇到阻力。

故障排除：更换轴承，修复离合器后，故障排除。

■ **讨论总结** 通过上网查询、到工厂调研，在教师、工厂技术人员的参与下讨论并总结刀架常见故障诊断及排除方法。

刀架常见故障诊断及排除方法见表 4-2。

表 4-2　刀架常见故障诊断及排除方法

序号	故障现象	故障原因	排除方法
1	刀架不能起动	刀架预紧力过大	调小刀架电动机夹紧电流
		夹紧机构的反靠装置位置不正确造成机械卡死	若反靠定位销不在反靠棘轮槽内，则需调整反靠定位销的位置；若在，则需将反靠棘轮与蜗杆联接销孔回转一个角度，重新钻孔联接
		主轴螺母锁死	重新调整主轴螺母
		润滑不良造成旋转件研死	拆开润滑
		可能是熔断器损坏、电源开关接通不好、开关位置不正确，或是刀架与控制器之间断线、刀架内部断线、霍尔元件位置变化导致不能正常通断	更换熔断器，使接通部位接触良好，调整开关位置，重新连接，调整霍尔元件位置
		电动机相序接反	检查线路，变换相序
		如果手动换刀正常、不执行自动换刀，则应重点检查计算机与刀架控制器之间的接线、计算机 I/O 接口及刀架到位回答信号	分别对其加以调整、修复
2	刀架连续运转，到位不停	若没有刀架到位信号，则是发信盘故障	发信盘是否损坏、发信盘地线是否断路或接触不良或漏接，针对其线路中的继电器接触情况、到位开关接触情况、线路连接情况相应地进行线路故障排除
		若仅为某号刀不能定位，则一般是该号刀位线断路或发信盘上霍尔元件烧毁	重新连接或更换霍尔元件
3	刀架越位过冲或转不到位	反靠定位销不灵活，弹簧疲劳	应修复反靠定位销使其灵活或更换弹簧
		反靠棘轮与蜗杆联接断开	需更换联接销
		刀具太长过重	应更换弹性模数稍大的定位销弹簧
		发信盘位置固定偏移	重新调整发信盘与弹性片触头位置并固定牢靠
		发信盘夹紧螺母松动，造成位置移动	紧固调整

（续）

序号	故障现象	故障原因	排除方法
4	刀架不能正常夹紧	夹紧开关位置是否固定不当	调整至正常位置
		刀架内部机械配合松动，有时会出现由于内齿盘上有碎屑造成夹紧不牢而使定位不准	应调整其机械装配并清洁内齿盘

二、经济型数控车床电动刀架的常见故障

经济型数控车床配置较低，精度不高，一般用来加工批量大、精度低、切削量大的工件，相对来说机床刀架的故障就会频频产生。经济型数控车床一般配装经济型电动刀架，它由普通三相异步电动机驱动机械换位并锁紧，其常见的故障及排除方法如下：

1. 刀架因机械卡死，电动机堵转而无法转位

大致有四种原因：粗定位销（2个）折断，中轴弯曲或折断，蜗轮、蜗杆损坏，电动机与刀架体之间的联轴器损坏。更换相应部件即可修复。

2. 刀架转位不停

大致有三种原因：磁铁位置不正确，调整它与传感元件的相对位置，左右对正、前后距离适中（一般为 2~3mm）；被换位的传感元件损坏或连线折断，更换传感元件，恢复连线；刀架没有连上+24V 电源，重新连接+24V 电源。

3. 刀架换位正常，有锁紧动作但锁不紧

大致有两种原因：中轴弯曲需更换；反转时间不足，需修改相应参数。

4. 执行换位命令时无动作

大致有两种原因：电动机缺相，需恢复其动力电路；电动机损坏，需更换。

⌂ 任务扩展　动力刀具

车削中心的动力刀具主要由三部分组成：动力源、变速装置和刀具附件（钻孔附件和铣削附件等）。

一、动力刀具的结构

由车削中心加工工件端面或圆柱面上与工件不同心的孔时，主轴带动工件做分度运动或直接参与插补运动，切削加工的主运动由动力刀具来实现。图 4-12 所示为车削中心上的动力刀具结构。

当动力刀具在转塔刀架上转到工作位置（图 4-12a 中位置）时，定位夹紧后发出信号，驱动液压缸 3 的活塞杆通过杠杆带动离合齿轮轴 2 左移，离合齿轮轴左端的内齿圈与动力刀具传动轴 1 右端的齿轮啮合，这时大齿轮 4 驱动动力刀具旋转。当控制系统接收到动力刀具在转塔刀架上需要转位的信号时，驱动液压缸 3 的活塞杆通过杠杆带动离合齿轮轴 2 右移至转塔刀盘体内（脱开传动），从而使动力刀具在转塔刀架上开始转位。

二、动力刀具的传动装置

图 4-13 所示为动力刀具的传动装置。传动箱 2 装在转塔刀架体（图中未画出）的上方。变速电动机 3 经锥齿轮副和同步带 1，将动力传至位于转塔回转中心的空心轴 4。空心轴 4 的左端是锥齿轮 5。

三、动力刀具附件

动力刀具附件有许多种，现介绍常用的两种。

图 4-14 所示为高速钻孔附件。由轴套 4 装入转塔刀架的刀具孔中。刀具主轴 3 的右端装有

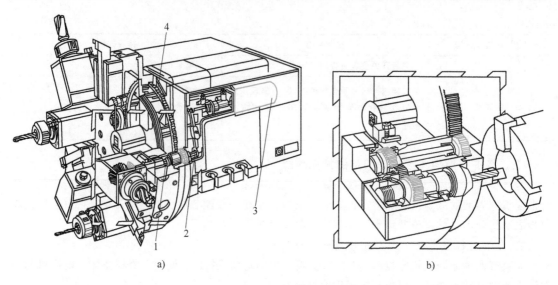

a)   b)

图 4-12　车削中心上的动力刀具结构

a）总体结构　b）反向设置的动力刀具

1—动力刀具传动轴　2—离合齿轮轴　3—液压缸　4—大齿轮

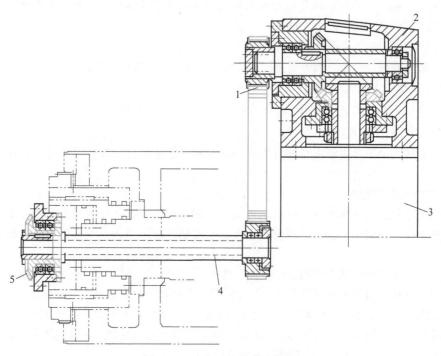

图 4-13　动力刀具的传动装置

1—同步带　2—传动箱　3—变速电动机　4—空心轴　5—锥齿轮

锥齿轮 1，与图 4-13 中的锥齿轮 5 相啮合。主轴前支承为三联角接触球轴承 5，后支承为滚针轴承 2。主轴头部有弹簧夹头 6。拧紧外面的套，就可靠锥面的收紧力夹持刀具。

　　图 4-15 所示为铣削附件，分为两部分。图 4-15a 为中间传动装置，仍由轴套 2 装入转塔刀架的刀具孔中，锥齿轮 1 与图 4-13 中的锥齿轮 5 啮合。轴 3 经锥齿轮副、横轴 5 和圆柱齿轮 6，将运动传至图 4-15b 所示的铣主轴 8 上的圆柱齿轮 7，铣主轴 8 上装有铣刀。中间传动装置可连同铣主轴一起转动。

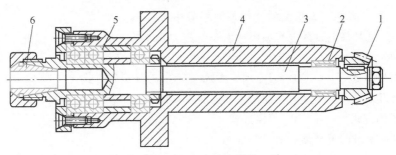

图 4-14 高速钻孔附件

1—锥齿轮 2—滚针轴承 3—刀具主轴 4—轴套 5—角接触球轴承 6—弹簧夹头

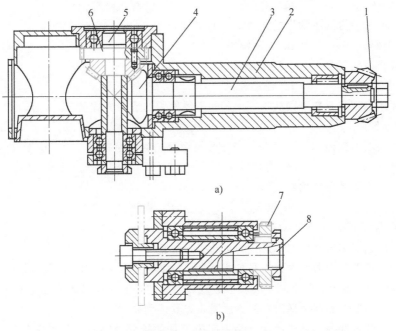

a)

b)

图 4-15 铣削附件

1、4—锥齿轮 2—轴套 3—轴 5—横轴 6、7—圆柱齿轮 8—铣主轴

🖋 查一查 动力刀架的应用。

🔧 任务巩固

一、填空题

1. 为进一步提高数控机床的加工效率，数控机床正朝着工件在一台机床一次装夹即可完成多道工序或全部工序加工的方向发展，因此必须有_____，以便选用不同刀具，完成不同工序的加工工艺。

2. 在刀库中选择刀具通常采用_____和_____两种方法。

3. 任意选择法主要有_____、_____和_____三种编码方式。

4. 数控车床回转刀架根据刀架回转轴与安装底面的相对位置，分为_____和_____两种。

5. 经济型数控车床方刀架换刀时的动作顺序是：_____、_____、_____和_____。

6. 车削中心的动力刀具主要由三部分组成：_____、_____和刀具附件（钻孔附件和铣削附件等）。

二、选择题（请将正确答案的代号填在括号中）

1. （　　）是对每把刀具进行编码，由于每把刀具都有自己的代码，因此，可以存放于刀库的任一刀座中。

A. 编码附件方式　　　　B. 刀座编码方式　　　C. 刀具编码方式

2. 随机换刀方式刀库中的刀具能与主轴上的刀具任意地直接交换，是利用（　　）实现的。

A. 刀具编码方式　　　　B. 刀座方式　　　　　C. 可编程序控制器

3. 代表自动换刀的英文是（　　）。

A. APC　　　　　　　　B. ATC　　　　　　　C. PLC

4. 数控机床自动选择刀具中任意选择的方法是采用（　　）来选刀换刀。

A. 刀具编码　　　　　　B. 刀座编码　　　　　C. 计算机跟踪记忆

5. 加工中心选刀方式中常用的是（　　）方式。

A. 刀柄编码　　　　　　B. 刀座编码　　　　　C. 记忆

6. 对刀具进行编码是（　　）的要求。

A. 顺序选刀　　　　　　B. 任意选刀　　　　　C. 软件选刀

7. 在刀库中每把刀具在不同的工序中不能重复使用的选刀方式是（　　）。

A. 顺序选刀　　　　　　B. 任意选刀　　　　　C. 软件选刀

8. 双齿盘转塔刀架由（　　）将转位信号送至可编程序控制器进行刀位计数。

A. 直光栅　　　　　　　B. 编码器　　　　　　C. 圆光栅

9. 回转刀架换刀装置常用数控（　　）。

A. 车床　　　　　　　　B. 铣床　　　　　　　C. 钻床

三、判断题（正确的画"√"，错误的画"×"）

1. （　　）数控车床采用刀库形式的自动换刀装置。

2. （　　）用刀库中顺序选择刀具的方法时，刀库中每一把刀具在不同的工序中不能重复使用，为了满足加工需要，只有增加刀具的数量和刀库的容量，这就降了刀具和刀库的利用率。

3. （　　）刀库中顺序选择刀具的方法需要刀具识别装置。

4. （　　）任意选择刀具法的优点是刀库中刀具的排列顺序与工件加工顺序对应，相同的刀具可重复使用。

5. （　　）刀具编码方式刀库中的刀具在不同的工序中也就可重复使用，用过的刀具也不一定放回原刀座中，避免了因刀具存放在刀库中的顺序差错而造成的事故，同时也缩短了刀库的运转时间。

6. （　　）自动换刀装置的形式有回转刀架换刀、更换主轴换刀、更换主轴箱换刀、带刀库的自动换刀系统。

7. （　　）自动换刀装置只要满足换刀时间短、刀具重复定位精度高的基本要求即可。

8. （　　）利用软件选刀消除了由于识刀装置的稳定性、可靠性所带来的选刀失误。

9. （　　）车削加工中心必须配备动力刀架。

10. （　　）在数控车床刀架的定位精度和垂直精度中，影响加工精度的主要是前者。

任务二　刀库无机械手换刀装置的装调与维修

🔖**任务引入**

数控加工刀具的交换除用刀架实现外，还可以通过刀库实现。目前，多坐标数控机床（如加工中心）大多数采用这类自动换刀装置。

　　刀库一般由电动机或液压系统提供转动动力，用刀具运动机构来保证换刀的可靠性，用定位机构来保证更换的每一把刀具或刀套都能可靠地准停。

　　刀库的功能是储存加工工序所需的各种刀具，按程序指令把将要用的刀具准确地送到换刀位置，并接收从主轴送来的已用刀具。刀库的容量一般为 8~64 把，多的可达 100~200 把，甚至更多。刀库的容量首先要考虑加工工艺的需要。例如，立式加工中心的主要工艺为钻、铣。统计了 15000 种工件，按成组技术分析，各种加工所必需的刀具数是：4 把铣刀可完成工件 95% 左右的铣削工艺，10 把孔加工刀具可完成工件 70% 的钻削工艺，因此，14 把刀具就可完成工件 70%以上的钻、铣工艺。对完成工件的全部加工所需的刀具数目统计，所得结果是：对于 80% 的工件（中等尺寸，复杂程度一般），其全部加工任务完成所需的刀具数在 40 种以下，因此一般的中、小型立式加工中心配有 14~30 把刀具的刀库就能够满足 70%~95% 的工件加工需要。常见的刀库实物图见表 4-3。

表 4-3　常见的刀库实物图

名称	实　物　图
盘式刀库	
斗笠式刀库	
篮式刀库	

（续）

名　称	实　物　图
多层刀库	
链式刀库	
加长链式刀库	

🖱 任务目标

- 掌握加工中心的自动换刀装置的种类。
- 掌握斗笠式刀库的结构。
- 会对斗笠式刀库进行维护与保养。

●任务实施

■教师讲解

一、加工中心的自动换刀装置

加工中心的自动换刀装置可分为五种类型，即转塔式、180°回转式、回转插入式、二轴转动式和主轴直接式，其中主轴直接式又分为圆盘式刀库换刀和斗笠式刀库换刀。自动换刀装置的刀具均固紧在专用刀夹内，每次换刀时将刀夹直接装入主轴。

1. 转塔式换刀装置

转塔式换刀装置是最早出现的自动换刀装置，如图 4-16 所示，转塔由若干与铣床动力头相连接的主轴组成。在运行程序之前将刀具分别装入主轴，需要哪把刀具时，转塔就转到相应的位置。

这种装置的缺点是主轴的数量受到限制。要使用数量多于主轴数的刀具时，操作者必须卸下已用过的刀具，将刀具和刀夹一起换下。但这种换刀方式换刀速度很快。目前数控钻床等还在使用转塔式换刀装置。

2. 180°回转式换刀装置

最简单的换刀装置是 180°回转式换刀装置，如图 4-17 所示。接到换刀指令后，机床控制系统便控制主轴移动到指定换刀位置；与此同时，刀库运动到适当位置，换刀装置回转并同时与主轴、刀库的刀具相配合；拉杆从主轴刀具上卸掉，换刀装置将刀具从各自的位置上取下；换刀装置回转 180°，并将主轴刀具与刀库刀具带走；换刀装置回转的同时，刀库重新调整其位置，以接收从主轴取下的刀具；然后，换刀装置将要换上的刀具与卸下的刀具分别装入主轴和刀库；最后，换刀装置转回原"待命"位置。至此，换刀完成，程序继续运行。

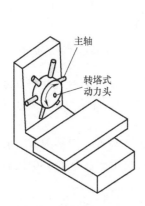

图 4-16　转塔式换刀装置

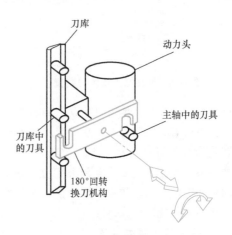

图 4-17　180°回转式换刀装置

这种换刀装置的主要优点是结构简单，涉及的运动少，换刀快；主要缺点是刀具必须存放在与主轴平行的平面内，与侧置、后置刀库相比，切屑及切削液易进入刀夹，因此必须对刀具另加防护。若刀夹锥面上有切屑，则会产生换刀误差，甚至有损坏刀夹与主轴的可能。有些加工中心使用了传递杆，并将刀库侧置。当换刀指令被调用时，传递杆将刀库的刀具取下，转到机床前方，并定位于与换刀装置配合的位置。180°回转式换刀装置既可用于卧式机床，也可用于立式机床。

3. 回转插入式换刀装置

回转插入式换刀装置是 180°回转式换刀装置的改进形式。回转插入机构是换刀装置与传递杆的组合。图 4-18 所示为回转插入式换刀装置，这种换刀装置应用在卧式加工中心上。这种换刀装置的结构设计与 180°回转式换刀装置基本相同。

当接到换刀指令时，主轴移至换刀点，刀库转到适当位置，使换刀装置从其槽内取出欲换上的刀具；换刀装置转动并从位于机床一侧的刀库中取出刀具，换刀装置回转至机床的前方，在该位置将主轴上的刀具取下，回转 180°，将欲换上的刀具装入主轴；与此同时，刀库移至适当位置以接收从主轴取下的刀具；换刀装置转到机床的一侧，并将从主轴上取下的刀具放入刀库的槽内。

这种换刀装置的主要优点是刀具库位于机床一侧，避免了切屑造成主轴或刀夹损坏的可能性。与 180°回转式换刀装置相比，其缺点是换刀过程中的动作多，换刀所用的时间长。

4. 二轴转动式换刀装置

图 4-19 所示为二轴转动式换刀装置。这种换刀装置可用于侧置或后置式刀库，其结构特点适用于立式加工中心。

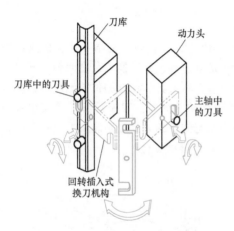

图 4-18　回转插入式换刀装置

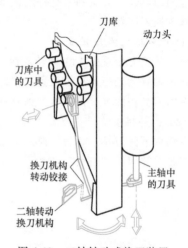

图 4-19　二轴转动式换刀装置

接到换刀指令后，换刀机构从"待命"位置开始运动，夹紧主轴上的刀具并将其取下，转至刀库，并将刀具放回刀库；从刀库中取出欲换上的刀具，转向主轴，并将刀具装入主轴；然后返回"待命"位置，换刀完成。

这种换刀装置的主要优点是刀库位于机床一侧或后方，能最大限度地保护刀具。其缺点是刀具的传递次数及运动较多。这种换刀装置在立式加工中心中的应用已逐渐被 180°回转式和主轴直接式换刀装置所取代。

5. 主轴直接式换刀装置

主轴直接式换刀装置不同于其他形式的换刀装置。这种换刀装置中，要么刀库直接移到主轴位置，要么主轴直接移至刀库。

（1）圆盘式刀库换刀　无机械手换刀的方式是利用刀库与机床主轴的相对运动实现刀具交换。XH754 型卧式加工中心就是采用这类换刀装置的实例。该机床主轴在立柱上可以沿 Y 轴方向上、下移动，工作台的横向运动沿 Z 轴，纵向移动沿 X 轴。鼓轮式刀库位于机床顶部，有 30 个装刀位置，可装 29 把刀具。换刀过程如图 4-20 所示。

图 4-20a：当加工工步结束后执行换刀指令，主轴实现准停，主轴箱沿 Y 轴上升。这时机床上方刀库的空档刀位正好处在交换位置，装夹刀具的卡爪打开。

图 4-20b：主轴箱上升到极限位置，被更换刀具的刀杆进入刀库空刀位，即被刀具定位卡爪

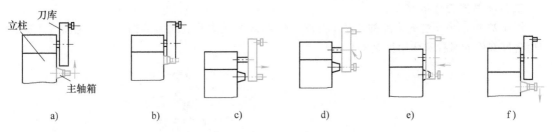

图 4-20 换刀过程

钳住，与此同时，主轴内刀杆自动夹紧装置放松刀具。

图 4-20c：刀库伸出，从主轴锥孔中将刀具拔出。

图 4-20d：刀库转出，按照程序指令要求将选好的刀具转到最下面的位置，同时，压缩空气将主轴锥孔吹净。

图 4-20e：刀库退回，同时将新刀具插入主轴锥孔。主轴内的夹紧装置将刀杆拉紧。

图 4-20f：主轴下降到加工位置后起动，开始下一工步的加工。

这种换刀机构不需要机械手，结构简单、紧凑。由于交换刀具时机床不工作，故不会影响加工精度，但会影响机床的生产率。此外，因刀库尺寸限制，装刀数量不能太多。这种换刀方式常用于小型加工中心。

（2）斗笠式刀库换刀　斗笠式刀库换刀过程如图 4-21 所示，换刀步骤如下：

1）主轴箱移动到换刀位置，同时完成主轴准停。

2）分度：由低速力矩电动机驱动，通过槽轮机构实现刀库刀盘的分度运动，将刀盘上接收刀具的空刀座转到换刀所需的预定位置，如图 4-21a 所示。

3）接刀：刀库气缸活塞杆推出，将刀盘接收刀具的空刀座送至主轴下方并卡住刀柄定位槽，如图 4-21b 所示。

4）卸刀：主轴松刀，主轴上移至第一参考点，刀具留在空刀座内，如图 4-21c 所示。

5）再分度：再次通过分度运动，将刀盘上选定的刀具转到主轴正下方，如图 4-21d 所示。

6）装刀：主轴下移，主轴夹刀，刀库气缸活塞杆缩回，刀盘复位，完成换刀动作，如图4-21e、f 所示。

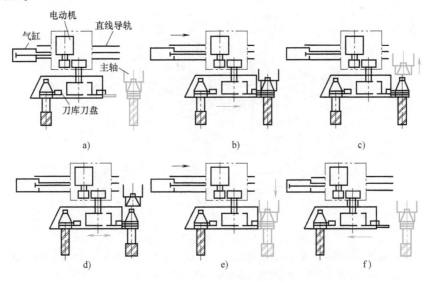

图 4-21 斗笠式刀库换刀过程

二、斗笠式刀库的结构

图 4-22 所示为斗笠式刀库的传动示意图，图 4-23 所示为斗笠式刀库的结构示意图。斗笠式刀库各零部件的名称和作用见表 4-4。

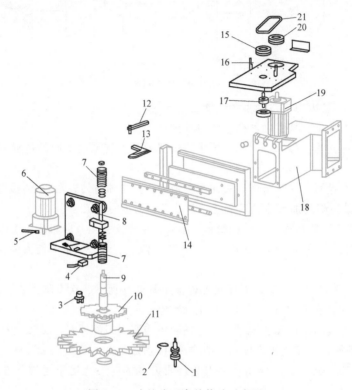

图 4-22　斗笠式刀库的传动示意图

1—刀柄　2—刀柄卡簧　3—槽轮套　4、5、16—接近开关　6—转位电动机　7—碟形弹簧　8—电动机支架
9—刀库转轴　10—马氏槽轮　11—刀盘　12—杠杆　13—支架　14—刀库导轨　15、20—带轮
17—带轮轴　18—刀库架　19—刀库移动电动机　21—传动带

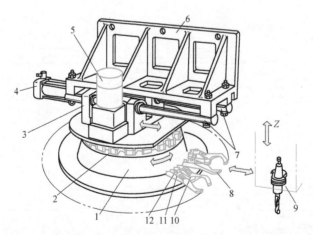

图 4-23　斗笠式刀库的结构示意图

1—刀盘　2—分度轮　3—导轨滑座（和刀盘固定）　4—气缸（缸体固定在机架上，活塞与导轨滑座连接）
5—刀盘电动机　6—机架（固定在机床立柱上）　7—圆柱滚动导轨
8—刀夹　9—主轴箱　10—定向键　11—弹簧　12—销轴

表 4-4 斗笠式刀库各零部件的名称和作用

名称	图示	作用
刀库防护罩		起保护转塔和转塔内刀具的作用,防止加工时切屑直接从侧面飞进刀库,影响转塔转动
刀库转塔电动机		主要用于驱动刀库转塔
刀库导轨		由两根圆管组成,用于刀库转塔的支承和移动
气缸		用于推动和拉动刀库,执行换刀动作
刀库转塔		用于装夹备用刀具

技能训练

一、斗笠式刀库的维护

对于无机械手换刀方式,主轴箱往往要做上下运动。如何平衡垂直运动部件的重量,减小移动部件因位置变动而产生的机床变形，使主轴箱上下移动灵活、运行稳定性好、迅速且准确，就显得很重要。通常平衡的方法主要有三种：第一是当垂直运动部件的重量较轻时，可采用直接加粗传动丝杠，加大电动机转矩的方法，但这样将使得传动丝杠始终承担着运动部件的重量，导致单面磨损加重，影响机床精度的保持性；第二种是使用平衡重锤，但这将增加运动部件的重量，使惯量增大，影响系统的快速性；第三种是液压平衡法，它可以避免前面两种方法所出现的问题。斗笠式刀库即采用液压平衡法，要定期检查液压系统的压力。斗笠式刀库的维护操作见表 4-5。

表 4-5　斗笠式刀库的维护操作

项目	图示	说明
换刀缸	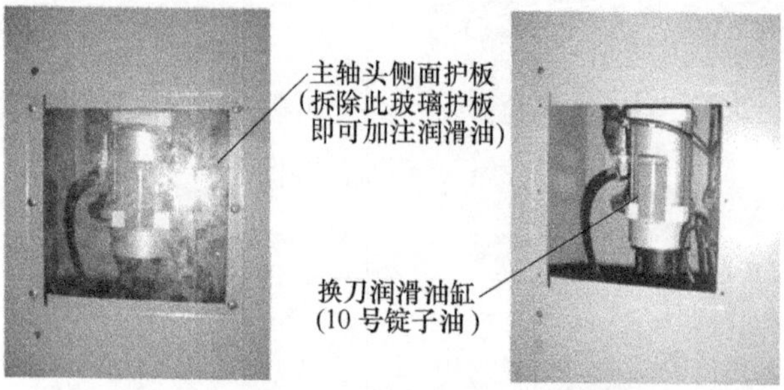	每半年检查加工中心换刀缸润滑油,不足时要及时添加
齿轮	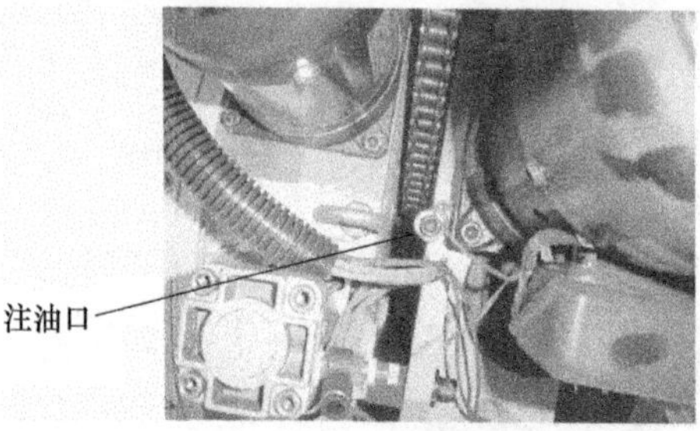	每季度检查加工中心换刀机构齿轮箱油量,不足时要添加齿轮箱油
切屑		用气枪吹掉刀库内的切屑
传动部分	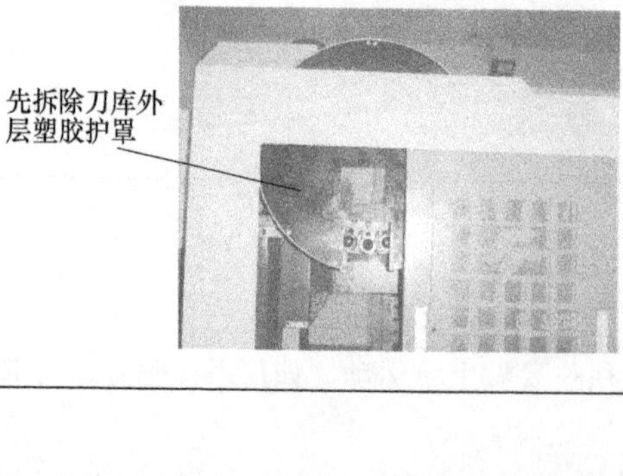	每季度在刀库传动部分须及时加润滑油脂,保持刀套在刀库上能顺畅转动及刀库能灵活转动

（续）

项目	图示	说明
传动部分	 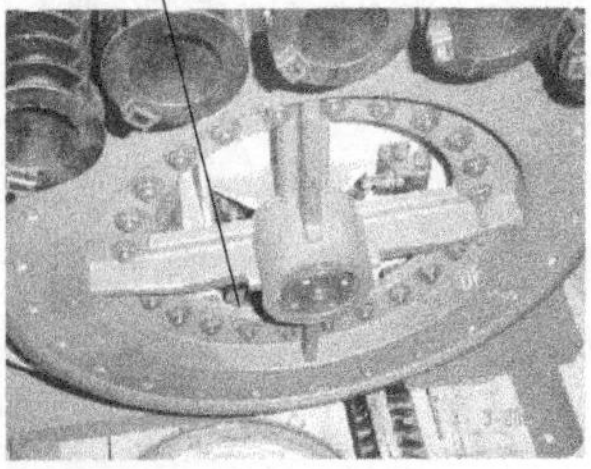  再拆除里层金属护罩　　在滑道轴承处涂上适量润滑油脂 每周需要检查并及时清洁斗笠式刀库接近开关　　每周需要检查并及时清除斗笠式刀库驱动机构内的切屑	每季度在刀库传动部分须及时加润滑油脂,保持刀套在刀库上能顺畅转动及刀库能灵活转动

　　操作提示　气枪所用的气源必须经过"压缩空气净化器"将水分过滤后才能使用,严禁吹出的气体中带有水,以免导致刀库零部件生锈,影响其机械精度。

二、常见故障的分析与排除

1. 不能旋转到目标刀位的故障分析与排除

故障现象:斗笠式刀库从主轴取完刀,不能旋转到目标刀位。

故障分析:一般刀库的旋转电动机为三相异步电动机,如果发生上述故障,就要进行以下检查:①参照机床的电气图样,利用万用表等检测工具检查电动机的起动电路是否正常。②检查刀库部分的电源是否正常,交流接触器开关是否正常,一般刀库主电路部分的动力电源为三相交流380V电压,交流接触器线圈控制部分的电源为交流110V或直流24V,检查此部分的电路并保证电路正常。③在保证以上部分都正常的情况下,检查刀库驱动电动机是否正常。

故障处理:如果完成以上检查故障仍未排除,请考虑刀库机械部分是否有干涉的地方,刀库旋转驱动电动机和刀库的连接是否脱离。

2. 因刀库互锁 M03 指令不能执行的故障分析与排除

故障现象:某配套 SIEMENS 810M 数控系统的立式加工中心,在自动运行如下指令时

　　　　　T＊＊M06;

　　　　　S＊＊M03;

　　　　　G00 Z-100;

有时出现主轴不转,而 Z 轴向下运动的情况。

故障分析:该机床采用的是无机械手换刀方式,是通过气动控制刀库的前后、上下实现换刀动作的。由于故障偶然出现,分析故障原因,它应与机床换刀和主轴之间的互锁有关。仔细检查机床的 PLC 程序设计,发现该机床的换刀动作与主轴之间存在互锁,即只有当刀库在后位时,主轴才能旋转;一旦刀库离开后位,主轴必须立即停止。现场观察刀库的动作过程,发现该刀库运动存在明显的冲击,在刀库到达后位时,存在振动现象。通过系统诊断功能,可以发现刀库的

后位信号有多次通断的情况。而程序中的换刀完成信号（M06 执行完成）为刀库的后位到达信号。因此，当刀库后退时在第一次发出到位信号后，系统就认为换刀已经完成，并开始执行 "S ＊＊M03" 指令。但在 M03 指令执行过程中（或执行完成后），由于振动，刀库后位信号再次消失，引起了主轴的互锁，从而出现了主轴停止转动而 Z 轴继续向下运动的现象。

故障处理：通过调节气动回路，使得刀库振动消除，并适当减小无触点开关的检测距离，避免出现后位信号的多次通断现象。若通过以上调节不能排除故障，则可以通过在 PLC 程序中或在加工程序中增加延时程序段来解决。

⬡任务扩展　机械故障

所谓机械故障，就是指机械系统（零件、组件、部件、整台设备乃至一系列的设备组合）因偏离其设计状态而丧失部分或全部功能的现象。数控机床机械故障的分类见表 4-6，其特点见表 4-7。

表 4-6　数控机床机械故障的分类

标准	分类	说明
故障发生的原因	磨损性故障	正常磨损而引发的故障，对这类故障形式，一般只进行寿命预测
	错用性故障	使用不当而引发的故障
	先天性故障	由于设计或制造不当而造成机械系统中存在某些薄弱环节而引发的故障
故障性质	间断性故障	只是短期内丧失某些功能，稍加修理调试就能恢复，不需要更换零件
	永久性故障	某些零件已损坏，需要更换或修理才能恢复
故障发生后的影响程度	部分性故障	功能部分丧失的故障
	完全性故障	功能完全丧失的故障
故障造成的后果	危害性故障	会对人身、生产和环境造成危险或危害的故障
	安全性故障	不会对人身、生产和环境造成危害的故障
故障发生的快慢	突发性故障	不能靠早期测试检测出来的故障。对这类故障只能进行预防
	渐发性故障	故障的发展有一个过程，因而可对其进行预测和监视
故障发生的频次	偶发性故障	发生频率很低的故障
	多发性故障	经常发生的故障
故障发生、发展的规律	随机故障	故障发生的时间是随机的
	有规则故障	故障的发生比较有规则

表 4-7　数控机床机械故障的特点

故障部位	特点
进给传动链故障	1) 运动品质下降 2) 修理常与运动副预紧力、松动环节和补偿环节有关 3) 定位精度下降、反向间隙过大、机械爬行、轴承噪声过大
主轴部件故障	可能出现故障的部分有自动换刀部分的刀杆拉紧机构、自动换档机构及主轴运动精度的保持装置等
自动换刀装置故障	1) 自动换刀装置用于加工中心等设备，目前 50% 的机械故障与它有关 2) 该故障主要是刀库运动故障、定位误差过大、机械手夹持刀柄不稳定和机械手运动误差过大等。这些故障最后大多数都造成换刀动作卡住，使整机停止工作等
行程开关压合故障	压合行程开关的机械装置可靠性及行程开关本身品质特性都会大大影响整机的故障及排除故障的工作
附件的可靠性	附件包括切削液装置、排屑装置、导轨防护罩、切削液防护罩、主轴冷却恒温油箱和液压油箱等

查一查　数控机床常发生的故障为哪几种？

任务巩固

一、填空题

1. _____的方式是利用刀库与机床主轴的相对运动实现刀具交换。

2. 刀库一般使用_____或_____来提供转动动力，用刀具_____来保证换刀的可靠性，用_____来保证更换的每一把刀具或刀套都能可靠地准停。

3. 刀库的功能是_____加工工序所需的各种刀具，按程序指令把将要用的刀具准确地送到_____，并接收从_____送来的已用刀具。

二、选择题（请将正确答案的代号填在括号中）

1. 一般的中、小型立式加工中心配有（　　）把刀具的刀库就能够满足 70%～95% 的工件加工需要。

A. 12～16　　　　　　B. 14～30　　　　　　C. 14～36

2. 刀库的最大转角为（　　），根据所换刀具的位置决定正转或反转，由控制系统自动判别，以使找刀路径最短。

A. 90°　　　　　　　B. 120°　　　　　　　C. 180°

3. 加工中心的自动换刀装置由驱动机构、（　　）组成。

A. 刀库和机械手　　B. 刀库和控制系统　　C. 机械手和控制系统　　D. 控制系统

4. 圆盘式刀库的安装位置一般在机床的（　　）上。

A. 立柱　　　　　　　B. 导轨　　　　　　　C. 工作台

5. 加工中心换刀可与机床加工重合起来，即利用切削时间进行（　　）。

A. 对刀　　　　　　　B. 选刀　　　　　　　C. 换刀　　　　　　　D. 校核

6. 目前在数控机床的自动换刀装置中，机械手夹持刀具的方法应用最多的是（　　）。

A. 轴向夹持　　　　　B. 径向夹持　　　　　C. 法兰盘式夹持

7. 加工中心刀具交换装置有（　　）等类型。

A. 无机械手换刀　　B. 机械手换刀　　　　C. A、B 均正确　　　　D. A、B 均不正确

8. 不同的加工中心，其换刀程序是不同的，通常选刀和换刀（　　）进行。

A. 一起　　　　　　　B. 同时　　　　　　　C. 同步　　　　　　　D. 分开

9. 在采用自动换刀装置后，数控加工的辅助时间主要用于（　　）。

A. 工件安装及调整　　B. 刀具装夹及调整　　C. 刀库的调整

三、判断题（正确的画"√"，错误的画"×"）

1. （　　）无机械手换刀主要用于大型加工中心。

2. （　　）刀库回零时，可以从一个任意方向回零，至于是顺时针方向回转回零还是逆时针方向回转回零，由设计人员定。

3. （　　）单臂双爪摆动式机械手两个手爪可同时抓取刀库及主轴上的刀具，回转 180° 后，又同时将刀具放回刀库及装入主轴。

4. （　　）双臂端面夹紧机械手靠夹紧刀柄的两个端面进行换刀。

5. （　　）凸轮联动式单臂双爪机械手手臂的回转和插刀、拔刀的分解动作是联动的，部分时间可重叠，从而大大缩短了换刀时间。

6. （　　）刀库是自动换刀装置中最主要的部件之一，盘式刀库因其结构简单、取刀方便而应用最为广泛。

任务三　刀库机械手换刀装置的装调与维修

任务引入

采用机械手进行刀具交换的方式应用得最为广泛，这是因为机械手换刀具有很大的灵活性，而且可以缩短换刀时间。

在自动换刀数控机床中，机械手的形式多种多样，常见的机械手形式如图 4-24 所示，常见的机械手实物见表 4-8。

4-2　机械手形式

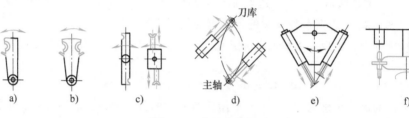

图 4-24　常见的机械手形式

a) 单臂单爪回转式机械手　b) 单臂双爪摆动式机械手　c) 单臂双爪回转式机械手　d) 双机械手
e) 双臂往复交叉式机械手　f) 双臂端面夹紧机械手

表 4-8　常见的机械手实物

名称	实　物
单臂单爪机械手	
单臂双爪机械手	
双机械手	

（1）单臂单爪回转式机械手（图 4-24a）　这种机械手的手臂可以通过旋转不同的角度进行自动换刀，手臂上只有一个手爪，不论在刀库上或在主轴上，均靠这一个手爪来装刀及卸刀，因此换刀时间较长。

（2）单臂双爪摆动式机械手（图 4-24b）　这种机械手的手臂上有两个手爪，两个手爪有所分工，一个手爪只执行从主轴上取下"旧刀"送回刀库的任务，另一个手爪则执行由刀库取出"新刀"送到主轴的任务，其换刀时间比上述的单臂单爪回转式机械手短。

（3）单臂双爪回转式机械手（图4-24c）　这种机械手的手臂两端各有一个手爪，两个手爪可同时抓取刀库及主轴上的刀具，回转180°后，又同时将刀具装入主轴及放回刀库。这种机械手的换刀时间比前述两种单臂机械手的换刀时间均短，是最常用的一种形式。

（4）双机械手（图4-24d）　这种机械手相当于两个单爪机械手，两者相互配合进行自动换刀。其中一个机械手从主轴上取下"旧刀"后送回刀库，另一个机械手由刀库取出"新刀"后装入机床主轴。

（5）双臂往复交叉式机械手（图4-24e）　这种机械手的两臂可以往复运动，并交叉成一定的角度。工作时，其中一个手臂从主轴上取下"旧刀"后送回刀库，另一个手臂由刀库取出"新刀"后装入主轴。整个机械手可沿某导轨直线移动或绕某个转轴回转，以实现刀库与主轴之间的运刀动作。

（6）双臂端面夹紧机械手（图4-24f）　这种机械手只是在夹紧部位上与前几种不同。前几种机械手均靠夹紧刀柄的外圆表面以抓取刀具，这种机械手则夹紧刀柄的两个端面。

单臂双爪式机械手也称为扁担式机械手，它是目前加工中心上用得较多的一种。有液压换刀机械手和凸轮式换刀机械手等形式，液压换刀机械手的拔刀、插刀动作，大都由液压缸来完成。根据结构要求，可以采取液压缸动，活塞固定；或活塞动，液压缸固定的结构形式。而手臂的回转动作，则通过活塞的运动带动齿条齿轮传动来实现。机械手臂的不同回转角度，由活塞的可调行程来保证。

单臂双爪式机械手采用了液压装置，既要保持不漏油，又要保证机械手动作灵活，而且每个动作结束之前均必须设置缓冲机构，以保证机械手的工作平衡、可靠。由于液压驱动的机械手需要严格的密封，故其缓冲机构相对复杂些；控制机械手动作的电磁阀都有一定的时间常数，因而换刀速度慢。

📠 任务目标

- 掌握刀库的拆装工艺。
- 能对刀库进行拆装与保养。
- 会排除刀库由机械原因引起的故障。

◎ 任务实施

🔲 教师讲解

一、液压机械手刀库换刀

1. 刀库的结构

图4-25所示为JCS-018A型加工中心的圆盘式刀库的结构。当数控系统发出换刀指令后，直流伺服电动机1接通，其运动经过十字联轴器2、蜗杆4、蜗轮3传到刀盘14，由刀盘带动其上面的16个刀套13转动，完成选刀工作。每个刀套尾部均有一个滚子11，当待换刀具转到换刀位置时，滚子11进入拔叉7的槽内。同时气缸5的下腔通压缩空气，活塞杆6带动拔叉7上升，放开位置开关9，用以断开相关的电路，防止刀库、主轴等有误动作。拔叉7在上升的过程中，带动刀套绕着销轴12沿逆时针方向向下翻转90°，从而使刀具轴线与主轴轴线平行。

刀库向下转90°后，拔叉7上升到终点，压住定位开关10，发出信号使机械手抓刀。通过螺杆8可以调整拔叉的行程。拔叉的行程决定刀具轴线相对主轴轴线的位置。

如图4-25b所示，刀套13的锥孔尾部有两个球头销钉17。在螺纹套16与球头销钉17之间装有弹簧15，当刀具插入刀套后，由于弹簧力的作用，使刀柄被夹紧。拧动螺纹套，可以调整夹紧力的大小，当刀套在刀库中处于水平位置时，靠刀套上部的滚轮18来支承。

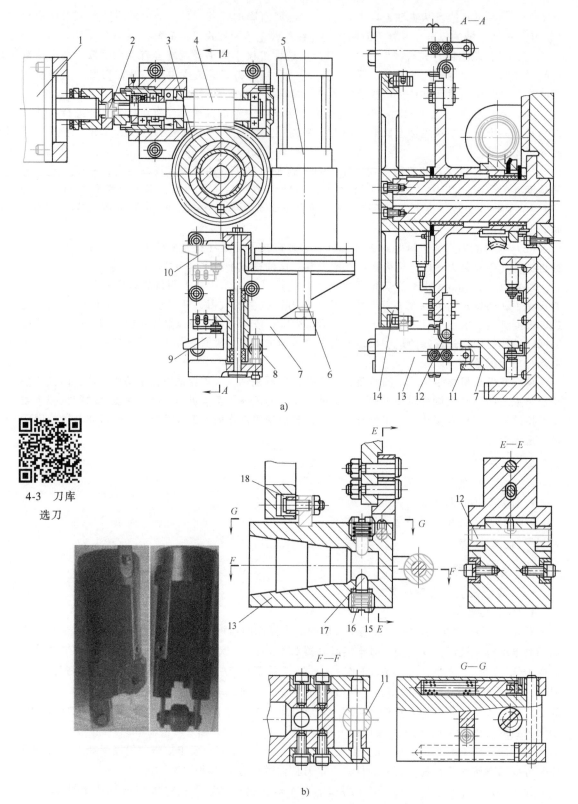

4-3 刀库
选刀

a)

b)

图 4-25 JCS-018A 型加工中心的圆盘式刀库的结构

a）JCS-018A 刀库结构简图　b）JCS-018A 刀库结构图

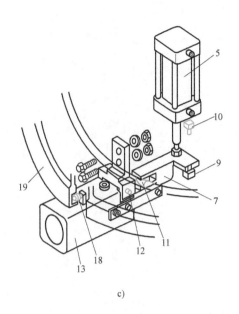

图 4-25　JCS-018A 型加工中心的圆盘式刀库的结构（续）

c）选刀及刀套翻转示意图

1—直流伺服电动机　2—十字联轴器　3—蜗轮　4—蜗杆　5—气缸　6—活塞杆　7—拨叉　8—螺杆
9—位置开关　10—定位开关　11—滚子　12—销轴　13—刀套　14—刀盘　15—弹簧
16—螺纹套　17—球头销钉　18—滚轮　19—固定盘

2. 机械手的结构

图 4-26 所示为 JCS-018A 型加工中心机械手传动结构示意图。当前面所述刀库中的刀套沿逆时针方向旋转 90°后，压下上行程位置开关，发出机械手抓刀信号。此时，机械手 21 正处在如图 4-26a 所示的上面位置，液压缸 18 的右腔通压力油，活塞杆推着齿条 17 向左移动，使得齿轮 11 转动。传动盘 10 与齿轮 11 用螺钉联接，它们空套在机械手臂轴 16 上，传动盘 10 与机械手臂轴 16 用花键联接，其上端的销子 24 插入连接盘 22 的销孔中，因此齿轮转动时带动机械手臂轴转动，使机械手回转 75°抓刀。抓刀动作结束时，齿条 17 上的挡环 12 压下位置开关 14，发出拔刀信号，于是液压缸 15 的上腔通压力油，活塞杆推动机械手臂轴 16 下降拔刀。在轴 16 下降时，传动盘 10 随之下降，其上端的销子 24 从连接盘 22 的销孔中拨出；其下端的销子 8 插入连接盘 5 的销孔中，连接盘 5 与其下面的齿轮 4 也是用螺钉联接的，它们空套在轴 16 上。当拔刀动作完成后，轴 16 上的挡环 2 压下位置开关 1，发出换刀信号。这时液压缸 20 的右腔通压力油，活塞杆推着齿条 19 向左移动，使齿轮 4 和连接盘 5 转动，通过销子 8，由传动盘带动机械手转 180°，交换主轴上和刀库上的刀具位置。换刀动作完成后，齿条 19 上的挡环 6 压下位置开关 9，发出插刀信号，使液压缸 15 的下腔通压力油，活塞杆带着机械手臂轴上升插刀，同时传动盘下面的销子 8 从连接盘 5 的销孔中移出。插刀动作完成后，轴 16 上的挡环 2 压下位置开关 3，使液压缸 20 的左腔通压力油，活塞杆带着齿条 19 向右移动复位，而齿轮 4 空转，机械手无动作。齿条 19 复位后，其上的挡环 6 压下位置开关 7，使液压缸 18 的左腔通压力油，活塞杆带着齿条 17 向右移动，通过齿轮 11 使机械手反转 75°复位。机械手复位后，齿条 17 上的挡环 12 压下位置开关 13，发出换刀完成信号，使刀套向上翻转 90°，为下次选刀做好准备。

4-4　机械手
的换刀过程

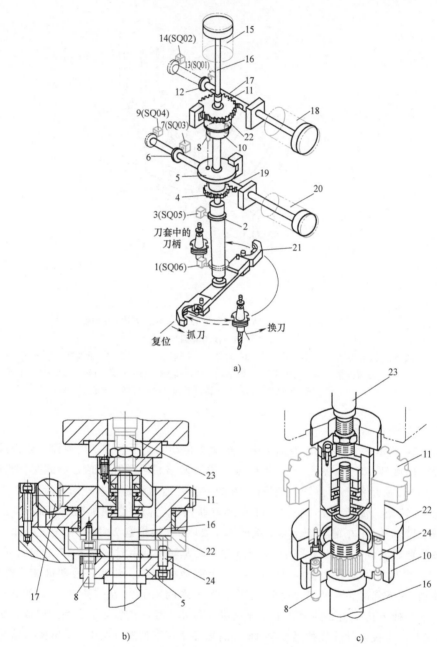

a)

b)

c)

图 4-26　JCS-018A 型加工中心机械手传动结构示意图

a) 换刀过程　b) 定位销位置　c) 定位销结构

1、3、7、9、13、14—位置开关　2、6、12—挡环　4、11—齿轮　5、22—连接盘

8、24—销子　10—传动盘　15、18、20—液压缸　16—轴

17、19—齿条　21—机械手　23—活塞杆

3. 换刀流程

根据上述的刀库、机械手和主轴的联动，得到换刀流程如图 4-27 所示，换刀液压系统如图 4-28 所示。

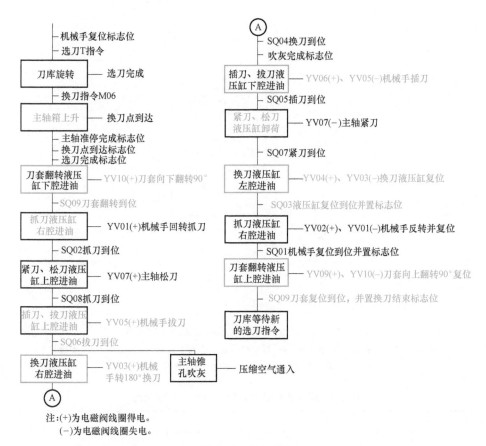

图 4-27 换刀流程

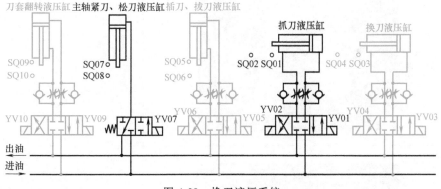

图 4-28 换刀液压系统

二、凸轮式机械手刀库换刀

1. 圆柱槽凸轮式机械手刀库

凸轮联动式单臂双爪机械手的工作原理如图 4-29 所示。这种机械手的优点是：由电动机驱动，不需要复杂的液压系统及其密封、缓冲机构，没有漏油现象，结构简单，工作可靠。同时，机械手手臂的回转和插刀、拔刀的分解动作是联动的，部分时间可重叠，从而大大缩短了换刀时间。圆柱槽凸轮式机械手刀库的装调过程见表 4-9。

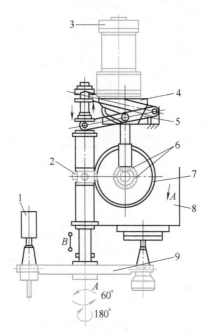

图 4-29　凸轮联动式单臂双爪机械手的工作原理

1—刀套　2—十字轴　3—电动机　4—圆柱槽凸轮（手臂上、下）　5—杠杆　6—锥齿轮
7—凸轮滚子（平臂旋转）　8—主轴箱　9—换刀机械手手臂

表 4-9　圆柱槽凸轮式机械手刀库的装调过程

步骤	图示	备注
1	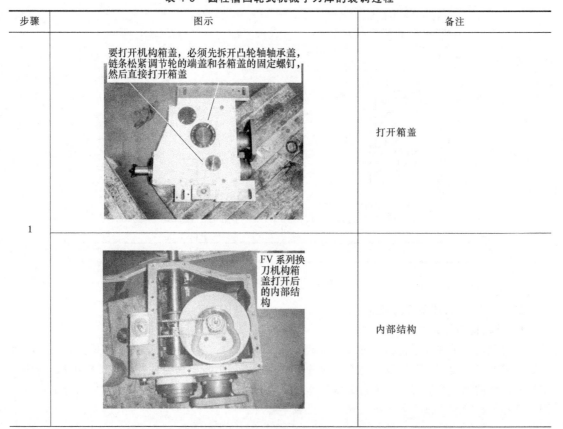	打开箱盖
		内部结构

（续）

步骤	图示	备注
1	 拆掉刀库后，FV 系列换刀机构的背面结构	背面结构
	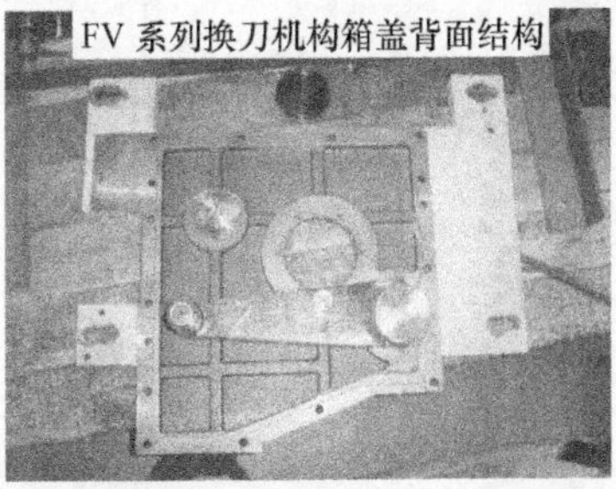 FV 系列换刀机构箱盖背面结构	箱盖背面结构
2	 FV 系列换刀机构取出凸轮单元后的内部结构	取出凸轮
3	 换刀臂原点时凸轮位置	做标记
4		取出齿轮

2. 平面凸轮式机械手刀库

平面凸轮式机械手刀库如图 4-30 所示，它主要由驱动电动机 1、减速器 2、平面凸轮 4、弧面凸轮 5、连杆机构 6 和机械手 7 等部件构成。换刀时，驱动电动机 1 连续回转，通过减速器 2 与凸轮换刀装置相连，提供所需的动力；并通过平面凸轮、弧面凸轮以及相应的机构，将驱动电动机的连续运动转化为机械手的间歇运动。

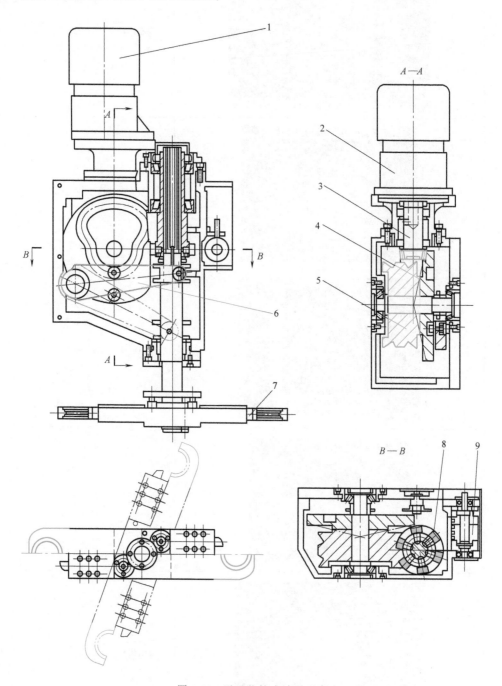

图 4-30 平面凸轮式械手刀库

1—驱动电动机 2—减速器 3—锥齿轮 4—平面凸轮 5—弧面凸轮

6—连杆机构 7—机械手 8—滚珠盘 9—电气信号盘

图 4-30 中，平面凸轮 4 通过锥齿轮 3 和减速器 2 联接，在驱动电动机转动时，由连杆机构 6 带动机械手 7 在垂直方向做上、下运动，以实现机械手在主轴上的"拔刀"和"装刀"动作。弧面凸轮 5 和平面凸轮 4 相连，在驱动电动机回转时，通过滚珠盘 8（共 6 个滚珠）带动外花键转动，外花键带动机械手 7 在水平方向做旋转运动，以实现从机械手转位，完成"抓刀"和"换刀"动作。电气信号盘 9 中安装有若干开关，以检测机械手实际运动情况，实现电气互锁。

平面凸轮与弧面凸轮的动作配合曲线如图 4-31 所示。

在驱动电动机的带动下，弧面凸轮在 10°～60°的范围内，完成机械手 7 的转位动作。在 60°～90°的范围内，弧面凸轮、平面凸轮均不产生机械手运动，用于松开刀具。

当凸轮继续转动到 90°～144°的范围时，平面凸轮通过连杆机构带动机械手进行向下运动；其中，在 90°～125°的范围内，只有平面凸轮带动机械手向下的运动，机械手同时拔出主轴、刀库中的

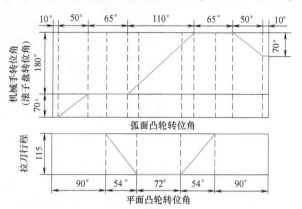

图 4-31　平面凸轮与弧面凸轮的动作配合曲线

刀具；在 125°～144°的范围内，因刀具已经脱离主轴与刀库的刀座，两凸轮同时动作，即在机械手继续向下运动的过程中，已经开始进行 180°转位，以提高换刀速度。

当凸轮转动到 125°～240°的范围时，弧面凸轮带动机械手进行 180°转位，完成主轴与刀库的刀具交换；当进入 216°～240°的范围时，两凸轮同时动作，平面凸轮已经开始通过连杆机构带动机械手进行向上运动，以提高换刀速度。

从 216°起，平面凸轮带动机械手进行向上运动，机械手同时将主轴、刀库中的刀具装入刀座；在 216°～270°的范围内，完成"装刀"动作。在 270°～300°的范围内，弧面凸轮、平面凸轮均不产生机械手运动，机床进行刀具的"夹紧"动作，这一动作由机床的气动或液压机构完成。

在 300°～360°的范围内，弧面凸轮完成机械手 7 的反向转位动作，待机械手回到原位，换刀结束。

以上动作通常可以在较短的时间（1～2s）内完成，因此，采用了凸轮换刀机构的加工中心其换刀速度较快。凸轮式机械手换刀装置目前已经有专业厂家生产，在设计时通常直接选用即可。

平面凸轮式机械手刀库的装调过程见表 4-10。

表 4-10　平面凸轮式机械手刀库的装调过程

序号	图　　示	名称
1		刀库

（续）

序号	图　　示	名称
2		刀盘组件
3	1) 拆掉机械手电动机	固定板
4	2) 拆掉电动机固定板	轴
5	3) 用记号笔把刀库轴承预压螺母做上记号	螺母

（续）

序号	图　示	名称
6	4) 拆下刀库电动机	刀库电动机
7	5) 拧开刀盘盖上的4颗螺钉，旋转刀盘盖，将刀套退出沟槽	刀套固定螺钉
8	6) 将刀盘盖取下	刀盘
9	7) 取下平键及轴承	轴承

（续）

序号	图　示	名称
10	8) 拆下整个刀盘	刀库轴
11	9) 拆下弓型连杆与气缸座	连杆机构
12	10) 打开连杆轴承防尘盖	连杆轴承
13	11) 拆下轴承预压螺母(在拆前先做好预压螺母位置记号)，卸下箱盖固定螺钉及定位销	连杆轴

（续）

序号	图　　示	名称
14	12) 用两颗M10螺钉顶起箱盖，压住打刀臂即可打开换刀机构箱盖	箱盖
15	打开箱盖后的内部结构	齿轮
16	13) 一手按住打刀臂即可取出凸轮机构	平面凸轮
17		弧面凸轮

（续）

序号	图　　示	名称
18	凸轮原点位置，安装时机械手要在原点位置才可	凸轮原点
19	取出凸轮机构后内部结构	刀臂
20	安装时凸轮机构位置(原点状态)	凸轮的安装
21	安装时刀臂及凸轮机构要在原点状态	刀臂与凸轮的配合

（续）

序号	图　　示	名称
22	安装刀库时，转动刀盘调整1号刀套的滚子与刀套上下扣爪位置	刀套

三、机械手

图 4-32 所示为机械手抓刀部分的结构，它主要由手臂 1 和固定其两端的、结构完全相同的两个手爪 7 组成。手爪上握刀的圆弧部分有一个锥销 6，机械手抓刀时，该锥销插入刀柄的键槽中。当机械手由原位转过 75°抓住刀具时，两手爪上的长销 8 分别被主轴前端面和刀库上的挡块压下，使轴向开有长槽的活动销 5 在弹簧 2 的作用下右移，顶住刀具。机械手拔刀时，长销 8 与挡块脱离接触，锁紧销 3 被弹簧 4 弹起，使活动销 5 顶住刀具不能后退，这样机械手在回转 180°时，刀具不会被甩出。当机械手上升插刀时，两长销 8 又分别被两挡块压下，锁紧销从活动销的孔中退出，松开刀具，机械手便可反转 75°复位。

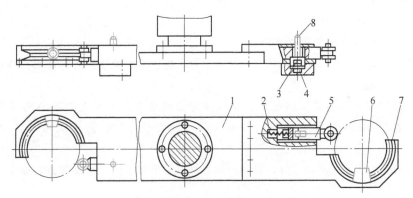

图 4-32　机械手抓刀部分的结构

1—手臂　2、4—弹簧　3—锁紧销　5—活动销　6—锥销　7—手爪　8—长销

机械手手爪的形式很多，应用较多的是钳形手爪。钳形机械手手爪如图 4-33 所示。锁销 2 在弹簧（图中未画出）的作用下，其大直径外圆顶着止退销 3，杠杆手爪 6 就不能摆动张开，手中的刀具就不会被甩出。当抓刀和换刀时，锁销 2 被装在刀库主轴端部的撞块压回，止退销 3 和杠杆手爪 6 就能够摆动、放开，刀具就能装入和取出，这种手爪均为直线运动抓刀。

图 4-34 所示为某型号机械手的卡爪机构。液压缸 11、定位块 8 均固定在换刀臂 10 上，活塞固定在定位块 8 上。换刀手由准备位置移至换刀位置，键 2 卡进刀具定位槽中，此时，液压缸 11

推动活塞组件 9 在定位块 8 的导向下向前滑动，使得两卡爪 1、3 分别绕轴 4、5 转动，直至卡爪夹紧刀具，活塞组件 9 将卡爪锁上。松开卡爪时，由液压缸 11 内的弹簧带动活塞组件 9 后移，卡爪 1、3 分别在弹簧球 6、7 的作用下与活塞组件 9 保持接触，卡爪松开后，换刀手退至准备位置。

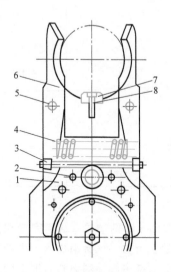

图 4-33　钳形机械手手爪

1—手臂　2—锁销　3—止退销　4—弹簧

5—支点轴　6—杠杆手爪　7—键　8—螺钉

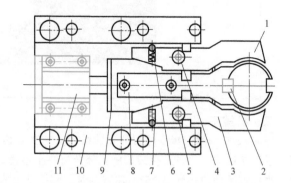

图 4-34　某型号机械手的卡爪机构

1、3—卡爪　2—键　4、5—轴　6、7—弹簧球

8—定位块　9—活塞组件　10—换刀臂　11—液压缸

技能训练

一、机械手与刀库的维护

1. 机械手与刀库维护的注意事项

1）严禁把超重、超长、非标准的刀具装入刀库，防止在机械手换刀时掉刀，或者刀具与工件、夹具等发生碰撞。

2）对于采取顺序选刀方式的机床，必须注意刀具放置在刀库上的顺序是否正确。对于其他的选刀方式，也要注意所换刀具号是否与所需刀具一致，防止换错刀具而导致事故发生。

3）用手动方式往刀库上装刀时，要确保放置到位、牢固，同时还要检查刀座上的锁紧装置是否可靠。

4）刀库容量较大时，重而长的刀具在刀库上应均匀分布，避免集中于一段。否则易造成刀库的链带拉得太紧，变形较大，并且可能有阻滞现象，使换刀不到位。

5）刀库的链带不能调得太松，否则会有"飞刀"的危险。

6）经常检查刀库的回零位置是否正确，机床主轴回换刀点的位置是否到位，发现问题应及时调整，否则不能完成换刀动作。

7）要注意保持刀具刀柄和刀套的清洁，严防异物进入。

8）开机时，应先使刀库和换刀机械手空运行，检查各部分工作是否正常，特别是各行程开关和电磁阀能否正常动作。检查机械手液压系统的压力是否正常，刀具在机械手上的锁紧是否可靠，发现异常时应及时处理。

2. 机械手的维护操作（表 4-11）

表 4-11 机械手的维护操作

序号	图示	内容
1		用油枪对换刀机械手加润滑脂,保证机械手换刀动作灵敏
2	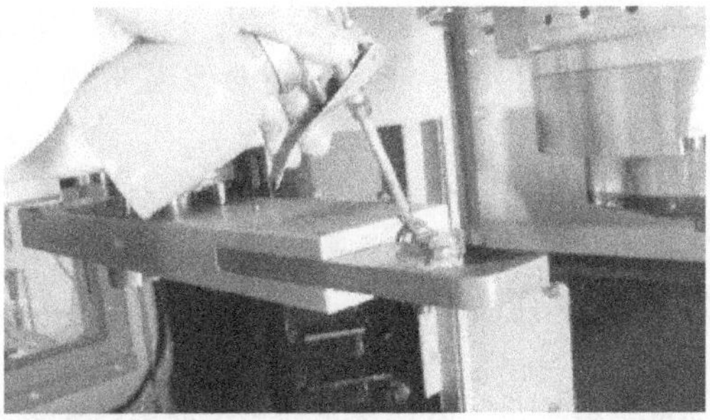	给机械手上的活动部件加润滑油

二、常见故障的分析与排除

1. 刀库无法旋转的故障分析与排除

故障现象：自动换刀时，刀库链运转不到位就停止运转了，机床自动报警。

故障分析：由故障报警可知，此故障是伺服电动机过载。检查电气控制系统，没有发现异常，故障原因可能是刀库链或减速器内有异物卡住；刀库链上的刀具太重；润滑不良。经检查，上述三项均正常，则判断问题可能出现在其他方面。卸下伺服电动机，发现伺服电动机内部有许多切削液，致使线圈短路。进一步检查发现，电动机与减速器联接处的密封圈磨损，从而导致切削液渗入电动机。

故障处理：更换密封圈和伺服电动机后，故障排除。

2. 机械手不能缩爪的故障分析与排除

故障现象：某配套 FANUC 11 系统的 BX-110P 加工中心，在 JOG 方式下，机械手在取送刀具时，不能缩爪。机床在 JOG 状态下加工工件时，机械手将刀具从主刀库中取出后送入送刀盒中，不能缩爪，但却不报警；将方式选择到 ATC 状态，手动操作都正常。

故障分析：经查看梯形图，发现限位开关 LS916 并没有压合。调整限位开关位置后，机床恢复正常。但过一段时间后，再次出现此故障，而 LS916 并没有松动，但却没有压合，由此怀疑机械手的液压缸拉杆没伸到位。进一步检查发现，液压缸拉杆顶端锁紧螺母的紧定螺钉松动，使液压缸伸缩的行程发生了变化。

故障处理：调整锁紧螺母并拧紧紧定螺钉后，此故障排除。

3. 机械手无法从主轴和刀库中取出刀具的故障分析与排除

故障现象：某卧式加工中心机械手，换刀过程中，动作中断，报警指示灯亮，显示器发出 2012 号报警，显示内容为"ARM EXPENDING TROUBLE"（机械手伸出故障）。

故障分析：机械手不能伸出，以致无法完成从主轴和刀库中取刀，其故障原因可能如下：

1）松刀感应开关失灵。在换刀过程中，各动作的完成信号均由感应开关发出，只有上一动作完成后才能进行下一步动作。第 3 步主轴松刀动作完成后，如果感应开关未发出信号，则机械手就不会进行拔刀动作。检查两感应开关，发现其信号正常。

2）松刀电磁阀失灵。主轴的松刀是由电磁阀接通液压缸来完成的。如果电磁阀失灵，则液压缸未进油，刀具就松不了。检查主轴的松刀电磁阀，发现其动作均正常。

3）松刀液压缸因液压系统压力不够或漏油而不动作，或行程不到位。检查刀库松刀液压缸，动作正常，行程到位；打开主轴箱后罩，检查主轴松刀液压缸，发现已到达松刀位置，油压也正常，液压缸无漏油现象。

4）怀疑是否机械手系统有问题，建立不起拔刀条件。造成这种问题的原因可能是电动机控制电路有问题，但检查电动机控制电路系统发现均正常。

5）刀具是靠碟形弹簧通过拉杆和弹簧夹头而将刀具尾端的拉钉拉紧的。松刀时，液压缸的活塞杆顶压顶杆，顶杆通过空心螺钉推动拉杆，一方面使弹簧夹头松开刀具的拉钉，另一方面又顶动拉钉，使刀具右移而在主轴锥孔中变"松"。因此，主轴系统不松刀的原因可能有以下几点：

① 刀具尾部拉钉的长度不够，致使液压缸虽已运动到位，但仍未将刀具顶"松"。

② 拉杆尾部空心螺钉的位置发生变化，使液压缸行程满足不了松刀要求。

③ 顶杆出了问题（如变形或磨损），从而使刀具无法松开。

④ 弹簧夹头出故障，不能张开。

⑤ 主轴装配调整时，刀具移动量调得太小，不能满足使用过程中的松刀条件。

拆下松刀液压缸，检查发现故障原因是：制造装配时，空心螺钉的伸出量调整得太小，故尽管松刀液压缸行程到位，但刀具在主轴锥孔中压出不够，刀具无法取出。

故障处理：调整空心螺钉的伸出量，保证在主轴松刀液压缸行程到位后，刀柄在主轴锥孔中的压出量为 0.4~0.5mm。进行以上调整后，故障排除。

4. JCS-018A 型加工中心机械手失灵的故障分析与排除

故障现象：机械手手臂旋转速度快慢不均匀，气液转换器失油频率加快，机械手旋转不到位，手臂升降不动作或手臂复位不灵。调整 SC-15 节流阀配合手动调整，只能维持短时间正常运行，且排气声音逐渐混浊，不像正常动作时清晰，最后发展到不能换刀。

故障分析：

1）手臂旋转 75°抓取主轴和刀套上的刀具，必须到位抓牢，才能下降脱刀。动作到位后旋转 180°换刀位置上升分别插刀，手臂再复位、刀套上。75°、180°旋转，其动力传递是压缩空气源推动气液转换器转换成液压油由电控程序指令控制，其旋转速度由 SC-15 节流阀调整，换向由 5ED-10N18F 电磁阀控制。一般情况下，这些元件的寿命很长，可以排除这类元件存在的问题。

2）因为刀套上下和手臂上下是由独立的气源推动，排气也是独立的消声排气口，所以不受手臂旋转力和传递力矩的影响，但旋转不到位时，手臂升降是不可能的。根据这一原理可知，应着重检查手臂旋转系统的执行元件。

3）观察 75°、180°手臂旋转，或不旋转时液压缸伸缩对应气液转换各油标的升降、高低情况，发现左、右配对的气液转换器的左边呈上限时，右边呈下限，反之亦然，且公用的排气口有较多的油液排出，但因气液转换器、尼龙管道均属于密闭安装，故此故障原因应在执行器件即液压缸上。

4）拆卸机械手液压缸，解体检查，发现活塞、支承环和 O 形圈均有直线性磨损，已不能密封。液压缸内壁粗糙,环状刀纹明显,精度太差。

故障处理:更换液压缸缸筒与 O 形圈,重装调整后故障排除。

■ **讨论总结** 刀库和机械手等换刀装置常见的故障诊断

在教师、工厂技术人员、数控机床维修人员和数控机床安装调试人员的参与下,学生结合上网查询、图书馆查资料等手段,总结刀库和机械手等换刀装置常见的故障诊断。

刀库及换刀机械手结构复杂,且在工作中又频繁起动,因此故障率较高。目前数控机床 50% 以上的故障都与它们有关。

刀库和机械手的常见故障及排除方法见表 4-12。

表 4-12 刀库和机械手的常见故障及排除方法

序号	故障现象	故障原因	排除方法
1	刀库不能旋转	联接电动机轴与蜗杆轴的联轴器松动	紧固联轴器上的螺钉
		刀具超重	刀具质量不得超过规定值
2	刀套不能夹紧刀具	刀套上的调整螺钉松动或弹簧太松,造成夹紧力不足	顺时针方向旋转刀套两端的调节螺母,压紧弹簧,顶紧夹紧销
		刀具超重	刀具质量不得超过规定值
3	刀套上不到位	装置调整不当或加工误差过大而造成拨叉位置不正确	调整好装置,提高加工精度
		限位开关安装不正确或调整不当造成反馈信号错误	重新调整安装限位开关
4	刀具不能夹紧	气压不足	调整气压在额定范围内
		增压漏气	关紧增压
		刀具夹紧液压缸漏油	更换密封装置,保证夹紧液压缸不再漏油
		刀具松夹弹簧上的螺母松动	旋紧螺母
5	刀具夹紧后不能松开	锁刀弹簧压力过紧	调节锁刀弹簧上的螺钉,使其最大载荷不超过额定值
6	刀具从机械手中脱落	机械手夹紧销损坏或没有弹出来	更换夹紧销或弹簧
		换刀时主轴箱没有回到换刀点或换刀点发生漂移	重新操作主轴箱运动,使其回到换刀点位置,并重新设定换刀点
		机械手抓刀时没有到位,就开始拔刀	调整机械手手臂,使手爪抓紧刀柄后再拔刀
		刀具超重	刀具质量不得超过规定值
7	机械手换刀速度过快或过慢	气压太高或节流阀开口过大	保证气泵的压力和流量,调整节流阀开口到换刀速度合适

🏠 **任务扩展** 机械手的驱动机构

图 4-35 所示为机械手的驱动机构。升降气缸 1 通过杆 6 带动机械手臂升降。当机械手在上边位置时(图示位置),液压缸 4 通过齿条 2、齿轮 3、传动盘 5 和杆 6,带动机械手臂回转;当机械手在下边位置时,转动气缸 7 通过齿条 9、齿轮 8、传动盘 5 和杆 6,带动机械手臂回转。

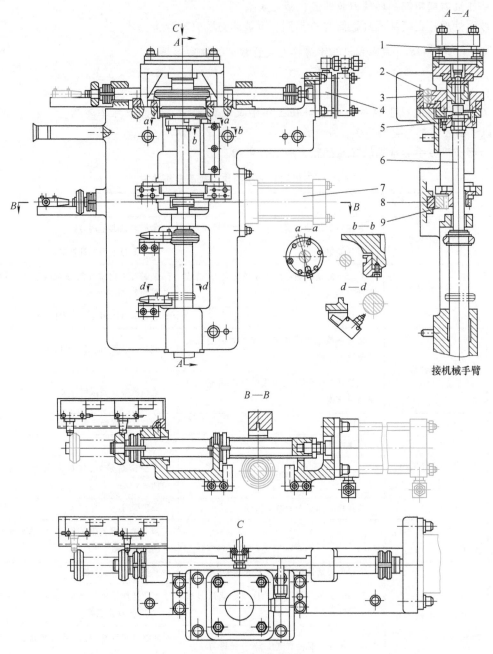

图 4-35　机械手的驱动机构

1—升降气缸　2—齿条　3—齿轮　4—液压缸　5—传动盘　6—杆　7—转动气缸　8—齿轮　9—齿条

🔧任务巩固

一、填空题

1. 对于采取顺序选刀方式的机床，必须做到刀具放置在刀库上的_____要正确。

2. 每_____检查加工中心换刀缸润滑油，不足时要及时添加。

3. 每_____检查加工中心换刀机构齿轮箱油量，不足时要添加齿轮箱油。

4. 每_____在刀库传动部分加润滑油脂。

5. 刀套上的调整螺钉松动或弹簧_____，将使刀套_____夹紧刀具。

二、选择题（请将正确答案的代号填在括号中）

1. 刀具交换时，掉刀的原因主要是由于（　　　）。

A. 电动机的永久磁体脱落　　　　　　　　B. 松锁刀弹簧压合过紧

C. 刀具质量过小（一般小于 5kg）　　　　D. 机械手转位不准或换刀位置飘移

2. 在刀具交换过程中主轴里刀具拔不出，发生原因可能为（　　　）。

A. 克服刀具夹紧的液压力小于弹簧力　　　B. 液压缸活塞行程不够

C. 用于控制刀具放松的电磁换向阀不得电　D. 以上原因都有可能

3. 造成卸刀时弹簧套没有随螺母自动脱离主轴内孔的原因是（　　　）。

A. 弹簧套或主轴内孔表面有异物，在安装前表面没有清理干净

B. 安装时螺母拧得太紧

C. 弹簧套已损坏或者主轴内孔表面已损坏

D. 弹簧夹头使用方法不对

三、判断题（正确的画"√"，错误的画"×"）

1. （　　　）换刀时发生掉刀的原因之一是系统动作不协调。

2. （　　　）刀库出现换刀混乱的原因之一是电池电压太低。

3. （　　　）换刀时发生掉刀的可能原因之一是时间太短。

4. （　　　）换刀时发生掉刀的原因之一可能是刀具超过规定质量。

5. （　　　）加工中心上使用的刀具有质量限制。

6. （　　　）每一年检查加工中心换刀缸润滑油，不足时要及时添加。

模块五　数控机床液压与气动系统的装调与维修

在实现现代数控机床整机的全自动化控制中，需要配备液压和气动装置，这种液压和气动装置应具备结构紧凑、工作可靠、易于控制和调节的特点。虽然它们的工作原理类似，但适用范围不同。

通过学习本模块，学生应能看懂数控机床液压与气动系统的原理图，能够对数控机床液压与气动系统进行装调，能诊断并维修进口数控机床的液压、气动故障，以及能对数控机床液压与气动系统进行正确的保养。

任务一　数控机床液压系统的装调与维修

📖 任务引入

数控机床对控制的自动化程度要求很高，而液压系统（图 5-1）能方便地实现机床电气控制与自动化，故而在数控机床上得到了广泛的应用。

去刀塔
去液压夹头
去尾座

图 5-1　数控机床的液压系统

📠 任务目标

- 掌握数控机床液压系统的工作原理。
- 能对数控机床液压系统进行装调与维护。
- 能排除由液压系统引起的数控机床故障。

📋 任务实施

🔲 工厂参观　在教师的带领下，学生到工厂中参观数控机床液压系统的装调，由工厂中的技术工人（最好是往届毕业生）给学生介绍数控机床液压系统的组成，并找到图样上所标液压系统元件在数控机床上的位置，使学生对数控机床的液压系统有一个感性认识，参观时要注意安全。

📖 教师讲解

一、数控车床液压系统

MJ-50 型数控车床液压系统主要承担卡盘、回转刀架、刀盘及尾座套筒的驱动与控制，它能实现：卡盘的夹紧、放松及两种夹紧力（高与低）之间的转换；回转刀盘的正、反转及刀盘的松开与夹紧；尾座套筒的伸缩。液压系统中所有电磁铁的通、断均由数控系统通过 PLC 来控制。整个液压系统由卡盘分系统、回转刀盘分系统与尾座套筒分系统组成，并以一个变量液压泵为动力源。系统的压力调定为 4MPa。图 5-2 所示为 MJ-50 型数控车床液压系统的工作原理。各分系统的工作原理如下：

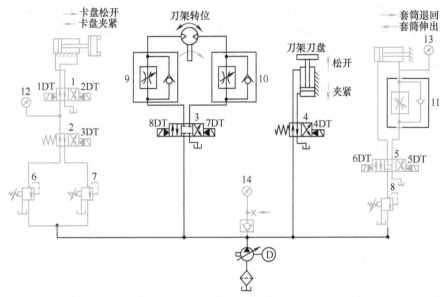

图 5-2　MJ-50 型数控车床液压系统的工作原理
1~5—换向阀　6~8—减压阀　9~11—调速阀　12~14—压力表

1. 卡盘分系统

卡盘分系统的执行元件是一个液压缸，控制油路则由一个有两个电磁铁的二位四通换向阀 1、一个二位四通换向阀 2、两个减压阀 6 和 7 组成。

高压夹紧：3DT 失电、1DT 得电，换向阀 2 和 1 均位于左位。卡盘分系统的进油路：液压泵→减压阀 6→换向阀 2→换向阀 1→液压缸右腔。回油路：液压缸左腔→换向阀 1→油箱。这时活塞左移使卡盘夹紧（称正夹或外夹），夹紧力的大小可通过减压阀 6 调节。由于减压阀 6 的调定值高于减压阀 7，因此卡盘处于高压夹紧状态。松夹时，使 2DT 得电、1DT 失电，换向阀 1 切换至右位。进油路：液压泵→减压阀 6→换向阀 2→换向阀 1→液压缸左腔。回油路：液压缸右腔→换向阀 1→油箱。活塞右移，卡盘松开。

低压夹紧：其油路与高压夹紧状态基本相同，唯一的不同是这时 3DT 得电，使换向阀 2 切换至右位，因而液压泵的供油只能经减压阀 7 进入分系统。通过减压阀 7 便能实现低压夹紧状态下的夹紧力。

2. 回转刀盘分系统

回转刀盘分系统有两个执行元件，刀盘的松开与夹紧由液压缸执行，而刀盘回转则由液压马达驱动。因此，回转刀盘分系统的控制回路也有两条支路。第一条支路由三位四通换向阀 3 和两个单向调速阀 9 和 10 组成，通过三位四通换向阀 3 的切换控制液压马达，即刀盘正、反转，而两个单向调速阀 9 和 10 与变量液压泵，则使液压马达在正、反转时都能通过进油路容积节流调速来调节旋转速度。第二条支路控制刀盘的松开与夹紧，它是通过二位四通换向阀 4 的切换来实现的。

刀盘的完整旋转过程是：刀盘松开→刀盘通过左转或右转就近到达指定刀位→刀盘夹紧。因此电磁铁的动作顺序是 4DT 得电，刀盘松开→8DT（正转）或 7DT（反转）得电，刀盘旋转→8DT（正转）或7DT（反转）失电，刀盘停止转动→4DT失电，刀盘夹紧。

3. 尾座套筒分系统

尾座套筒通过液压缸实现伸出与退回。控制回路由减压阀8、三位四通换向阀5和单向调速阀11组成。该分系统通过调节减压阀8，将系统压力降为尾座套筒顶紧所需的压力。单向调速阀11用于在尾座套筒伸出时实现回油节流调速，控制伸出速度。因此，尾座套筒伸出时，6DT得电，其油路为：系统供油经减压阀8、换向阀5左位进入液压缸的无杆腔，而有杆腔的压力油则经调速阀11和换向阀5回油箱。尾座套筒退回时，5DT得电，系统供油经减压阀8、换向阀5右位、调速阀11的单向阀进入液压缸的有杆腔，而无杆腔的油则经换向阀5直接回油箱。

通过上述系统的分析，不难发现数控机床液压系统的特点如下：

1) 数控机床控制的自动化程度要求较高，类似于机床的液压控制，它对动作的顺序要求较严格，并有一定的速度要求。液压系统一般由数控系统的PLC或PC来控制，因此动作顺序较多地直接用电磁换向阀切换来实现。

2) 由于数控机床的主运动已趋于直接用伺服电动机驱动，故液压系统的执行元件主要承担各种辅助功能，虽然其负载变化幅度不是太大，但要求稳定。因此，常采用减压阀来保证支路压力的恒定。

做一做　分析您所在学校的数控车床液压系统。

二、加工中心液压系统

VP1050型加工中心为工业型龙门结构立式加工中心，它利用液压系统传动功率大、效率高、运行安全可靠的优点，实现了链式刀库的刀链驱动、上下移动的主轴箱的平衡配重、刀具的安装和主轴高低速的转换等辅助动作。图5-3所示为VP1050型加工中心的液压系统工作原理。整个液压系统采用变量叶片泵为系统提供压力油，并在泵后设置单向阀2，用于减小系统断电或其他故障造成的液压泵压力突降而对系统的影响，避免机械部件的冲击损坏。压力开关YK1用以检测液压系统的状态，若压力达到预定值，则发出液压系统压力正常的信号，该信号作为计算机数控系统开启后PLC高级报警程序自检的首要检测对象，若YK1无信号，则PLC自检发出报警信号，整个数控系统的动作全部停止。

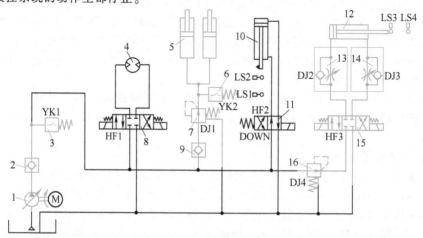

图5-3　VP1050型加工中心的液压系统工作原理

1—液压泵　2、9—单向阀　3、6—压力开关　4—液压马达　5—配重液压缸

7、16—减压阀　8、11、15—换向阀　10—松刀缸　12—变速液压缸

13、14—单向节流阀　LS1、LS2、LS3、LS4—感应开关

1. 刀链驱动支路

VP1050 型加工中心配备 24 刀位的链式刀库，为节省换刀时间，选刀采用就近原则。换刀时，双向液压马达 4 拖动刀链，使所选刀位移动到机械手抓刀位置。液压马达的转向控制由双电控三位四通电磁阀 HF1 完成，计算机数控系统运算后，发信号至 PLC，通过控制 HF1 不同的得电方式来控制液压马达 4 的不同转向。刀链不需要驱动时，HF1 失电，处于中位截止状态，液压马达 4 停止。刀链到位信号由感应开关发出。

2. 主轴箱平衡支路

VP1050 型加工中心的 Z 轴进给是通过主轴箱的上下移动实现的，为消除主轴箱自重对 Z 轴伺服电动机驱动 Z 向运动的精度和控制的影响，采用两个液压缸进行平衡。当主轴箱向上运动时，高压油通过单向阀 9 和直动型减压阀 7 向平衡缸下腔供油，产生向上的平衡力；当主轴箱向下运动时，液压缸下腔的高压油通过减压阀 7 适当减压。压力开关 YK2 用于检测主轴箱平衡支路的工作状态。

3. 松刀缸支路

VP1050 型加工中心采用 BT40 型刀柄联接刀具与主轴。为了能够可靠地夹紧与快速地更换刀具，采用碟形弹簧拉紧机构，使刀柄与主轴联接为一体，用液压缸使刀柄与主轴脱开。机床在不换刀时，单电控两位四通电磁阀 HF2 失电，控制高压油进入松刀缸 10 的下腔，松刀缸 10 的活塞始终处于上位状态，感应开关 LS2 检测松刀缸上位信号；当主轴需要换刀时，通过手动或自动操作，使单电控两位四通电磁阀 HF2 得电换位，松刀缸 10 的上腔通入高压油，活塞下移，使主轴刀爪松开刀柄拉钉，刀柄脱离主轴，松刀缸运动到位后，由感应开关 LS1 发出到位信号并提供给 PLC，PLC 协调刀库、机械手等其他机构完成换刀操作。

4. 高低速转换支路

VP1050 型加工中心主轴传动链中，通过一级双联滑移齿轮进行高低速转换。在由高速向低速转换时，主轴电动机接收到数控系统的调速信号后，转速降低到额定值，然后齿轮滑移，完成高低速的转换。在液压系统中，该支路采用双电控三位四通电磁阀 HF3 控制压力油的流向，变速液压缸 12 通过推动拨叉控制主轴箱交换齿轮的位置，从而实现主轴高低速的自动转换。高速、低速齿轮位置信号分别由感应开关 LS3、LS4 向 PLC 发送。当机床停机或控制系统出现故障时，液压系统通过双电控三位四通电磁阀 HF3 使变速齿轮处于原工作位置，避免高速运转的主轴传动系统产生硬件冲击损坏。单向节流阀 DJ2、DJ3 用于控制液压缸的速度，避免齿轮换位时的冲击振动。减压阀 16 用于调节变速液压缸 12 的工作压力。

做一做　分析您所在学校的加工中心液压系统。

技能训练

一、液压系统的维护

数控机床上液压系统的主要驱动对象有液压卡盘、静压导轨、拨叉变速液压缸、主轴箱的液压平衡、液压驱动机械手和主轴上的松刀液压缸等。液压系统的维护及其工作正常与否，对数控机床的正常工作十分重要。

1. 液压系统的维护要点

1）控制油液污染，保持油液清洁，是确保液压系统正常工作的重要措施。据统计，液压系统的故障有 80% 是由于油液污染引发的，油液污染还会加速液压元件的磨损。

2）控制液压系统中油液的温升是减少能源消耗、提高系统效率的一个重要环节。一台机床的液压系统，若油温变化范围大，则其后果是：①影响液压泵的吸油能力及容积效率；②系统工作不正常，压力、速度不稳定，动作不可靠；③液压元件内外泄漏增加；④加速油液的氧化变质。

3）控制液压系统泄漏极为重要，因为泄漏和吸空是液压系统常见的故障。要控制泄漏，首先是提高液压元件的加工精度和装配质量，以及管道系统的安装质量；其次是提高密封元件的质量，注意密封元件的安装使用与定期更换；最后是加强日常维护。

4）防止液压系统的振动与噪声。振动影响液压元件的性能，使螺钉松动、管接头松脱，从而引起漏油，因此要防止和排除振动现象。噪声影响人身健康与生产效率。

5）严格执行日常点检制度。液压系统故障存在着隐蔽性、可变性和难以判断性。应对液压系统的工作状态进行点检，把可能产生的故障现象记录在日检维修卡上，并将故障排除在其萌芽状态，减少故障的发生。

6）严格执行定期紧固、清洗、过滤和更换制度。液压设备在工作过程中，由于冲击振动、磨损和污染等因素，管件易松动，金属件和密封元件易磨损，因此必须对液压元件及油箱等实行定期清洗和维修，对油液、密封元件执行定期更换制度。

2. 液压系统的维护操作

液压系统的维护操作如图5-4~图5-7所示。

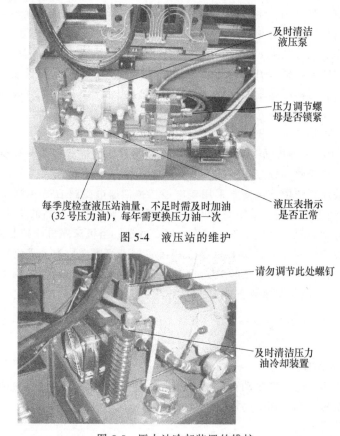

及时清洁
液压泵

压力调节螺
母是否锁紧

每季度检查液压站油量，不足时需及时加油
（32号压力油），每年需更换压力油一次

液压表指示
是否正常

图 5-4　液压站的维护

请勿调节此处螺钉

及时清洁压力
油冷却装置

图 5-5　压力油冷却装置的维护

二、液压系统常见故障的分析与排除

1. 弹性夹具无法张开的故障分析与排除

故障现象：某配套 GSK 980M 系统的数控磨床，在装卸工件时，发现夹具无法张开。

故障分析及处理过程：磨床液压系统的工作原理如图5-8所示，靠液压缸压力顶开夹具进行工件装夹。经检查发现，夹具顶开的行程远远不够，因此调整夹具行程，但调整后发现效果不

及时清洁油盖　　加油时请勿拿下　　　　油加满后将盖子盖好

图 5-6　液压油箱的维护

油水分离器

禁止使用经油水分离器分离出的油品

图 5-7　油水分离器的维护

佳，工件仍很难装夹。进一步检查电气控制回路，发现 DC 24V 电磁阀线圈两端电压为 22V（属正常），检查液压管路，发现管路正常。手动控制液压阀，使其处于左位机能，工件装夹正常；拆开电磁阀，发现阀芯处一个固定螺钉松脱，导致电磁阀在得电过程中，阀芯不能准确到位，引起部分用于顶开液压缸的压力油处于卸荷状态。拧紧该螺钉，重新调试夹具行程，故障排除。

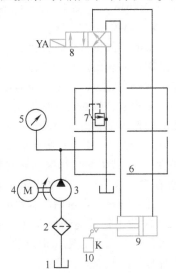

动作顺序表

动作	YA 得电	发信元件
工件松开	+	
工件夹紧	−	K 发信

图 5-8　磨床液压系统的工作原理

1—油箱　2—过滤器　3—液压泵　4—电动机　5—压力表　6—基板　7—溢流阀
8—换向阀　9—液压缸　10—信号开关

2. 液压泵噪声大的故障分析与排除

故障现象：某配套 FANUC PM0 数控系统的数控专用磨床，在大修后发现机床起动后液压泵噪声特别大。

故障分析及处理过程：据用户反映，机床大修前液压泵起动声音较小，维修后液压泵噪声反而变大了。根据用户反映和现场分析可知，产生该现象的原因可能是液压系统某处管路堵塞、液压泵损坏，因此拆开液压油管和液压泵，发现泵和油管均正常。但在拆卸过程中，偶尔发现液压油黏度特别高，核对机床使用说明书，发现液压油牌号不正确，而且故障发生时正值冬天，从而使液压泵噪声变大。更换液压油后，故障排除。

3. 润滑油路电磁阀的故障分析与排除

故障现象：一台配套 SIEMENS 810T 数控系统的数控立式车床，当刀架上下运动时，刀架顶端进油管路出现异常的连续冒油现象，系统报警油压过低。

故障分析及处理过程：检查液压系统管路无损坏，PLC 控制系统正常。进一步检查液压系统控制元件，发现刀架润滑油路中的一个两位三通电磁阀线圈烧坏，阀芯不能回位，使得刀架润滑供油始终处于常开状态。更换电磁阀后，故障排除。

4. 供油回路的故障分析与排除

故障现象：供油回路不输出压力油。

故障分析过程：以一种常见的变量泵供油装置回路为例，如图 5-9 所示。液压泵为限压式变量叶片泵，换向阀为三位四通 M 型电磁换向阀。起动液压系统，调节溢流阀，压力表指针不动作，说明无压力；启动电磁阀，使其置于右位或左位，液压缸均不动作。电磁换向阀置于中位时，系统中没有液压油回油箱。检测溢流阀和液压缸，其工作性能参数均正常。而液压系统没有液压油输出，显然液压泵没有吸进液压油，其原因可能是液压泵的转向不对；吸油过滤器严重堵塞或容量过小；油液的黏度过高或温度过低；吸油管路严重漏气；过滤器没有全部浸入油液的液面以下或油箱液面过低；叶片在转子槽中卡死；液压泵至油箱液面高度大于 500mm 等。经检

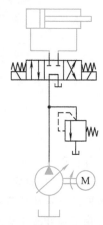

图 5-9　变量泵供油装置回路

查，泵的转向正确，过滤器工作正常，油液的黏度、温度合适，泵运转时无异常噪声，说明没有过量空气进入系统，泵的安装位置也符合要求。将液压泵解体，检查泵内各运动副，叶片在转子槽中滑动灵活，但发现可移动的定子卡死在零位附近。变量叶片泵的输出流量与定子相对转子的偏心距成正比，定子卡死在零位，即偏心距为零，因此泵的输出流量为零。具体来说，叶片泵与其他液压泵一样都是容积泵，吸油过程是依靠吸油腔的容积逐渐增大，形成部分真空，液压油箱中液压油在大气压力的作用下，沿着管路进入泵的吸入腔，若吸入腔不能形成足够的真空（管路漏气，泵内密封破坏），或大气压力和吸入腔压力差值低于吸油管路压力损失（过滤器堵塞、管路内径小、油液黏度高），或者泵内部吸油腔与排油腔互通（叶片卡死于转子槽内、转子体与配油盘脱开）等因素存在，液压泵都不能完成正常的吸油过程。液压泵压油过程是依靠密封工作腔的容积逐渐减小，油液被挤压在密闭的容积中，压力升高，由排油口输送到液压系统中。由此可见，变量叶片泵密闭的工作腔逐渐增大（吸油过程）和密闭的工作腔逐渐减小（压油过程），完全是由于定子和转子存在偏心距而形成的。当偏心距为零时，密闭的工作腔容积不变化，不能完成吸油、压油过程，因此上述回路中无液压油输入，系统也就不能工作。

故障处理过程：将叶片泵解体，清洗并正确装配，重新调整泵的上支承盖和下支承盖螺钉，使定子、转子和泵体的水平中心线互相重合，使定子在泵体内调整灵活，并无较大的上下窜动，

从而避免定子卡死而不能调整的故障。

5. 压力控制回路的故障分析与排除

故障现象：压力控制回路中溢流不正常。

故障分析过程：图 5-10 所示为定量泵压力控制回路，溢流阀的主阀芯卡住，液压泵为定量泵，采用三位四通换向阀，中位机能为 Y 型。因此，液压缸停止工作运行时，系统不卸荷，液压泵输出的压力油全部由溢流阀溢回油箱。系统中的溢流阀通常为先导式溢流阀，这种溢流阀的结构为三级同轴式，三处同轴度要求较高。这种溢流阀一般用在高压、大流量系统中，调压溢流性能较好。将系统中换向阀置于中位，调整溢流阀的压力时发现，压力值在 10MPa 以下时，溢流阀工作正常；而当压力调整到高于 10MPa 的任一压力值时，系统会发出像吹笛一样的尖叫声，此时可看到压力表指针剧烈振动，并发现噪声来自溢流阀。其原因是在三级同轴高压溢流阀中，主阀芯与阀体、阀盖有两处滑动配合，如果阀体和阀盖装配后的内孔同轴度超出规定要求，主阀芯就不能灵活地动作，而是贴在内孔的某一侧做不正常运动。当压力调整到一定值时，就必然激起主阀芯振动。这种振动不是主阀芯在工作运动中出现的常规振动，而是其卡在某一位置（此时因主阀芯同时承受着液压卡紧力）而激起的高频振动。这种高频振动必将引起弹簧、特别是调压弹簧的强烈振动，并出现共振噪声。另外，由于高压油不通过正常的溢流口溢流，而是通过被卡住的溢流口和内泄油道溢回油箱，这股高压油流会发出高频率的流体噪声。这种振动和噪声是在系统特定的运行条件下激发出来的，这就是在压力低于 10MPa 时不产生尖叫声的原因。

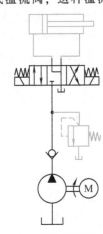

图 5-10 定量泵压力控制回路

故障处理过程：首先可以调整阀盖，因为阀盖与阀体配合处有调整余量；装配时，调整同轴度，使主阀芯能灵活运动，无卡滞现象，然后按装配工艺要求，依照一定的顺序用扭矩扳手拧紧，使拧紧力矩基本相同。当阀盖孔有偏心时，应进行修磨，消除偏心。主阀芯与阀体配合滑动面若有污物，应清洗干净，以保证主阀芯滑动灵活的工作状态，避免产生振动和噪声。另外，主阀芯上的阻尼孔，在主阀芯振动时有阻尼作用，当工作油液黏度降低或温度过高时，阻尼作用将相应减小。因此，选用合适黏度的油液和控制系统温升过高也有利于减振降噪。

6. 速度控制回路的故障分析与排除

故障现象：速度控制回路中速度不稳定。

故障分析及处理过程：节流阀前后压差小，致使速度不稳定，在图 5-11 所示的进口节流调速回路中，液压泵为定量泵，采用三位四通电动换向阀，中位机能为 O 型。系统回油路上设置单向阀以起背压阀的作用。系统的故障是液压缸推动负载运动时，运动速度达不到调定值。经检查，系统中各元件工作正常，油液温度在正常范围内，但溢流阀的调节压力只比液压缸的工作压力高 0.3MPa，压力差值偏小，即溢流阀的调节压力较低，回路中油液通过换向阀的压力损失为

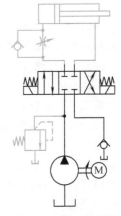

图 5-11 进口节流调速回路示意图

0.2MPa，造成节流阀前后压差值低于 0.2~0.3MPa，致使通过节流阀的流量达不到设计要求的数值，于是液压缸的运动速度就不可能达到调定值。提高溢流阀的调节压力，使节流阀的前后压差达到合理压力值后，故障排除。

7. 方向控制回路的故障分析与排除

故障现象：方向控制回路中滑阀没有完全回位。

故障分析及处理过程：在方向控制回路中，换向阀的滑阀因回位阻力增大而没有完全回位是最常见的故障，会造成液压缸回程速度变慢。排除故障时，首先应更换合格的弹簧。如果是由于滑阀精度差而使径向卡滞，则应对滑阀进行修磨或重新配制。一般阀芯的圆度和锥度公差为0.003~0.005mm，最好使阀芯有微量的锥度，并使它的大端在低压腔一边，这样可以自动减小偏心量，从而减小摩擦力，减小或避免径向卡紧力。引起卡滞的原因还可能有脏物进入滑阀缝隙中而使阀芯移动困难；间隙配合过小，以致油温升高时阀芯膨胀而卡滞；电磁铁推杆的密封圈处阻力过大，以及安装紧固电动阀时使阀孔变形等。找到卡紧的原因，就容易排除故障了。

8. 阀换向滞后引起的故障分析与排除

故障现象：在图5-12a所示液压系统中，液压泵为定量泵，三位四通换向阀中位机能为Y型。系统为进口节流调速。液压缸快进、快退时，二位二通换向阀接通。系统故障是液压缸在开始完成快退动作时，首先出现向工件方向前冲，然后再完成快退动作。这种现象影响加工精度，严重时还可能损坏工件和刀具。

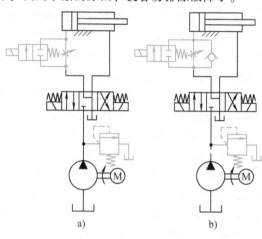

图5-12 液压系统原理图

故障分析及处理过程：从系统中可以看出，在执行快退动作时，三位四通电动换向阀和二位二通换向阀必须同时换向。由于三位四通换向阀换向时间的滞后，即在二位二通换向阀接通的一瞬间，有部分压力油进入液压缸工作腔，使液压缸出现前冲。当三位四通换向阀换向终了时，压力油才全部进入液压缸的有杆腔，无杆腔的油液才经二位二通换向阀回油箱。

改进后的系统如图5-12b所示。在二位二通换向阀和节流阀上并联一个单向阀，液压缸快退时，无杆腔油液经单向阀回油箱，二位二通换向阀仍处于关闭状态，这样就避免了液压缸前冲的故障。

9. 数控车床卡盘失压的故障分析与排除

故障现象：液压卡盘夹紧力不足，卡盘失压，监视不报警。

故障检查与分析：该数控车床配套的电动刀架为LD4-1型。卡盘夹紧力不足，可能是系统压力不足、执行件内泄、控制回路动作不稳定及卡盘移动受阻造成的。

故障处理：调整系统压力至要求，检修液压缸的内泄及控制回路动作情况，检查卡盘各摩擦副的滑动情况，卡盘仍然夹紧力不足。经过分析，调整液压缸与卡盘之间联接拉杆的调整螺母，故障排除。

10. T40型卧式加工中心刀链不执行校准回零的故障分析与排除

故障现象：开机，待自检通过后，起动液压系统，执行轴校准，其后在执行机械校准时出现以下两个报警：

ASL40	ALERT	CODE	16154
	CHAIN	NOT	ALIGNED
ASL40	ALERT	CODE	17176
	CHAIN	POSITION	ERROR

因此机床不能正常工作。

故障检查与分析：美国辛辛那提·米拉克龙公司的T40型卧式加工中心计算机部分采用该公司的A950系统。刀链校准是在数控系统接到校准指令后，使电磁阀3SOL得电，控制液压马达驱动刀链沿顺时针方向转动，同时数控系统等待接收刀链回归校准点（HOME POSITION）的接近开关 3PROX（常开）信号，收到该信号后，电磁阀 3SOL 失电，并使电磁阀 1SOL 得电，刀链制动销插入，同时数控系统再接收到制动销插入限位开关 1LS（常开）信号，刀链校准才能完成。

据此分析，故障范围在以下三方面：①刀链因故未能转到校准位置（HOME POSITION）就停止；②刀链确已转到了校准位置，但由于接近开关 3PROX 故障，数控系统没有接收到到位信号，刀链一直转动，直到数控系统在设定接收该信号的时间范围到时产生以上报警，刀链才停止校准；③刀链在转到校准位置时，数控系统虽接到了到位信号，但由于 1SOL 故障，导致制动销不能插入，限位开关 1LS 没有信号，而且 3SOL 因惯性使刀链错开回归点，又没有接近开关信号。

故障处理：根据以上分析，首先检查接近开关 3PROX 正常。再通过该机在线诊断功能发现在机械校准操作时 1LS 信号 I0033（LS APIN-ADV）和 3PROX 信号 I0034（PR-CHNA—HOME）状态一直都为 OFF，观察刀链在校准过程中确实没有到位就停止转动，而且发现每次校准时转过的刀套数目也没有规律，怀疑电磁阀 3SOL 或者液压马达有问题。进一步查得液压马达有漏油现象，拆下并更换密封圈，漏油排除，但仍不能校准，最后更换电磁阀 3SOL，故障排除。

说明：由于用万用表测量电磁阀电压及阻值基本正常，而且每次校准时刀链也确实转动，因此在排除了其他原因后，最后才更换性能不良的电磁阀。

11. JOG 方式下机械手在取送刀具时不能缩爪的故障分析与排除

故障现象：机床在 JOG 方式下加工工件时，机械手将刀具从主刀库中取出并送入送刀盒中，不能缩爪，但却不报警，将方式选择到 ATC 状态，手动操作都正常。

故障分析与处理：BX-110P 型加工中心采用的 FANUC-11 系统，由日本某公司制造。经查看梯形图，原来是限位开关 LS916 没有压合。调整限位开关位置后，机床恢复正常。但过一段时间后，再次出现此故障，检查 LS916 并没松动，但却没有压合，由此怀疑机械手的液压缸拉杆没伸到位，经检查发现液压缸拉杆顶端锁紧螺母的顶丝松动，使液压缸伸缩的行程发生了变化，调整锁紧螺母并拧紧顶丝后，此故障排除。

🏠**任务扩展**　数控机床的修理制度

根据数控机床磨损的规律，"预防为主、养修结合"是数控机床检修工作的正确方针。但是，在实际工作中，由于修理期间除了发生各种维修费用以外，还引起一定的停工损失，尤其在生产繁忙的情况下，往往由于吝惜有限的停工损失而宁愿让数控机床带病工作，不到万不得已时决不进行修理，这是极其有害的做法。由于对磨损规律的了解不同，对预防为主的方针的认识不同，因而在实践中产生了不同的数控机床修理制度，主要有以下几种：

一、随坏随修

随坏随修即坏了再修，也称为事后修，事实上是等出了事故后再安排修理，这常常造成更大的损坏，甚至有时会到无法修复的程度，即使可以修复也需要更多的耗费，更长的时间，造成更大的损失。应当避免随坏随修的现象。

二、计划预修

这是一种有计划的预防性修理制度，其特点是根据磨损规律，对数控机床进行有计划的维护、检查与修理，预防急剧磨损的出现。计划预修是一种正确的修理制度，根据执行的严格程度不同，又可分为三种：

第一种是强制修理，即对数控机床的修理日期、修理类别制订合理的计划，到期严格执行计划规定的内容。

第二种是定期修理，制订修理计划以后，结合实际检查结果，调整原订计划，确定具体修理日期。

第三种是检查后修理，即按检查计划，根据检查结果制订修理内容和日期。

三、分类维修

分类维修的特点是将数控机床分为 A、B、C 三类。其中，A 类为重点数控机床，B 类为非重点数控机床，C 类为一般数控机床，对 A、B 两类机床采用计划预修，而对 C 类机床采取随坏随修的办法。

选取何种修理制度，应根据生产特点、数控机床重要程度、经济得失的权衡，综合分析后确定。但应坚持预防为主的原则，减少随坏随修的现象，也要防止过分修理带来的不必要的损失（对可以工作到下一次修理的零件予以强制更换，不必修理却予以提前更换，称为过分修理）。

🖎 **看一看** 您所在的地区对数控机床采用哪种修理制度和组织方法？

📖 **任务巩固**

一、填空题

1. 现代数控机床在实现整机的全自动化控制中，除数控系统外，还需要 _____ 和 _____ 装置来辅助实现整机的自动运行。

2. _____ 使用工作压力高的油性介质，因此机构输出力大。

3. 数控车床回转刀盘分系统有两个执行元件，刀盘的松开与夹紧由 _____ 执行，而刀盘回转则由 _____ 驱动。

4. 要控制泄漏，首先是提高液压元件的 _____ 和 _____，以及管道系统的 _____。

5. _____ 主要由能源部分、控制部分和执行机构部分构成。

6. _____ 是液压系统中的动力部分，能将电动机输出的机械能转换为油液的压力能。

二、选择题（请将正确答案的代号填在括号中）

1. （　　）液压系统主要承担卡盘、回转刀架、刀盘及尾座套筒的驱动与控制。

A. 数控车床　　　　　　B. 数控铣床　　　　　　C. 加工中心

2. 数控车床的（　　）能实现卡盘的夹紧与放松及两种夹紧力（高与低）之间的转换。

A. 电气系统　　　　　　B. 气动系统　　　　　　C. 液压系统

3. 液压系统中所有电磁阀的通、断均由数控系统通过（　　）来控制。

A. ATC　　　　　　　　B. APC　　　　　　　　C. PLC

4. 数控车床卡盘分系统的执行元件是（　　）。

A. 液压缸　　　　　　　B. 电动机　　　　　　　C. 液压泵

5. 液压泵是液压系统中的动力部分，能将电动机输出的机械能转换为油液的（　　）能。

A. 压力　　　　　　　　B. 流量　　　　　　　　C. 速度

6. 从工作性能上看，液压传动的缺点有（　　）。

A. 调速范围小　　　　　B. 换向慢　　　　　　　C. 传动效率低

7. 液压油的（　　）是选用的主要依据。

A. 黏度　　　　　　　　B. 润滑性　　　　　　　C. 黏温特性　　　　　　D. 化学积淀性

8. 液压系统中，油箱的主要作用是储存液压系统所需的足够油液，并且（　　）。

A. 补充系统泄漏，保持系统压力　　　　　　　　B. 过滤油液中的杂质，保持油液清洁

C. 散发油液中热量，分离油液中的气体及沉淀污物

D. 维持油液正常工作温度，防止各种原因造成的油温过高或过低

三、判断题（正确的画"√"，错误的画"×"）

1. （　　）一个简单而完整的液压传动系统由动力元件、执行元件、控制元件和辅助元件

四部分组成。

2. （　　） 液压传动装置过载时比较安全，不易发生过载损坏机件等事故。

3. （　　） 数控车床回转刀盘的正、反转及刀盘的松开与夹紧由气动装置实现。

4. （　　） 尾座套筒通过液压缸实现伸出与退回。

5. （　　） 压力阀的作用是当液压缸压力不足时，立即使主轴停转，以免卡盘松动，将旋转工件甩出，危及操作者的安全以及造成其他损失。

6. （　　） 加工中心采用液压缸拉紧机构使刀柄与主轴联接为一体，采用碟形弹簧使刀柄与主轴脱开。

7. （　　） 液压系统的故障有 100% 是由于油液污染引发的，油液污染还加速液压元件的磨损。

8. （　　） 造成卡盘无松开、夹紧动作的原因可能是电气故障或液压部分故障。

9. （　　） 造成液压卡盘失效故障的原因一般是液压系统故障。

10. （　　） 尾座顶不紧的原因可能是密封圈损坏或液压油压力不足。

11. （　　） 液压缸的功能是将液压能转化为机械能。

12. （　　） 保证数控机床各运动部件间的良好润滑就能提高机床寿命。

13. （　　） 液压系统的输出功率就是液压缸等执行元件的工作功率。

14. （　　） 液压系统的效率是由液阻和泄漏来确定的。

15. （　　） 调速阀是一个节流阀和一个减压阀串联而成的组合阀。

16. （　　） 数控机床为了避免运动件运动时出现爬行现象，可以通过减少运动件的摩擦来实现。

17. （　　） 液压泵不供油或者流量不足的原因可能是流量调节螺钉调节不当，定子偏心方向相反，此时的故障排除方法是按逆时针反方向逐步转动流量调节螺钉。

18. （　　） 数控机床液压系统的工作压力低，运动部件出现爬行现象的原因是液压油的泄漏。

任务二　数控机床气动系统的装调与维修

任务引入

数控机床上常常有利用气动来控制和实现机床部分功能的装置，如加工中心上实现主轴吹气等功能的气动装置，有的加工中心还利用气动装置来完成刀套的上下、刀具的夹紧和松开等。数控车床也有气动刀塔、气动卡盘等装置。图 5-13a 所示为气动卡盘，图 5-13b 所示为数控机床上气动系统的一部分。

任务目标

- 能看懂数控机床的气动系统原理图。
- 能对数控机床的气动系统进行维护。
- 能对气动系统引起的数控机床故障进行维修。

任务实施

教师讲解

一、H400 型卧式加工中心气动系统

加工中心气动系统的设计及布置与加工中心的类型、结构、要求完成的功能等有关，结合气压传动的特点，一般在要求力或力矩不太大的情况下采用气压传动。

H400 型卧式加工中心作为一种中小功率、中等精度的加工中心，为降低制造成本、提高安

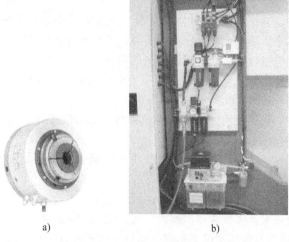

图 5-13　数控机床用气动装置

a）气动卡盘　b）气动系统

全性、减少污染，结合气、液压传动的特点，该加工中心的辅助动作主要采用气压驱动装置来完成。

图 5-14 所示为 H400 型卧式加工中心气动系统原理图。该气动系统主要包括松刀气缸支路、主轴吹气支路、交换台托升支路、工作台拉紧支路、工作台定位面吹气支路、鞍座定位支路、鞍座锁紧支路和刀库移动支路等。

H400 型卧式加工中心气动系统要求提供额定压力为 0.7MPa 的压缩空气，压缩空气通过 φ8mm 的管道联接到气动系统气源处理装置 ST，经过气源处理装置 ST 后，干燥、洁净的压缩空气中加入适当润滑用油雾，供给后面的执行机构使用，保证整个气动系统的稳定、安全运行，避免或减少执行部件、控制部件的磨损而使其寿命降低。YK1 为压力开关，该元件在气动系统达到额定压力时发出电参量开关信号，通知机床气动系统正常工作。在该气动系统中，为了减小负载变化对系统工作稳定性的影响，设计时均采用单向出口节流的方法调节气缸的运行速度。

1. 松刀气缸支路

松刀气缸是完成刀具的拉紧和松开的执行机构。为保证机床切削加工过程的稳定、安全、可靠，刀具拉紧拉力应大于 12000N，抓刀、松刀动作时间在 2s 以内。换刀时，通过气动系统对刀柄与主轴间的 7∶24 定位锥孔进行清理，使用高速气流清除结合面上的杂物。为达到这些要求，并且尽可能地使气缸结构紧凑，重量轻，再考虑到工作缸直径不能大于 150mm，所以采用复合双作用气缸（额定压力为 0.5MPa）。

在无换刀操作指令的状态下，松刀气缸在自动复位控制阀 HF1（图 5-14）的控制下始终处于上位状态，并由感应开关 LS11 检测该位置信号，以保证松刀气缸活塞杆与拉杆脱离，避免主轴旋转时活塞杆与拉杆摩擦损坏。主轴对刀具的拉力由碟形弹簧受压产生的弹力提供。当进行自动或手动换刀时，两位四通电磁阀 HF1 线圈 1YA 得电，松刀气缸上腔通入高压气体，活塞向下移动，活塞杆压住拉杆克服弹簧弹力向下移动，直到刀爪松开刀柄上的拉钉，刀柄与主轴脱离。感应开关 LS12 检测到位置信号，通过变送扩展板传送到计算机数控系统的 PMC 中，作为对换刀机构进行协调控制的状态信号。DJ1、DJ2 是调节气缸压力和松刀速度的单向节流阀，以避免气流冲击和振动的产生。电磁阀 HF2 是控制主轴和刀柄之间的定位锥面在换刀时的吹气清理气流的开关，主轴锥孔吹气的气体流量大小用节流阀 JL1 调节。

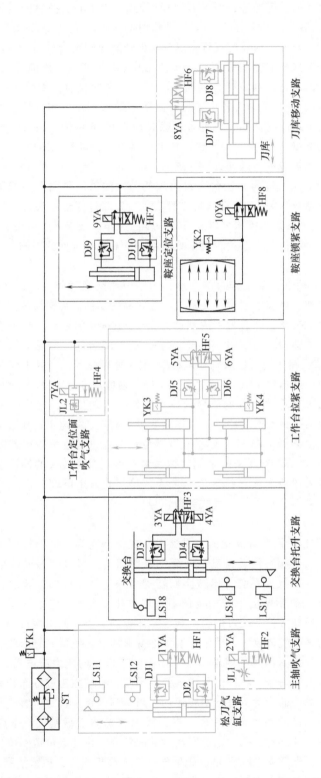

图 5-14　H400 型卧式加工中心气动系统原理图

2. 交换台托升支路

交换台是实现双工作台交换的关键部件，由于 H400 型卧式加工中心交换台的提升载荷较大（达 12000N），工作过程中冲击较大，设计上升、下降动作时间为 3s，且交换台位置空间较大，故采用大直径气缸（φ350mm）、φ6mm 内径的气管，以满足设计载荷和交换时间的要求。机床无工作台交换时，在两位双电控电磁阀 HF3 的控制下交换台托升缸处于下位，感应开关 LS17 有信号，交换台与托叉分离，可自由运动。当进行自动或手动双工作台交换时，数控系统通过 PMC 发出信号，使两位双电控电磁阀 HF3 的 3YA 得电，托升缸下腔通入高压气体，活塞带动托叉连同交换台一起上升，当达到上下运动的上终点位置时，感应开关 LS16 检测其位置信号，并通过变送扩展板传送到数控系统的 PMC 中，控制交换台回转 180° 运动开始动作，感应开关 LS18 检测到回转到位的信号，并通过变送扩展板传送到数控系统的 PMC 中，控制 HF3 的 4YA 得电，托升缸上腔通入高压气体，活塞带动托叉连同交换台在重力和托升缸的共同作用下一起下降，当达到上下运动的下终点位置时，感应开关 LS17 检测其位置信号，并通过变送扩展板传送到数控系统的 PMC 中，双工作台交换过程结束，机床可以进行下一步的操作。该支路中采用 DJ3、DJ4 单向节流阀调节交换台上升和下降的速度，避免较大的载荷冲击及对机械部件的损伤。

3. 工作台拉紧支路

由于 H400 型卧式加工中心要进行双工作台的交换，为了节约交换时间，保证交换的可靠，工作台与鞍座之间必须具有快速、可靠的定位、夹紧及迅速脱离的功能。可交换的工作台固定于鞍座上，由四个带定位锥的气缸夹紧，并且为了达到拉力大于 12000N 的可靠工作要求，以及受位置结构的限制，该气缸采用了弹簧增力结构，在气缸内径仅为 φ63mm 的情况下就达到了设计拉力要求。如图 5-14 所示，该支路采用两位双电控电磁阀 HF5 进行控制，当双工作台交换将要进行或已经进行完毕时，数控系统通过 PMC 控制电磁阀 HF5，使线圈 5YA 或 6YA 得电，分别控制气缸活塞的上升或下降，通过钢珠拉套机构放松或拉紧工作台上的拉钉，完成鞍座与工作台之间的放松或拉紧。为了避免活塞运动时的冲击，采用具有得电动作、失电不动作、双线圈同时得电不动作特点的两位双电控电磁阀 HF5 进行控制，可避免在动作进行过程中突然断电造成的机械部件冲击损伤。采用单向节流阀 DJ5、DJ6 来调节拉紧的速度，避免较大的冲击载荷。该位置由于受结构限制，用感应开关检测放松与拉紧信号较为困难，故采用可调工作点的压力继电器 YK3、YK4 检测压力信号，并以此信号作为气缸到位信号。

4. 鞍座定位与锁紧支路

H400 型卧式加工中心工作台的回转分度功能，是通过与工作台连为一体的鞍座采用蜗轮蜗杆机构实现的。鞍座与床鞍之间有相对回转运动，并分别采用插销和可以变形的薄壁气缸实现床鞍和鞍座之间的定位与锁紧。当数控系统发出鞍座回转指令并做好相应的准备后，两位单电控电磁阀 HF7 得电，定位插销气缸活塞向下带动定位销从定位孔中拔出，到达下运动极限位置后，感应开关检测到位信号，通知数控系统可以进行鞍座与床鞍的放松，此时两位单电控电磁阀 HF8 得电动作，锁紧气缸中的高压气体放出，锁紧活塞弹性变形回复，使鞍座与床鞍分离。该位置由于受结构限制，检测放松与锁紧信号较困难，故采用可调工作点的压力继电器 YK2 检测压力信号，并以此信号作为位置检测信号。将该信号送入数控系统，控制鞍座进行回转动作，鞍座在电动机、同步带、蜗轮蜗杆机构的带动下进行回转运动。当达到预定位置时，感应开关发出到位信号，鞍座停止转动，回转运动的初次定位完成。电磁阀 HF7 断电，插销气缸下腔通入高压气体，活塞带动插销向上运动，插入定位孔，进行回转运动的精确定位。定位销到位后，感应开关发出信号通知锁紧气缸锁紧，电磁阀 HF8 失电，锁紧气缸充入高压气体，锁紧活塞变形，YK2 检测到压力达到预定值后，鞍座与床鞍夹紧完成。至此，整个鞍座回转动作完成。另外，在该定位支路中，DJ9、DJ10 是为避免插销冲击损坏而设置的调节上升、下降速度的单向节流阀。

5. 刀库移动支路

H400型卧式加工中心采用盘式刀库,具有10个刀位。进行自动换刀时,要求气缸驱动刀盘前后移动,与主轴上、下、左、右方向的运动进行配合来实现刀具的装卸,并要求在运行过程中稳定、无冲击。如图5-14所示,换刀时,当主轴到达相应位置后,使电磁阀HF6得电和失电,从而使刀盘前后移动,到达两端的极限位置,并由位置开关检测到位信号,与主轴运动、刀盘回转运动协调配合,完成换刀动作。HF6断电时,刀库部件处于远离主轴的原位。DJ7、DJ8是为避免冲击而设置的单向节流阀。

该气动系统中,交换台托升支路和工作台拉紧支路均采用两位双电控电磁阀(HF3、HF5),以避免在动作进行过程中突然断电造成的机械部件的冲击损伤。系统中所有的控制阀完全采用板式集装阀连接。这种安装方式结构紧凑,易于控制、维护与故障点检测。为避免气流放出时所产生的噪声,在各支路的放气口均加装了消声器。

做一做　分析您所在学校的数控机床气压系统。

二、数控车床用真空卡盘

车削加工薄工件时很难夹紧,这已成为工艺技术人员的一大难题。虽然对钢铁材料的工件可以使用磁性卡盘,但是工件容易被磁化,这是一个很麻烦的问题,而真空卡盘则是较理想的夹具。

真空卡盘的结构简图如图5-15所示,下面简单介绍其工作原理。

卡盘的前面装有吸盘,盘内形成真空,而薄的工件就靠大气压力被压在吸盘上以达到夹紧的目的。一般在卡盘本体1上开有数条圆形的沟槽2,这些沟槽就是前面提到的吸盘,这些吸盘通过转接件5上的孔道4与小孔3相通,然后与卡盘体内的气缸腔室6相连接。另外,腔室6通过气缸活塞杆后部的孔7通向连接管8,然后与装在主轴后面的转阀9相通,通过软管10与真空泵系统相连接。按上述的气路,卡盘本体沟槽内形成真空,以吸住工件。反之,要取下工件时,则向沟槽内通以空气。气缸腔室

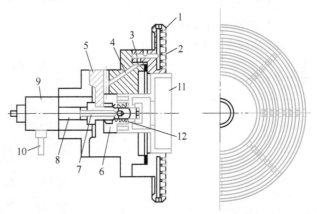

图5-15　真空卡盘的结构简图

1—卡盘本体　2—沟槽　3—小孔　4—孔道　5—转接件　6—腔室
7—孔　8—连接管　9—转阀　10—软管　11—活塞　12—弹簧

6内有时真空、有时充气,因此活塞11有时缩进、有时伸出。此活塞前端的凹窝在卡紧时起到吸附的作用。即工件安装之前气缸腔室与大气相通,活塞在弹簧12的作用下伸出卡盘的外面。当工件被夹紧时,气缸内形成真空,则活塞头缩进。一般真空卡盘的吸引力与吸盘的有效面积和吸盘内的真空度成正比。在自动化应用时,有时要求夹紧速度要快,而夹紧速度则由真空卡盘的排气量来决定。

真空卡盘的夹紧与松开是由图5-16所示的气动回路中的电磁阀2的换向来实现的。打开包括真空罐在内的回路,形成吸盘内的真空,实现夹紧动作。松开时,在关闭真空回路的同时,通过电磁阀5迅速地打开空气源回路,以实现真空下瞬间松开的动作。电磁阀4是用来开闭压力继电器3的回路,在夹紧的情况下此回路打开,当吸盘内真空度达到压力继电器的规定压力时,给出夹紧完毕的信号。在松开的情况下,回路已换成空气源的压力了,为了不损坏检测真空的压力继电器,将此回路关闭。如上所述,夹紧与松开时,通过上述的三个电磁阀自动地进行操作,而夹紧力则是由真空调节阀1来调节的,根据工件的尺寸、形状可选择最合适的夹紧力数值。

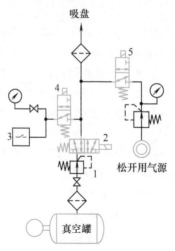

图 5-16　真空卡盘的气动回路

1—真空调节阀　2、4、5—电磁阀　3—压力继电器

🔍 **查一查**　数控车床用真空卡盘的应用。

📖 **技能训练**

一、气动系统的维护

气动系统的维护操作见表 5-1。

表 5-1　气动系统的维护操作

项目	图示	备注
每日检查并保持气源压力 0.6 ~ 0.8MPa（可通过气压调节阀进行调节），流量 200L/min	气压调节阀 气源处理装置 润滑油泵	
每日给气源处理装置排水（上推排水管即可）	气压调节阀 放水	

（续）

项目	图示	备注
每月检查并及时添加 10 号锭子油，保持气压管路的润滑	该处可旋转拧下加油	给油至容器的油量上限（80%）即可，油加太满时不会动作

二、气动系统的故障分析与排除

故障现象：机床开机时出现空气静压压力不足，发生故障报警而停机。查看空气静压单元压力表，无压力显示。

故障检查与分析：RAPID-6K 型数控叶片铣床，德国 WOTAN 公司制造，采用 SIEMENS 8 数控系统。

该数控叶片铣床采用空气静压导轨，其空气由空气静压单元提供，工作原理如图 5-17 所示。经分析研究，认为可能产生故障的原因有：①进口空气过滤器阻塞；②出口管路有泄漏；③溢流阀失灵；④排气阀失灵；⑤进气阀没有打开；⑥压缩机失效。

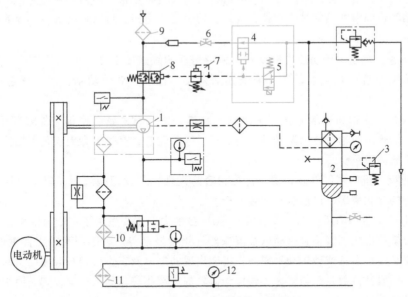

图 5-17　空气静压单元系统工作原理

1—压缩机　2—油气分离器　3—溢流阀　4、5—控制-排气组合阀　6—球阀　7—局部调节阀
8—进气阀　9—过滤器　10—油冷却器　11—空气冷却器　12—压力表

按照故障原因的分析逐一查找故障点。首先查找压缩机出口外部元件。经检查，管道及各插头无任何泄漏，溢流阀也正常。其次查找控制进气—排气回路。从原理图中可以看出，如果压缩机在工作状态，排气阀动作失灵没有断开排气回路，就会造成空气直接排回进气口。因此检查该回路时，应让压缩机处于工作状态，将球阀关闭，这时压力表显示压力 6.5MPa，证明空气在此回路跑失，没有达到工作压力 10MPa 的要求。进而判断压缩机也存在进气阀工作不到位而造成

吸气不足。由于排气阀和进气阀动作均由控制-排气组合阀 5 控制，工作时控制-排气组合阀 5 没有动作，那么进气阀和排气阀无法正常工作，故而导致该故障的出现。所以决定拆卸控制-排气组合阀 5，发现其电磁铁线圈损坏。故障点找到。

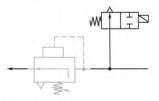

故障处理：由于控制-排气组合阀 5 是组合阀，而且连同球阀等一起安装在油气分离器壁体上，进、出气口并不都是管路连接，没有原样阀体根本无法替换。在修理过程中只好将原回路做微小改动。第一步，将控制-排气组合阀 5 的阀芯取出使其处于常通状态，并将排气小孔堵死。第二步，借助局部调节阀引出管路，在其上接一个排气阀（图 5-18），利用它来解决当压缩机停机时的排气问题。同时把该阀电磁铁线圈接到原控制阀控制线路上。经过改动后，空气静压单元正常工作。

图 5-18　排气组合阀更改图

⌂ **任务扩展**　数控机床机械故障诊断技术

一、定义

维修人员借助感觉器官对机床进行问、看、听、触、嗅等的诊断，称为实用诊断技术，实用诊断技术有时也称为直观诊断技术。

二、内容

1. 问

弄清故障是突发的，还是渐发的，机床开动时有哪些异常现象。对比故障前后工件的精度和表面粗糙度，以便分析故障产生的原因。弄清传动系统是否正常，出力是否均匀，背吃刀量和进给量是否减小等；润滑油品牌号是否符合规定，用量是否适当；机床何时进行过保养检修等。

2. 看

（1）看转速　观察主传动速度的变化，如带传动的线速度变慢，可能是传动带过松或负荷太大。对主传动系统中的齿轮，主要看它是否跳动、摆动。对传动轴，主要看它是否弯曲或晃动。

（2）看颜色　主轴和轴承运转不正常就会发热。长时间升温会使机床外表颜色发生变化，大多呈黄色。油箱里的油也会因温升过高而变稀，颜色改变；有时也会因长久不换油、杂质过多或油变质而变成深墨色。

（3）看伤痕　机床零部件碰伤损坏部位很容易发现，若发现裂纹时，应做记号，隔一段时间后再比较它的变化情况，以便进行综合分析。

（4）看工件　若车削后的工件表面粗糙度 Ra 数值大，主要是由于主轴与轴承之间的间隙过大，溜板、刀架等压板、镶条有松动以及滚珠丝杠预紧松动等。若磨削后的工件表面粗糙度 Ra 数值大，主要是由于主轴或砂轮动平衡差，机床出现共振以及工作台爬行等原因引起的。工件表面出现波纹，则看波纹数是否与机床主轴传动齿轮的齿数相等，如果相等，则表明主轴齿轮啮合不良是故障的主要原因。

（5）看变形　观察机床的传动轴、滚珠丝杠是否变形，大直径的带轮和齿轮的端面是否有轴向跳动。

（6）看油箱与冷却箱　主要观察油或切削液是否变质，确定其能否继续使用。

3. 听

一般运行正常的机床，其声音具有一定的音律和节奏，并保持稳定。机械运动发出的正常声音见表 5-2，异常声音见表 5-3。异常声音主要是机件的磨损、变形、断裂、松动和腐蚀等原因，致使在运行中发生碰撞、摩擦、冲击或振动所引起的。有些异常声音，表明机床中某一零件产生了故障；还有些异常声音，则是机床可能发生更大事故性损伤的预兆，其诊断见表 5-4。异常声音与故障征象的关系见表 5-5。

表 5-2　机械运动发出的正常声音

机械运动部件	正常声音
一般做旋转运动的机件	① 在运转空间较小或处于封闭系统时,多发出平静的"嘤嘤"声 ② 若处于非封闭系统或运行空间较大时,多发出较大的蜂鸣声 ③ 各种大型机床产生低沉而振动声浪很大的轰隆声
正常运行的齿轮副	① 一般在低速下无明显的声响 ② 链轮和齿条传动副一般发出平稳的"唧唧"声 ③ 直线往复运动的机件一般发出周期性的"咯噔"声 ④ 常见的凸轮顶杆机构、曲柄连杆机构和摆动摇杆机构等,通常都发出周期性的"嘀嗒"声 ⑤ 多数轴承副一般无明显的声响,借助传感器(通常用金属杆或螺钉旋具)可听到较为清晰的"嘤嘤"声
各种介质的传输设备	① 气体介质多为"呼呼"声 ② 流体介质为"哗哗"声 ③ 固体介质发出"沙沙"声或"呵罗呵罗"声

表 5-3　异常声音

声音	特征	原因
摩擦声	声音尖锐而短促	两个接触面相对运动的研磨。如带打滑或主轴轴承及传动丝杠副之间缺少润滑油,均会产生这种异常声音
冲击声	音低而沉闷	一般由于螺栓松动或内部有其他异物碰击
泄漏声	声小而长,连续不断	如漏风、漏气和漏液等
对比声	用锤子轻轻敲击来鉴别零件是否缺损。有裂纹的零件敲击后发出的声音就不那么清脆

表 5-4　异常声音的诊断

过程	说明
确定应诊的异常声音	① 新机床运转过程中一般无杂乱的声音,一旦由某种原因引起异常声音时,便会清晰而单纯地暴露出来 ② 旧机床运行期间声音杂乱,应当首先判明,哪些异常声音是必须予以诊断并排除的
确诊异常声音部位	根据机床的运行状态,确定异常声音的部位
确诊异常声音零件	机床的异常声音,常因产生异常声音零件的形状、大小、材质、工作状态和振动频率不同而声音各异
根据异常声音与其他故障的关系进一步确诊或验证异常声音零件	① 同样的声音,其高低、大小、尖锐、沉重及脆哑程度等不一定相同 ② 每个人的听觉也有差异,所以仅凭声响特征确诊机床异常声音的零件,有时还不够确切 ③ 根据异常声音与其他故障征象的关系,对异常声音零件进一步确诊与验证(表 5-5)

表 5-5　异常声音与故障征象的关系

故障征象	说明
振动	① 振动频率与异常声音的声频一致。据此便可进一步确诊和验证异常声音零件 ② 如对于动不平衡引起的冲击声,其声音次数与振动频率相同
爬行	在液压传动机构中,若液压系统内有异常声音,且执行机构伴有爬行现象,则可证明液压系统混有空气。这时,如果在液压泵中心线以下还有"吱嘁吱嘁"的噪声,就可进一步确诊是液压泵吸空导致液压系统混入空气
发热	① 有些零件产生故障后,不仅有异常声音,而且发热 ② 某一轴上有两个轴承。其中有一个轴承产生故障,运行中发出"隆隆"声,这时只要用手一摸,就可确诊,发热的轴承即为损坏的轴承

4. 触

（1）温升　人的手指触觉是很灵敏的，能相当可靠地判断各种异常的温升，其误差可准确到 3~5℃。不同温度的感觉见表 5-6。

（2）振动　轻微振动可用手感鉴别，至于振动的大小，可以找一个固定基点，用一只手去同时触摸，便可以比较出振动的大小。

（3）伤痕和波纹　肉眼看不清的伤痕和波纹，若用手指去摸则可很容易地感觉出来。摸的方法是：对圆形零件要沿切向和轴向分别去摸；对平面则要左右、前后均匀地去摸。摸时不能用力太大，只轻轻把手指放在被检查面上接触即可。

（4）爬行　用手摸可直观地感觉出来。

（5）松或紧　用手转动主轴或摇动手轮，即可感到接触部位的松紧是否均匀适当。

表 5-6　不同温度的感觉

机床温度	感觉
0℃左右	手指感觉冰凉,长时间触摸会产生刺骨的痛感
10℃左右	手感较凉,但可忍受
20℃左右	手感到稍凉,随着接触时间延长,手感潮温
30℃左右	手感微温有舒适感
40℃左右	手感如触摸高烧病人
50℃左右	手感较烫,如掌心扣的时间较长可有汗感
60℃左右	手感很烫,但可忍受 10s 左右
70℃左右	手有灼痛感,且手的接触部位很快出现红色
80℃以上	① 瞬时接触手感"麻辣火烧",时间过长,可出现烫伤 ② 为了防止手指烫伤,应注意手的触摸方法,一般先用右手并拢的食指、中指和无名指指背中节部位轻轻触及机件表面,断定对皮肤无损害后,才可用手指肚或手掌触摸

5. 嗅

剧烈摩擦或电器元件绝缘破损短路，使附着的油脂或其他可燃物质发生氧化，蒸发或燃烧产生油烟气、焦烟气等异味，应用嗅觉诊断的方法可收到较好的效果。

🔧 **做一做**　对表 5-6 的温度进行实际感觉一下，看一下是否与表中介绍的相同。注意不要烫伤。

🖱️**任务巩固**

一、填空题

1. 一般加工中心上的气压装置主要应用在主轴锥孔的_____上。

2. 车削加工薄工件时，夹具一般为_____。

3. 每_____给气源处理装置排水。

二、选择题（请将正确答案的代号填在括号中）

1. 车削加工薄工件时难以夹紧，而（　　　）则是较理想的夹具。

A. 真空卡盘　　　　　　B. 磁性卡盘　　　　　　C. 自定心卡盘

2. 气压传动的优点是（　　　）。

A. 可长距离输送　　　　B. 稳定性好　　　　　　C. 输出压力高

3. 对于一些薄壁零件、大型薄板零件、成形面零件或非磁性材料的薄片零件等，使用一般夹紧装置难以控制变形量和保证加工要求，因此常采用（　　　）夹紧装置。

A. 液压　　　　　　　　B. 气液增压　　　　　　C. 真空

三、判断题（正确的画"√"，错误的画"×"）

1. （　　　）空气侵入液压系统时，系统会出现爬行现象。

2. （　　　）压缩空气中含有的水分会使橡胶、塑料和密封材料变质。

3. （　　　）为排除缸内的空气，对要求不高的液压缸，可将油管设在缸体的最高处。

模块六 数控机床辅助装置的装调与维修

数控机床的辅助装置是数控机床上不可缺少的装置，在数控加工中起辅助作用，其编程控制指令不像准备功能（G功能）那样，是由数控系统制造商根据一定的标准（如EIA标准、ISO标准等）制订的，而是由机床制造商，以数控系统为依据，根据相关标准（如EIA标准、ISO标准等），并结合实际情况而设定的（如图6-1所示卡盘夹紧M10、卡盘松开M11、尾座套筒前进M12、尾座套筒返回M13、尾座前进M21、尾座后退M22、工件收集器伸出M74、工件收集器退回M73）。不同的机床制造商即使采用相同的数控系统，其辅助功能也可能有差异。

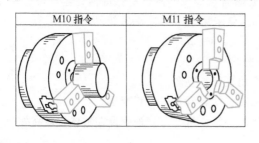

a)

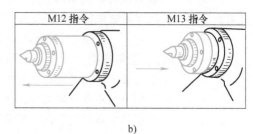

b)

6-1 工件收集器

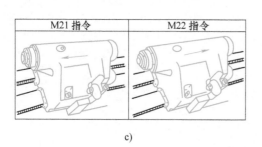

c)

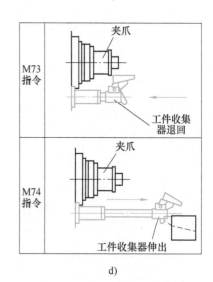

d)

图6-1 数控机床辅助功能举例

a）卡盘夹紧与松开 b）尾座套筒前进与返回 c）尾座前进与后退 d）工件收集器伸出与退回

通过学习本模块，学生应能读懂数控机床辅助装置的零部件装配图；能对数控机床辅助装置进行拆卸和再装配；能对数控机床辅助装置进行正确的维护与保养；学会查阅数控机床维修手册等相关资料的方法，并能以此为依据，排除数控机床辅助装置的机械故障。

任务一 数控机床用工作台的装调与维修

任务引入

为了扩大数控机床的加工性能，适应某些零件加工的需要，数控机床的进给运动除沿X、

Y、Z 三个坐标轴的直线进给运动之外，还可以有绕 X、Y、Z 三个坐标轴的圆周进给运动，分别称为 A、B、C 轴。数控机床的圆周进给运动一般由数控回转工作台来实现。数控回转工作台除了可以实现圆周进给运动之外，还可以完成分度运动。例如加工分度盘的轴向孔，可采用间歇分度转位结构进行分度，或通过分度工作台与分度头来完成。数控回转工作台的外形和一般分度工作台没有多大区别，但其在结构上具有一系列的特点。因为数控回转工作台能实现进给运动，所以它在结构上和数控机床的进给驱动机构有许多共同之处。不同之处在于数控机床的进给驱动机构实现的是直线进给运动，而数控回转工作台实现的是圆周进给运动。数控回转工作台的控制方式分为开环和闭环两种，其按台面直径可分为 160mm、200mm、250mm、320mm、400mm、500mm、630mm、800mm 等。此外，数控回转工作台按照不同的分类方法大致有以下几大类：

1）按照分度形式可分为等分回转工作台（图 6-2a）和任意分度回转工作台（图 6-2b）。

2）按照驱动方式可分为液压回转工作台（图 6-2c）和电动回转工作台（图 6-2d）。

3）按照安装方式可分为卧式回转工作台（图 6-2e）和立式回转工作台（图 6-2f）。

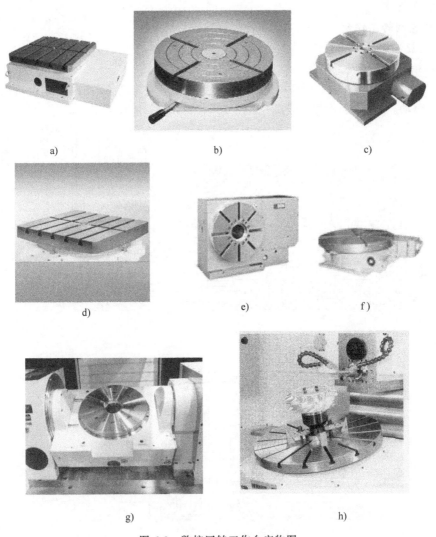

图 6-2　数控回转工作台实物图

a）等分回转工作台　b）任意分度回转工作台　c）液压回转工作台　d）电动回转工作台

e）卧式回转工作台　f）立式回转工作台　g）两轴联动可倾回转工作台　h）多轴并联回转工作台

4）按照回转轴轴数可分为单轴回转工作台（图6-2a～f）、两轴联动可倾回转工作台（图6-2g）和多轴并联回转工作台（图6-2h）。

📗 任务目标

- 能阅读数控回转工作台与分度工作台的装配图。
- 掌握数控回转工作台与分度工作台的工作原理。
- 能对数控机床用工作台进行维护与保养。
- 能排除由机械原因引起的数控机床用工作台的故障。

◉ 任务实施

■ 工厂参观　在教师的带领下，学生参观数控机床制造工厂，了解数控机床用工作台的工作原理、装配方法及应用。在工厂技术人员的指导下，学生参与数控机床用工作台的维护、装配与维修。

■ 教师讲解

一、数控回转工作台

1. 立式数控回转工作台

（1）单蜗杆数控回转工作台

1）开环数控回转工作台。开环数控回转工作台和开环直线进给机构一样，都可以用功率步进电动机来驱动。图6-3所示为自动换刀数控立式镗铣床数控回转工作台。

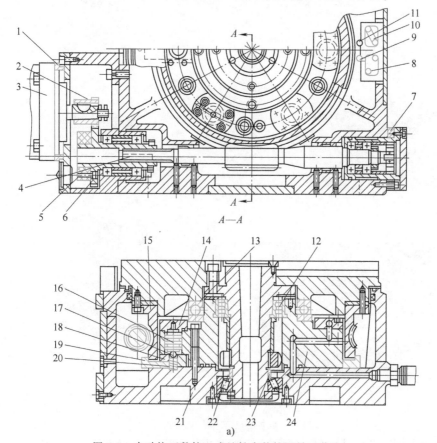

6-2　数控回转工作台

图6-3　自动换刀数控立式镗铣床数控回转工作台

a）结构图

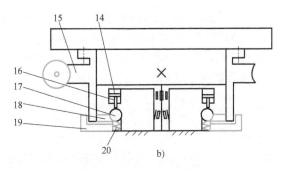

图 6-3　自动换刀数控立式镗铣床数控回转工作台（续）

b）工作原理图

1—偏心环　2、6—齿轮　3—电动机　4—蜗杆　5—垫圈　7—调整环　8、10—微动开关
9、11—挡块　12、13—轴承　14—液压缸　15—蜗轮　16—柱塞　17—钢球　18、19—夹
紧瓦　20—弹簧　21—底座　22—圆锥滚子轴承　23—调整套　24—支座

步进电动机 3 的输出轴上齿轮 2 与齿轮 6 啮合，啮合间隙由偏心环 1 来消除。齿轮 6 与蜗杆 4 用花键联接，花键配合间隙应尽量小，以减小对分度精度的影响。蜗杆 4 为双导程蜗杆，可以用轴向移动蜗杆的办法来消除蜗杆 4 和蜗轮 15 的啮合间隙。调整时，只要将调整环 7（两个半圆环垫片）的厚度尺寸改变，便可使蜗杆沿轴向移动。

蜗杆 4 的两端装有滚针轴承，左端为自由端，可以伸缩。右端装有两个角接触球轴承，承受蜗杆的轴向力。蜗轮 15 下部的内、外两面装有夹紧瓦 18 和 19，数控回转工作台的底座 21 上固定的支座 24 内均布六个液压缸 14。液压缸 14 上腔进压力油时，柱塞 16 下行，通过钢球 17 推动夹紧瓦 18 和 19 将蜗轮夹紧，从而将数控回转工作台夹紧，实现精确的分度定位。当数控回转工作台进行圆周进给运动时，控制系统首先发出指令，使液压缸 14 上腔的压力油流回油箱，在弹簧 20 的作用下钢球 17 抬起，夹紧瓦 18 和 19 就松开蜗轮 15。柱塞 16 到上位发出信号，功率步进电动机起动并按指令脉冲的要求，驱动数控回转工作台实现圆周进给运动。当数控回转工作台做圆周分度运动时，先分度回转再夹紧蜗轮，以保证定位的可靠，并提高其承受负载的能力。

数控回转工作台的分度定位与分度工作台不同，它按控制系统所指定的脉冲数来决定转位角度，没有其他的定位元件。因此，开环数控回转工作台的传动精度要求高，传动间隙应尽量小。数控回转工作台设有零点，当它做回零控制时，先快速回转运动至挡块 11，压合微动开关 10 时，发出“快速回转”变为“慢速回转”的信号，再由挡块 9 压合微动开关 8 发出从“慢速回转”变为“点动步进”的信号，最后由功率步进电动机停在某一固定的通电相位上（称为锁相），从而使回转工作台准确地停在零点位置上。数控回转工作台的圆形导轨采用大型推力滚珠轴承 13，以使回转灵活。径向导轨由滚子轴承 12 及圆锥滚子轴承 22 来保证其回转精度和定心精度。调整轴承 12 的预紧力，可以消除回转轴的径向间隙。调整调整套 23 的厚度，可以使圆形导轨上有适当的预紧力，保证导轨有一定的接触刚度。这种数控回转工作台可做成标准附件，回转轴可水平安装，也可垂直安装，以适应不同工件的加工要求。

数控回转工作台的脉冲当量是指数控回转工作台每个脉冲所回转的角度（°/脉冲），现在尚未标准化。现有的数控回转工作台的脉冲当量有小到 0.001°/脉冲，也有大到 2′/脉冲。设计时应根据加工精度的要求和数控回转工作台的直径大小来选定。一般来讲，加工精度越高，脉冲当量应选得越小；数控回转工作台直径越大，脉冲当量应选得越小。但也不能盲目追求过小的脉冲当量。脉冲当量 δ 选定之后，根据功率步进电动机的脉冲步距角 θ 就可以确定减速齿轮和蜗杆副的传动比

$$\delta = \frac{z_1}{z_2} \cdot \frac{z_3}{z_4} \theta$$

式中　　z_1、z_2——主动、从动齿轮的齿数；

　　　　z_3、z_4——蜗杆头数和蜗轮齿数。

在决定 z_1、z_2、z_3、z_4 时，一方面要满足传动比的要求，同时也要考虑到结构的限制。

2）闭环数控回转工作台。闭环数控回转工作台的结构与开环数控回转工作台的结构大致相同，其区别在于闭环数控回转工作台有转动角度的测量元件（圆光栅或圆感应同步器），所测量的结果经反馈与指令值进行比较，按闭环原理进行工作，使数控回转工作台分度精度更高。图6-4所示为

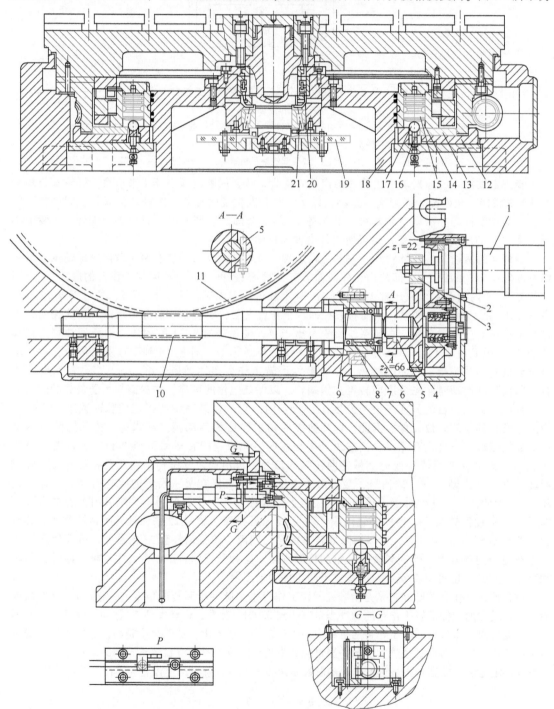

图6-4　闭环数控回转工作台的结构

1—电液脉冲马达　2—偏心环　3—主动齿轮　4—从动齿轮　5—销钉　6—调整套　7—压块　8—螺母套筒　9—锁紧螺钉
10—蜗杆　11—蜗轮　12、13—夹紧瓦　14—液压缸　15—活塞　16—弹簧　17—钢球　18—底座　19—光栅　20、21—轴承

闭环数控回转工作台的结构。

　　闭环数控回转工作台由电液脉冲马达 1 驱动，它的轴上装有主动齿轮 3 （$z_1 = 22$），其与从动齿轮 4 （$z_2 = 66$）相啮合，齿的侧隙靠调整偏心环 2 来消除。从动齿轮 4 与蜗杆 10 用楔形的拉紧销钉 5 联接，这种联接方式能消除轴与套的配合间隙。蜗杆 10 为双导程蜗杆，即相邻齿的厚度是不同的。因此，可用轴向移动蜗杆的方法来消除蜗杆 10 和蜗轮 11 的齿侧间隙。调整时，先松开壳体螺母套筒 8 上的锁紧螺钉 9，再用压块 7 把调整套 6 放松，然后转动调整套 6，它便和蜗杆 10 同时在壳体螺母套筒 8 中做轴向移动，从而消除齿侧间隙。调整完毕后，再拧紧锁紧螺钉 9，把压块 7 压紧在调整套 6 上，使其不能再转动。

　　蜗杆 10 的两端装有双列滚针轴承作为径向支承，右端装有两只推力轴承来承受轴向力，左端可以自由伸缩，保证运转平稳。蜗轮 11 下部的内、外两面均有夹紧瓦 12 及 13。当蜗轮 11 不回转时，回转工作台的底座 18 内均布有八个液压缸 14，其上腔进压力油时，活塞 15 下行，通过钢球 17 撑开夹紧瓦 12 和 13，将蜗轮 11 夹紧。当回转工作台需要回转时，控制系统发出指令，使液压缸上腔的压力油流回油箱。弹簧 16 回复力的作用，把钢球 17 抬起，夹紧瓦 12 和 13 就不夹紧蜗轮 11，然后由电液脉冲马达 1 通过传动装置，使蜗轮 11 和回转工作台一起按照控制指令做回转运动。回转工作台的导轨面由大型滚柱轴承支承，并由圆锥滚子轴承 21 和双列圆柱滚子轴承 20 保持准确的回转中心。

　　数控回转工作台设有零点，当它做回零控制时，先用挡块碰撞限位开关（图中未示出），使工作台由快速变为慢速回转，然后在无触点开关的作用下，使工作台准确地停在零位。数控回转工作台可做任意角度的回转或分度，由光栅 19 进行读数控制。光栅 19 沿其圆周上有 21600 条刻线，通过 6 倍频线路，刻度的分辨力为 10″。

　　（2）双蜗杆回转工作台　图 6-5 所示为双蜗杆传动结构，用两个蜗杆分别实现蜗轮的正、反向传动。蜗杆 2 可用于轴向调整，使两个蜗杆分别与蜗轮左右齿面接触，尽量消除正、反传动间隙。调整垫 3、5 用于调整一对锥齿轮的啮合间隙。双蜗杆传动结构虽然较双导程蜗杆、平面齿圆柱齿轮包络蜗杆传动结构复杂，但普通蜗轮、蜗杆制造工艺简单，承载能力比双导程蜗杆大。

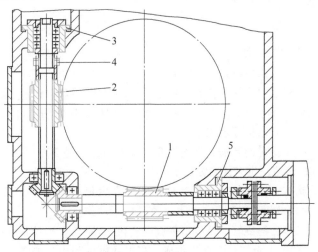

图 6-5　双蜗杆传动结构
1—轴向固定蜗杆　2—轴向调整蜗杆　3、5—调整垫
4—锁紧螺母

　　（3）直接驱动回转工作台　直接驱动回转工作台（图 6-6）一般采用力矩电动机驱动。力矩电动机（图 6-7）是一种具有软机械特性和宽调速范围的特种电动机，它在原理上与他励直流电动机和两相异步电动机一样，只是在结构和性能上有所不同。力矩电动机的转速与外加电压成正比，通过调压装置改变电压即可调速。不同的是，力矩电动机的堵转电流小，允许超低速运转，并且有一个调压装置可以调节输入电压以改变输出力矩。力矩电动机比较适合低速调速系统，甚至可长期工作于堵转状态而只输出力矩，因此它可以直接与控制对象相联而不需减速装置，从而实现直接驱动。以力矩电动机为核心动力元件的数控回转工作台具有无传动间隙、无磨损、传动精度和效率高等优点。

图 6-6　直接驱动回转工作台

图 6-7　力矩电动机

想一想　直接驱动回转工作台与一般工作台有什么异同？

2. 卧式数控回转工作台

卧式数控回转工作台主要用于立式机床，以实现圆周运动，它一般由传动系统、蜗杆副和夹紧机构等部分组成。图 6-8 所示为一种数控机床常用的卧式数控回转工作台，可以采用气动或液压夹紧，其结构原理如下：

在工作台回转前，首先松开夹紧机构，活塞 2 左侧的工作台松开腔通入压力气（油），活塞 2 向右移动，使夹紧装置处于松开位置。这时，工作台 7、主轴 4、蜗轮 14 和蜗杆 15 都处于可旋转的状态。松开信号检测微动开关（在发信装置 8 中，图 6-8 中未画出）发信，夹紧微动开关（在发信装置 8 中，图 6-8 中未画出）不动作。

工作台的旋转、分度由伺服电动机 10 驱动。传动系统由伺服电动机 10，齿轮 11、12，蜗轮 14、蜗杆 15 及工作台 7 等组成。当电动机接到由控制单元发出的起动信号后，其按照指令要求的回转方向、速度、角度回转，实现回转轴的进给运动，进行多轴联动或带回转轴联动的加工。工作台到位后，依靠电动机闭环位置控制定位，工作台依靠蜗杆副的自锁功能保持准确的定位，但在这种定位情况下，只能进行较低切削转矩的工件加工，在切削转矩较大时，必须进行工作台的夹紧。

工作台夹紧机构的工作原理如图 6-8 所示。工作台的主轴 4 后端安装有夹紧体 5，当活塞 2 右侧的工作台夹紧腔通入压力气（油）后，活塞 2 由初始的松开位置向左移动，并压紧钢球 6，钢球 6 再压紧夹紧座 3、夹紧体 5，实现工作台的夹紧。当工作台松开液压缸腔通入压力气（油）后，活塞 2 由压紧位置回到松开位置，工作台松开。工作台夹紧气缸的旁边有与之贯通的小气（液压）缸，与发信装置 8 相连，用于夹紧、松开微动开关的发信。

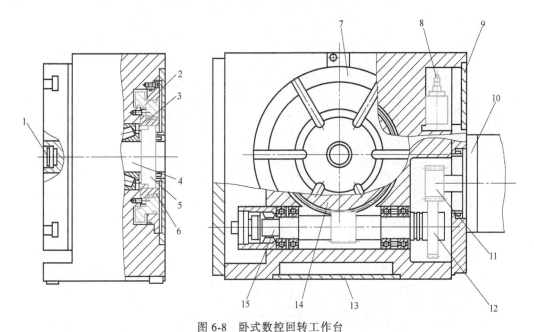

图 6-8　卧式数控回转工作台

1—螺堵　2—活塞　3—夹紧座　4—主轴　5—夹紧体　6—钢球　7—工作台　8—发信装置
9、13—盖板　10—伺服电动机　11、12—齿轮　14—蜗轮　15—蜗杆

卧式数控回转工作台也有使用谐波齿轮的结构，这种结构尺寸紧凑，端面谐波齿轮传动的结构如图 6-9 所示。

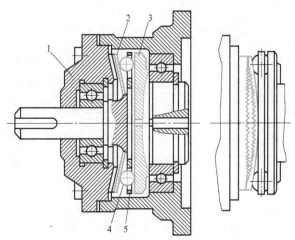

图 6-9　端面谐波齿轮传动的结构

1—刚性构件　2—柔性构件　3—波发生器　4—圆球　5—球保持架

3. 立卧两用数控回转工作台

图 6-10 所示为立卧两用数控回转工作台，它有两个相互垂直的定位面，而且装有定位键 22，可方便地进行立式或卧式安装。工件可由主轴孔 6 定心，也可装夹在工作台 4 的 T 形槽内。工作台可以完成任意角度分度和连续回转进给运动。工作台的回转由直流伺服电动机 17 驱动，伺服电动机尾部装有检测用的每转 1000 个脉冲信号的编码器，实现半闭环控制。

机械传动部分是两对齿轮副和一对蜗杆副。齿轮副采用双片齿轮错齿消隙法消隙。调整时

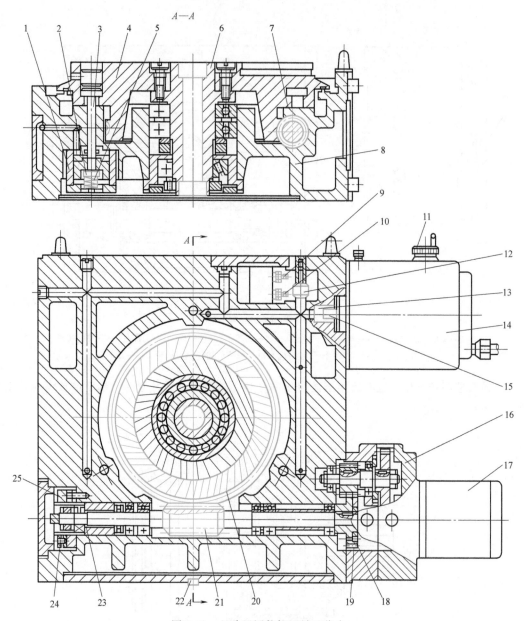

图 6-10　立卧两用数控回转工作台

1—夹紧液压缸　2—活塞　3—拉杆　4—工作台　5—弹簧　6—主轴孔　7—工作台导轨面　8—底座

9、10—信号开关　11—手摇脉冲发生器　12—触头　13—油腔　14—气液转换装置　15—活塞杆

16—法兰盘　17—直流伺服电动机　18、24—螺钉　19—齿轮　20—蜗轮

21—蜗杆　22—定位键　23—螺纹套　25—螺母

卸下直流伺服电动机 17 和法兰盘 16，松开螺钉 18，通过转动双片齿轮来消隙。蜗杆副采用变齿厚双导程蜗杆消隙法消隙。调整时松开螺钉 24 和螺母 25，转动螺纹套 23，使蜗杆 21 轴向移动，改变蜗杆 21 与蜗轮 20 的啮合部位，从而消除间隙。工作台导轨面 7 贴有聚四氟乙烯，改善了导轨的动、静摩擦因数，提高了运动性能和减少了导轨磨损。

工作时，首先气液转换装置 14 中的电磁阀换向，使其中的气缸左腔进气，右腔排气，气缸活塞杆 15 向右退回，油腔 13 及管路中的油压下降，夹紧液压缸 1 上腔减压，活塞 2 在弹簧 5 的作用下向上运动，拉杆 3 松开工作台。同时触头 12 退回，松开夹紧信号开关 9，压下松开信号开关 10。此时直流伺服电动机 17 开始驱动工作台回转（或分度）。工作台回转完毕（或分度到位），气液转换装置 14 中的电磁阀换向，使气缸右腔进气，左腔排气，活塞杆 15 向左伸出，油腔 13、油管及夹紧液压缸 1 上腔的油压增加，使活塞 2 压缩弹簧 5，拉杆 3 下移，将工作台压紧在底座 8 上，同时触头 12 在油压作用下向外伸出，放开松开信号开关 10，压下夹紧信号开关 9。工作台完成一个工作循环时，零位信号开关（图中未画出）发出信号，使工作台返回零位。手摇脉冲发生器 11 可用于工作台的手动微调。

二、分度工作台

分度工作台的分度和定位按照控制系统的指令自动进行，每次转位都回转一定的角度（90°、60°、45°、30°等）。为满足分度精度的要求，分度工作台要使用专门的定位元件。常用的定位元件有插销定位、端齿盘定位、反靠定位和钢球定位等几种。

1. 插销定位的分度工作台

这种工作台的定位元件由定位销和定位套孔组成，图 6-11 所示为自动换刀数控卧式镗铣床分度工作台。

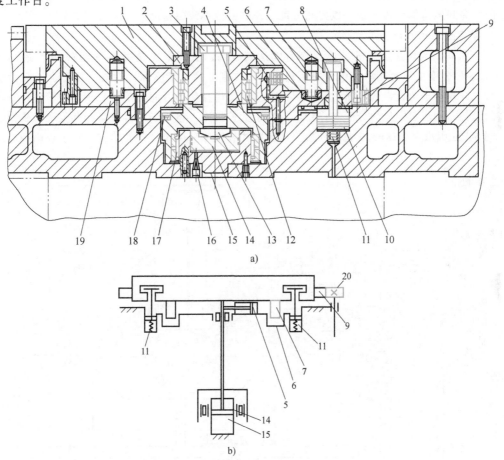

图 6-11　自动换刀数控卧式镗铣床分度工作台
a）结构图　b）工作原理图

1—分度工作台　2—转台轴　3—六角螺钉　4—轴套　5、10、14—活塞　6—定位套
7—定位销　8、15—液压缸　9、20—齿轮　11—弹簧　12、17、18—轴承　13—止推螺钉
16—管道　19—转台座

分度工作台下方有八个均布的圆柱定位销7和定位套6及一个马蹄式环形槽。定位时，只有一个定位销插入定位套的孔中，其他七个则进入马蹄式环形槽中。这种分度工作台只能实现45°等分的分度定位。当需要分度时，首先由机床控制系统发出指令，使六个均布于固定工作台圆周上的夹紧液压缸8（图中只画出一个）上腔中的压力油流回油箱。由弹簧11推动活塞上升15mm，使分度工作台放松。同时，压力油从管道16进入中央液压缸15，于是活塞14上升，通过止推螺钉13、止推轴套4将推力圆柱滚子轴承18向上抬起15mm而顶在转台座19上。再通过六角螺钉3、转台轴2使分度工作台1也抬高15mm。与此同时，定位销7从定位套6中拔出，完成了分度前的准备动作。控制系统再发出指令，使液压马达回转，并通过齿轮20使和工作台固定在一起的大齿轮9回转，分度工作台便进行分度，当其上的挡块碰到第一个微动开关时减速，然后慢速回转，碰到第二个微动开关时准停。此时，新的定位销7正好对准定位套的定位孔，准备定位。分度工作台由于在径向有双列滚柱轴承12及滚针轴承17作为两端径向支承，中间又有推力球轴承，故其回转部分运动平稳。分度运动结束后，中央液压缸15的压力油流回油箱，分度工作台下降定位，同时夹紧液压缸8上端进压力油，活塞10下降，通过活塞杆上端的台阶部分将分度工作台夹紧，在分度工作台定位之后、夹紧之前，活塞5顶向工作台，将分度工作台转轴中的径向间隙消除后再夹紧，以提高分度工作台的分度定位精度。

2. 端齿盘定位的分度工作台

（1）结构　端齿盘定位的分度工作台能达到很高的分度定位精度，一般为±3″，最高可达±0.4″。这种分度工作台能承受很大的外载荷，定位刚度高，精度保持性好。实际上，端齿盘的啮合和脱开相当于两齿盘的对研过程，因此，随着端齿盘使用时间的延长，其定位精度还有不断提高的趋势。端齿盘定位的分度工作台广泛用于数控机床，也用于组合机床和其他专用机床。

图6-12a所示为THK6370型自动换刀数控卧式镗铣床分度工作台的结构，它主要由一对端齿

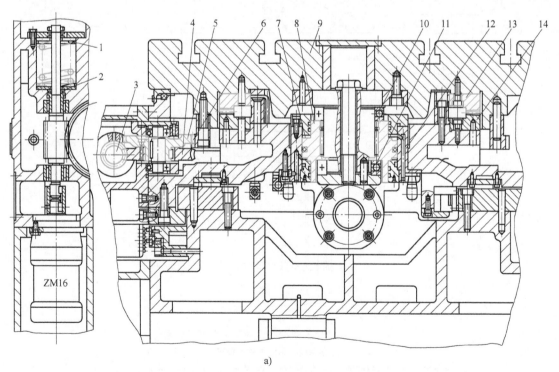

a)

图6-12　端齿盘定位分度工作台及端齿盘

a）THK6370型自动换刀数控卧式镗铣床分度工作台的结构

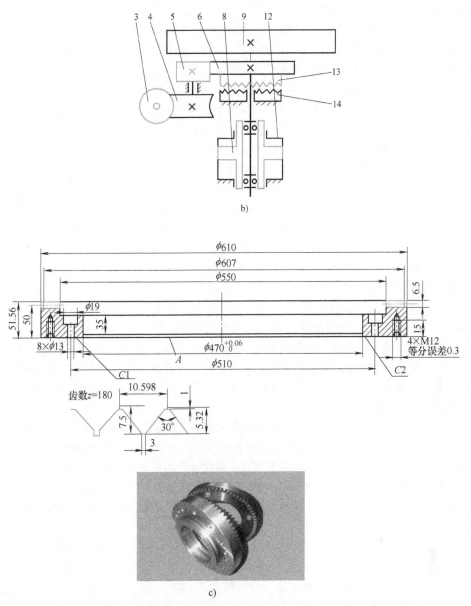

图 6-12 端齿盘定位分度工作台及端齿盘（续）

b）端齿盘定位分度工作台的工作原理 c）端齿盘结构及外形

1—弹簧 2、10、11—推力轴承 3—蜗杆 4—蜗轮 5、6—齿轮 7—管道
8—活塞 9—分度工作台 12—升夹液压缸 13、14—端齿盘

盘 13、14（图 6-12a、c），升夹液压缸 12，活塞 8，液压马达，蜗杆副（包括蜗杆 3 和蜗轮 4）和减速齿轮副（包括齿轮 5、6）等组成。其分度转位动作包括：①分度工作台抬起，端齿盘脱离啮合，完成分度前的准备工作；②回转分度；③分度工作台下降，端齿盘重新啮合，完成定位夹紧。

分度工作台 9 的抬起是由升夹液压缸的活塞 8 来完成的，其油路工作原理如图 6-13 所示。当需要分度时，控制系统发出分度指令，工作台升夹液压缸的换向阀电磁铁 E_2 通电，压力油便从管道 24 进入分度工作台 9 中央的升夹液压缸 12 的下腔，于是活塞 8 向上移动，通过推力轴承

10 和 11 带动分度工作台 9 向上抬起，使上、下端齿盘 13、14 相互脱离啮合，液压缸上腔的油则经管道 23 排出，通过节流阀 L_3 流回油箱，完成分度前的准备工作。

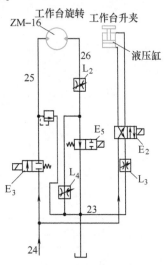

当分度工作台 9 向上抬起时，通过推杆和微动开关发出信号，使控制液压马达 ZM-16 的换向阀电磁铁 E_3 通电，压力油从管道 25 进入液压马达使其旋转。通过蜗杆副和齿轮副带动分度工作台 9 进行分度回转运动。液压马达的回油是经过管道 26、节流阀 L_2 及换向阀 E_5 流回油箱的。调节节流阀 L_2 开口的大小，便可改变工作台的分度回转速度（一般调在 2r/min 左右）。工作台分度回转角度的大小由指令给出，共有八个等份，即为 45° 的整倍数。当工作台的回转角度接近所要分度的角度时，减速挡块使微动开关动作，发出减速信号，换向阀电磁铁 E_5 通电，将液压马达的回油管道关闭，此时，液压马达的回油除了通过节流阀 L_2 还要通过节流阀 L_4 才能流回油箱，节流阀 L_4 的作用是使其减速。因此，工作台在停止转动之前，其转速已显著下降，为端齿盘的准确定位创造了条件。当工作台的回转角度达到所要求的角度时，准停挡块压合微动开关，发出信号，使电磁铁 E_3 断电，堵住液压马达的进油管道 25，液压马达便停止转

图 6-13 油路工作原理

动。至此，工作台完成了准停动作，与此同时，换向阀电磁铁 E_2 断电，压力油从管道 24 进入升夹液压缸上腔，推动活塞 8 带着工作台下降，于是上、下端齿盘又重新啮合，完成定位夹紧。液压缸下腔的油便从管道 23，经节流阀 L_3 流回油箱。在分度工作台下降的同时，由推杆使另一微动开关动作，发出分度转位完成的回答信号。

分度工作台的转动由蜗杆副带动，而蜗杆副的转动具有自锁性，即运动不能从蜗轮 4 传至蜗杆 3。但是工作台下降时，最后的位置由定位元件——端齿盘所决定，即由端齿盘带动工作台做微小转动来纠正准停时的位置偏差，如果工作台由蜗轮 4 和蜗杆 3 锁住而不能转动，这时便产生了动作上的矛盾。为此，将蜗杆轴设计成浮动式的结构（图 6-12），即其轴向用两个推力轴承 2 抵在一个螺旋弹簧 1 上面。这样，工作台做微小回转时，便可由蜗轮带动蜗杆压缩弹簧 1 做微量的轴向移动，从而解决了它们的矛盾。

若分度工作台的尺寸较小，则工作台面的下凹程度不会太大；但是当工作台面较大（例如 800mm×800mm 以上）时，如果仍然只在台面中心处拉紧，势必增大工作台面的下凹量，不易保证台面精度。为了避免出现这种现象，常把工作台受力点从中央附近移到离端齿盘作用点较近的环形位置上，改善工作台的受力状况，从而保证工作台面的精度，如图 6-14 所示。

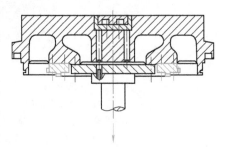

图 6-14 工作台拉紧机构

（2）端齿盘的特点　端齿盘在使用中有很多优点：①定位精度高。端齿盘采用向心端齿结构，它既可以保证分度精度，同时又可以保证定心精度，而且不受轴承间隙及正反转的影响，一般定位精度可达 ±3″，高精度的可在 ±0.3″ 以内。同时，其重复定位精度既高又稳定。②承载能力强，定位刚度好。由于是多齿同时啮合，一般啮合率不低于 90%，每齿啮合长度不少于 60%。③随着不断的磨合，齿面磨损，定位精度不仅不会下降，还会有所提高，因而使用寿命也较长。④适用于多工位分度。由于齿数的所有因数都可以作为分度工位，因此一种齿盘可以用于分度数目不同的场合。

端齿盘分度工作台除了具有上述优点外，也还有些不足之处：①其主要零件——多齿端面齿盘的制造比较困难，其齿形及几何公差要求很高，而且成对齿盘的对研工序很费工时，一般要研磨几十个小时以上，因此生产率低，成本也较高。②在工作时，多齿盘要升降、转位、定位及夹紧，故多齿盘分度工作台的结构也相对复杂些。但是从综合性能来衡量，它能使一台加工中心的主要指标——加工精度得到保证，因此目前在卧式加工中心上仍在采用。

（3）多齿盘的分度角度 多齿盘可实现的分度角度为

$$\theta = 360°/z$$

式中 θ——可实现的分度角度（整数）；

z——多齿盘齿数。

3. 带有交换托盘的分度工作台

图 6-15 所示为 ZHS-K63 型卧式加工中心上的带有交换托盘的分度工作台，用端齿盘分度结构。其分度工作原理如下：

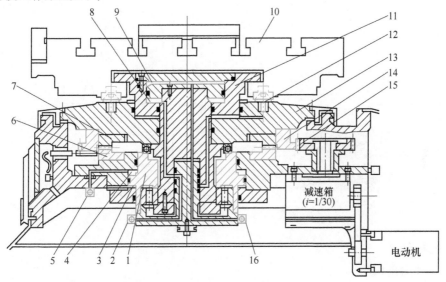

图 6-15 带有交换托盘的分度工作台

1—活塞体 2、5、16—液压阀 3、4、8、9—油腔 6、7—端齿盘 10—托盘
11—液压缸 12—定位销 13—工作台体 14—齿圈 15—齿轮

当工作台不转位时，上端齿盘 7 和下端齿盘 6 总是啮合在一起，当控制系统给出分度指令后，电磁铁控制换向阀运动（图中未画出），使压力油进入油腔 3，使活塞体 1 向上移动，并通过滚珠轴承带动整个工作台体 13 向上移动，工作台体 13 的上移使得端齿盘 6 与 7 脱开，装在工作台体 13 上的齿圈 14 与驱动齿轮 15 保持啮合状态，电动机通过传动带和一个减速比 $i=1/30$ 的减速箱带动齿轮 15 和齿圈 14 转动，当控制系统给出转动指令时，驱动电动机旋转并带动上端齿盘 7 旋转进行分度，当转过所需角度后，驱动电动机停止，压力油通过液压阀 5 进入油腔 4，迫使活塞体 1 向下移动并带动整个工作台体 13 下移，使上、下端齿盘相啮合，可准确地定位，从而实现了工作台的分度。

驱动齿轮 15 上装有剪断销（图中未画出），如果分度工作台发生超载或碰撞等现象，剪断销将被切断，从而避免了机械部分的损坏。

分度工作台根据编程命令可以正转，也可以反转，由于该齿盘有 360 个齿，故最小分度单位为 1°。

分度工作台上的两个托盘是用来交换工件的，托盘规格为 $\phi630\text{mm}$。托盘台面上有七个 T 形槽，两个边缘定位块用来定位夹紧，托盘台面利用T形槽可安装夹具和工件。托盘是靠四个精磨的圆锥定位销12在分度工作台上定位的，由液压夹紧，托盘的交换过程如下：当需要交换托盘时，控制系统发出指令，使分度工作台返回零位，此时液压阀16接通，使压力油进入油腔9，使得液压缸11向上移动，托盘则脱开定位销12，当托盘被顶起后，液压缸带动齿条（图6-16中虚线部分）向左移动，从而带动与其相啮合的齿轮旋转并使整个托盘装置旋转，使托盘沿着滑动轨道旋转180°，从而达到托盘交换的目的。当新的托盘到达分度工作台上面时，空气阀接通，压缩空气经管路从托盘定位销12中间吹出，清除托盘定位销孔中的杂物。同时，电磁液压阀2接通，压力油进入油腔8，迫使液压缸11向下移动，并带动托盘夹紧在四个定位销12中，完成整个托盘的交换过程。

托盘的夹紧和松开一般不单独操作，而是在托盘交换时自动进行。图6-16所示为二托盘交换装置。作为选件也有四托盘交换装置（图略）。

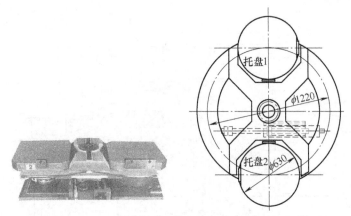

图6-16　二托盘交换装置

技能训练

一、工作台的维护

1）及时清理工作台上的切屑和灰尘，应每班清扫。

2）每班工作结束，应在工作台表面涂上润滑油。

3）矩形工作台传动部分按丝杠、导轨副等的防护保养方法进行维护。

4）定期调整数控回转工作台的回转间隙。工作台回转间隙主要由于蜗轮磨损形成。当机床工作大约5000h时，应检查回转轴的回转间隙，若间隙超过规定值，则应进行调整。检查的办法可用正反转回转法，用百分表测定回转间隙。即用百分表触及工作台T形槽→用扳手正向回转工作台→百分表清零→用扳手反向回转工作台→读出百分表数值。该数值即为反向回转间隙，当数值超过一定值时，就需进行调整。

5）维护好数控回转工作台的液压装置。对数控回转工作台，应进行以下维护工作：定期检查油箱中的油液是否充足；油液的温度是否在允许的范围内；液压马达运动时是否有异常噪声等现象；限位开关与撞块是否工作可靠，位置是否变动；夹紧液压缸移动时是否正常；液压阀、液压缸及管接头处是否有外漏；液压回转工作台的转位液压缸是否研损；工作台抬起液压阀、夹紧液压阀部位有没有被切屑卡住等；对液压件及油箱等定期清洗和维修，对油液、密封件进行定期更换。

6）定期检查与工作台相联接的部位是否有机械研损，定期检查工作台支承面回转轴及轴承等机械部分是否研损。

二、数控机床用工作台的故障分析与排除

1. **工作台不能回转到位，中途停止的故障分析与排除**

故障现象：输入指令要求工作台回转 180°或回零时，工作台只转 114°左右就停下来。当停顿时用手用力推动，工作台也会继续转下去，直到目标为止。但再次起动分度工作时，仍出现同样故障。

故障分析：在 CRT 显示器上检查回转状态时，发现每次工作台在转动时，传感器显示正常，表示工作台上升到规定的高度。但如果工作台中途停转或晃动工作台，则传感器不能维持正常工作状态。拆开工作台后，发现传感器部位传动杆中心线偏离传感器中心线距离较大。

故障处理：调整和校正传感器，故障排除。

2. **数控回转工作台回参考点的故障分析与排除**

故障现象：TH6363 型卧式加工中心数控回转工作台，在返回参考点（正方向）时，经常出现抖动现象。有时抖动大，有时抖动小，有时不抖动；如果按正方向继续做若干次不等值的回转，则抖动现象很少出现。在做负方向回转时，第一次肯定要抖动，而且十分明显，随之会明显减少，直至消失。

故障分析：TH6363 型卧式加工中心数控回转工作台，在机床调试时就出现过抖动现象，并一直从电气角度来分析和处理，但始终没有得到满意的结果，故此故障有可能是机械因素造成的，或者转台的驱动系统出了问题。顺着这个思路，从传动机构方面找原因，对驱动系统的每个相关件进行仔细的检查。最后发现固定蜗杆轴轴承右边的锁紧螺母左端没有紧靠其垫圈，有 3mm 的空隙，用手可以往紧的方向转两圈。该锁紧螺母没起锁紧作用，致使蜗杆产生窜动，故转台抖动就是锁紧螺母松动造成的。锁紧螺母之所以没有起作用，是因为其直径方向的开槽深度及所留变形量不够合理，使 4 个 M4×6 的紧定螺钉拧紧后，不能使螺母产生明显变形，起到防松作用，在转台经过若干次正、负方向回转后，不能保持其初始状态，逐渐松动，而且越松越多，导致轴承内环与蜗杆出现 3mm 的轴向窜动，回转工作台就不能与电动机同步动作。这不仅造成工作台的抖动，而且随着反向间隙的增大，蜗轮与蜗杆相互碰撞，使蜗杆副的接触表面出现伤痕，影响机床的精度和使用寿命。

故障处理：将原锁紧螺母所开的宽 2.5mm、深 10mm 的槽开通，与螺纹相切，并超过半径，调整好安装位置后，用两个紧定螺钉紧固，即可起到防松作用。

3. **低压报警的故障分析与排除**

故障现象：一台配套 FANUC 0MC 系统，型号为 XH754 的数控机床，出现油压低报警。

故障分析：首先检查气液转换的气源压力正常，检查工作台压紧液压缸油位指示杆，已到上限，可能缺油，用螺钉旋具旋动控制工作台上升、下降的电磁阀手动旋钮，使工作台压紧气液转换缸补油，油位指示杆回到中间位置，报警消除。但过半小时左右，报警又出现，再检查工作台压紧液压缸油位，又缺油，故怀疑油路有泄漏。检查油管各接头正常，怀疑对象缩小为工作台夹紧工作液压缸和夹紧气液转换缸，检查气液转换缸，发现油腔 Y 形聚氨酯密封圈有裂纹，导致压力油慢慢回流到补油腔，最后因压力油不能形成油压而报警。

故障处理：更换密封圈后故障排除。

4. **工作台回零不旋转故障的分析与排除（一）**

故障现象：TH6232 型加工中心，开机后工作台回零不旋转且出现 05、07 号报警。

故障分析：首先利用梯形图和状态信息对工作台夹紧开关的状态进行实验检查（138.0 为"1"正常。手动松开工作台，138.0 由"1"变为"0"，表明工作台能松开。回零时，工作台松开了，地址 211.1TABSC$_1$ 由"0"变为"1"，211.3TABSC$_2$ 也由"0"变为"1"，然而经 2000ms 延时后，又由"1"变成了"0"）。致使工作台旋转信号异常的原因可能是电动机过载，也可能

是工作台液压有问题，经过反复几次实验，排除了电动机过载故障，发现是工作台液压泵工作压力存在问题。工作台正常的工作压力为 4.0~4.5MPa，在工作台松开抬起时，压力由 4.0MPa 下降到 2.5MPa 左右，泄压严重，致使工作台未能完全抬起，松开延时后，无法旋转，产生过载。

故障处理：将液压泵检修后，保证正常的工作压力，故障排除。

5. 工作台回零不旋转的故障分析与排除（二）

故障现象：TH6232 型加工中心，开机后工作台回零不旋转且出现 05、07 号报警。

故障分析：首先完全按第 4 例所述的方法进行检查，检查状态信息同上例一样，检查液压泵工作压力也正常，故此故障肯定是由过载引起的。而引起过载的原因有两方面：电动机过载和工作机械故障。首先检查电动机，将刀库电动机与工作台电动机交换（型号一致），故障仍未消除，因而排除了电动机故障；然后将工作台拆开，发现端齿盘中的 6 组碟形弹簧损坏不少。更换碟形弹簧，如果更换碟形弹簧后工作台仍不旋转，则仍利用梯形图和状态信息检查，139.3INP.M 信息由"1"变成了"0"，139.5SALM.M 由"0"变为"1"，即简易定位装置在位信号灯不亮，未在位，且报警。

故障处理：更换碟形弹簧，并手动旋转电动机使之进入在位区，即"INP"为"1"，灯亮，则故障排除。

讨论总结　学生通过上网查询，并在工厂技术人员的参与下，分组讨论数控机床用工作台常见的故障及排除方法。

回转工作台（用端齿盘定位）的常见故障及排除方法见表 6-1。

表 6-1　回转工作台（用端齿盘定位）的常见故障及排除方法

序号	故障现象	故障原因	排除方法
1	工作台没有抬起动作	控制系统没有抬起信号输入	检查控制系统是否有抬起信号输入
		抬起液压阀卡住没有动作	修理或清除污物，更换液压阀
		液压泵工作压力不够	检查油箱中的油是否充足，并重新调整压力
		与工作台相联接的机械部分研损	修复研损部位或更换零件
		抬起液压缸研损或密封损坏	修复研损部位或更换密封圈
2	工作台不转位	工作台抬起或松开完成信号没有发出	检查信号开关是否失效，更换失效开关
		控制系统没有转位信号输入	检查控制系统是否有转位信号输入
		与电动机或齿轮相联的胀套松动	检查胀套联接情况，拧紧胀套压紧螺钉
		液压回转工作台的转位液压阀卡住没有动作	修理或清除污物，更换液压阀
		工作台支承面回转轴及轴承等机械部分研损	修复研损部位或更换新的轴承
3	工作台转位分度不到位，发生顶齿或错齿	控制系统输入的脉冲数不够	检查控制系统输入的脉冲数
		机械转动系统间隙太大	调整机械转动系统间隙，轴向移动蜗杆，或者更换齿轮、锁紧胀紧套等
		液压回转工作台的转位液压缸研损，未转到位	修复研损部位
		转位液压缸前端的缓冲装置失效，固定挡铁松动	修复缓冲装置，拧紧固定挡铁螺母
		闭环控制的圆光栅有污物或裂纹	修理或清除污物，或者更换圆光栅

（续）

序号	故障现象	故障原因	排除方法
4	工作台不夹紧，定位精度差	控制系统没有输入工作台夹紧信号	检查控制系统是否有夹紧信号输入
		夹紧液压阀卡住没有动作	修理或清除污物，更换液压阀
		液压泵工作压力不够	检查油箱内的油是否充足，并重新调整压力
		与工作台相联接的机械部分研损	修复研损部位或更换零件
		上下齿盘受到冲击松动，两齿牙之间有污物，影响定位精度	重新调整固定，修理或清除污物
		闭环控制的圆光栅有污物或裂纹，影响定位精度	修理或清除污物，或者更换圆光栅

任务扩展　双导程蜗杆副传动

双导程蜗杆与普通蜗杆的区别是：双导程蜗杆齿的左、右两侧面具有不同的导程，而同一侧的导程则是相等的。因此，该蜗杆的齿厚从蜗杆的一端向另一端均匀地逐渐增厚或减薄。

双导程蜗杆副传动如图 6-17 所示，图中 $P_左$、$P_右$ 分别为蜗杆齿的左侧面、右侧面导程，s 为齿厚，c 为槽宽。$s_1 = P_左 - c$，$s_2 = P_右 - c$。若 $P_右 > P_左$，则 $s_2 > s_1$。同理 $s_3 > s_2$……

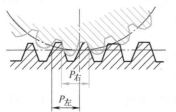

图 6-17　双导程蜗杆副传动

因此，双导程蜗杆又称为变齿厚蜗杆，故可用轴向移动蜗杆的方法来消除或调整蜗杆副之间的啮合间隙。

双导程蜗杆副的啮合原理与一般的蜗杆副啮合原理相同，蜗杆的轴截面仍相当于基本齿条，蜗轮则相当于与它啮合的齿轮。由于蜗杆齿左、右侧面具有不同的模数 m（$m = P/\pi$），但因为同一侧面的齿距相同，故没有破坏啮合条件，当轴向移动蜗杆后，传动副也能保证良好的啮合。

任务巩固

一、填空题

1. 数控回转工作台按照控制方式分为_____和_____两种。
2. 数控回转工作台按照分度形式可分为_____和_____。
3. 数控回转工作台按照驱动方式可分为_____和_____。
4. 数控回转工作台按照安装方式可分为_____和_____。
5. 数控回转工作台按照回转轴轴数可分为_____、_____和_____。
6. 直接驱动回转工作台一般采用_____驱动。
7. _____的分度和定位按照控制系统的指令自动进行，每次转位都回转一定的角度。为满足分度精度的要求，常采用专门的定位元件，有_____、_____、_____和_____等几种。

8. 作为柔性制造系统的基本单位是各种制造单元。制造单元由_____、工件台架、工业机器人或可换工作台、_____、_____及_____六部分组成。

二、选择题（请将正确答案的代号填在括号中）

1. 数控机床的进给运动，除沿 X、Y、Z 三个坐标轴的直线进给运动之外，还可以有绕 X、Y、Z 三个坐标轴的圆周进给运动，分别称为（　　）轴。

　　A. A、B、C　　　　B. U、V、W　　　　C. I、J、K

2. 端齿盘定位的分度工作台能达到很高的分度定位精度，一般为（　　），最高可达 $\pm0.4''$。

　　A. $\pm2''$　　　　　　B. $\pm3''$　　　　　　C. $\pm4''$

3. 代表柔性制造系统的英文缩写是（　　）。

　　A. FMC　　　　　　B. FMS　　　　　　C. APC

4. 绕 X 轴旋转的回转运动坐标轴是（　　）。

　　A. A 轴　　　　　　B. B 轴　　　　　　C. Z 轴

5. 在数控机床坐标系中平行机床主轴的直线运动为（　　）。

　　A. X 轴　　　　　　B. Y 轴　　　　　　C. Z 轴

6. 四坐标数控铣床的第四轴是垂直布置的，则该轴命名为（　　）。

　　A. B 轴　　　　　　B. C 轴　　　　　　C. W 轴

7. 蜗杆和（　　）传动可以具有自锁性能。

　　A. 普通螺旋　　　　B. 滚珠丝杠副　　　　C. 链　　　　D. 齿轮

8. 利用回转工作台铣削工件的圆弧面，当校正圆弧面中心与回转工作台中心重合时，应转动（　　）。

　　A. 立轴　　　　　　B. 回转工作台　　　　C. 工作台　　　　D. 铣刀

9. 闭环数控回转工作台所用的检测元件是（　　）。

　　A. 圆光栅　　　　　B. 感应同步器　　　　C. 光栅　　　　D. 磁尺

10. 直接驱动回转工作台一般采用（　　）驱动。

　　A. 直线电动机　　　B. 步进电动机　　　C. 交流伺服电动机　　D. 力矩电动机

11. 分度工作台的夹紧、松开由（　　）系统完成。

　　A. 气压　　　　　　B. 液压　　　　　　C. 电动机

三、判断题（正确的画"√"，错误的画"×"）

1. （　　）数控机床的圆周进给运动，一般由数控系统的圆弧插补功能来实现。

2. （　　）开环数控回转工作台和开环直线进给机构一样，都可以用功率步进电动机来驱动。

3. （　　）数控回转工作台的分度定位与分度工作台相同，它按控制系统所指定的脉冲数来决定转位角度，没有其他的定位元件。

4. （　　）加工精度越高，数控回转工作台的脉冲当量应选得越大。

5. （　　）数控回转工作台直径越小，脉冲当量应选得越大。

6. （　　）闭环数控回转工作台的结构与开环数控回转工作台大致相同，其区别在于闭环数控回转工作台有圆光栅或圆感应同步器转动角度测量元件。

7. （　　）数控回转工作台不需要设置零点。

8. （　　）双蜗杆传动结构，用电液脉冲马达实现对蜗轮的正、反向传动。

9. （　　）分度工作台可实现任意角度的定位。

10. （　　）端齿盘的啮合和脱开相当于两齿盘的对研过程，因此，随着齿盘使用时间的延续，其定位精度还有不断降低的趋势。

11. （　　）四坐标数控铣床是在三坐标数控铣床上增加一个数控回转工作台。
12. （　　）一数控机床的加工程序为"B90"，则该数控机床具有分度工作台。
13. （　　）一数控机床的加工程序为"G01 C90"，则该数控机床具有分度工作台。
14. （　　）数控分度工作台可以作为数控回转工作台应用。
15. （　　）分度工作台的夹紧、松开由气压系统完成。

任务二　分度头与万能铣头的装调与维修

任务引入

数控分度头（表6-2）与万能铣头（图6-18）是数控铣床和加工中心等常用的附件，其作用是按照控制装置的信号或指令做回转分度或连续回转进给运动，以使数控机床能完成指定的加工工序。数控分度头一般与数控铣床、立式加工中心配套，用于加工轴套类工件。数控分度头可以由独立的控制装置控制，也可以通过相应的接口由主机的数控装置控制。

表6-2　数控机床常用分度头

名称	实物	说　　明
FKNQ系列数控气动等分分度头		FKNQ系列数控气动等分分度头是数控铣床、数控镗床和加工中心等数控机床的配套附件，以端齿盘作为分度元件，靠气动驱动分度，可完成以5°为基数的整数倍的水平回转坐标的高精度等分分度工作
FK14系列数控分度头		FK14系列数控分度头是数控铣床、数控镗床和加工中心等数控机床的附件之一，可完成一个回转坐标的任意角度或连续分度工作。采用精密蜗杆副作为定位元件，采用组合式蜗轮结构，减少了气动刹紧时所造成的蜗轮变形，提高了产品精度；采用双导程蜗杆副，使得调整啮合间隙简便易行，有利于精度保持
FK15系列数控分度头		FK15系列数控立卧两用型分度头是数控机床、加工中心等机床的主要附件之一，分度头与相应的计算机数控装置或机床本身特有的控制系统连接，并与$(4\sim6)\times10^5$Pa压缩空气接通，可自动完成工件的夹紧、松开和任意角度的圆周分度工作
FK53系列数控电动立式等分分度头		FK53系列数控电动立式等分分度头是以端齿盘定位锁紧，以压缩空气推动齿盘，实现工作台的松开、刹紧，以伺服电动机驱动工作台旋转的具有间断分度功能的机床附件。该产品专门和加工中心及数控镗铣床配套使用，工作台可立卧两用，完成5°的整数倍的等分分度工作

图6-18　万能铣头

🔷**任务目标**

● 会读分度头与万能铣头的装配图，并能对其进行维护与机械故障排除。
● 掌握分度头与万能铣头的工作原理。

🔷**任务实施**

🔲**教师讲解**

一、数控分度头的工作原理

以 FKNQ160 型数控气动等分分度头为例来介绍数控分度头的工作原理，其结构如图 6-19 所示，动作原理如下：三齿盘结构，滑动端齿盘 4 的前腔通入压缩空气后，借助弹簧 6 和滑动销轴 3 在镶套内平稳地沿轴向右移。滑动端齿盘 4 完全松开后，无触点传感器 7 发信号给控制装置，这时分度活塞 17 开始运动，使棘爪 15 带动棘轮 16 进行分度，每次分度角为 5°。在分度活塞 17 的下方有两个传感器 14，用于检测分度活塞 17 的到位、返回位置并发出分度信号。当分度信号与控制装置预置信号重合时，分度台刹紧，这时滑动端齿盘 4 的后腔通入压缩空气，端齿盘啮

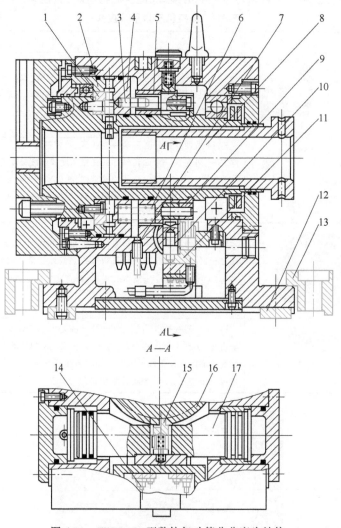

6-3　数控
分度头

图 6-19　FKNQ160 型数控气动等分分度头结构

1—转动端齿盘　2—定位端齿盘　3—滑动销轴　4—滑动端齿盘　5—镶装套　6—弹簧　7—无触点传感器　8—主轴
9—定位轮　10—驱动销　11—凸块　12—定位键　13—压板　14—传感器　15—棘爪　16—棘轮　17—分度活塞

合，分度过程结束。为了防止棘爪返回时主轴反转，在分度活塞 17 上安装凸块 11，使驱动销 10 在返回过程中插入定位轮 9 的槽中，以防转过位。

　　数控分度头未来的发展趋势如下：在规格上向两头延伸，即开发小规格和大规格的分度头及相关制造技术；在性能方面，将向进一步提高刹紧力矩、主轴转速及可靠性方面发展。

二、万能铣头

　　万能铣头部件结构如图 6-20 所示，主要由前、后壳体 12、5，法兰 3，传动轴 Ⅱ、Ⅲ，主轴 Ⅳ 及两对弧齿锥齿轮组成。万能铣头用螺栓和定位销安装在滑枕前端。铣削主运动通过滑枕上的传动轴 Ⅰ（图 6-21）的端面键传到轴 Ⅱ，端面键与连接盘 2 的径向槽配合，连接盘 2 与轴 Ⅱ 之间由两个平键 1 传递运动，轴 Ⅱ 右端为弧齿锥齿轮，通过轴 Ⅲ 上的两个锥齿轮 22、21 和用花键联接方式装在主轴 Ⅳ 上的锥齿轮 27，将运动传到主轴上。主轴为空心轴，前端有 7：24 的内锥孔，用于刀具或刀具心轴的定心；通孔用于安装拉紧刀具的拉杆通过。主轴端面有径向槽，并装有两个端面键 18，用于主轴向刀具传递转矩。

6-4　铣头

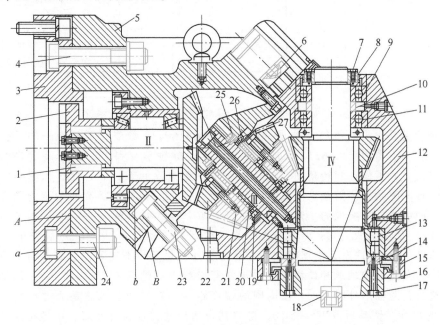

图 6-20　万能铣头部件结构

1—平键　2—连接盘　3、15—法兰　4、6、23、24—T 形螺栓　5—后壳体　7—锁紧螺钉　8—螺母
9、11—角接触球轴承　10—隔套　12—前壳体　13—轴承　14—半圆环垫片　16、17—螺钉
18—端面键　19、25—推力短圆柱滚针轴承　20、26—向心滚针轴承　21、22、27—锥齿轮

　　如图 6-20 所示，万能铣头能通过两个互成 45° 的回转面 A 和 B 调节主轴 Ⅳ 的方位，在法兰 3 的回转面 A 上开有 T 形圆环槽 a，松开 T 形螺栓 4 和 24，可使铣头绕水平轴 Ⅱ 转动，调整到要求位置后将 T 形螺栓拧紧即可；在万能铣头后壳体 5 的回转面 B 内，也开有 T 形圆环槽 b，松开 T 形螺栓 6 和 23，可使铣头主轴绕与水平轴线成 45° 夹角的轴 Ⅲ 转动。绕两个轴线的转动组合起来，可使主轴轴线处于前半球面的任意角度。

　　万能铣头作为直接带动刀具的运动部件，不仅要能够传递较大的功率，更要具有足够的旋转精度、刚度和抗振性。万能铣头除在零件结构、制造和装配精度要求较高外，还要求选用承载力和旋转精度都较高的轴承。两个传动轴都选用了 D 级精度的轴承，轴上为一对 D7029 型圆锥滚子轴承、一对 D6354906 型向心滚针轴承 20、26，用于承受径向载荷，轴向载荷则由两个型号分别为 D9107 和 D9106 的推力短圆柱滚针轴承 19 和 25 承受。主轴

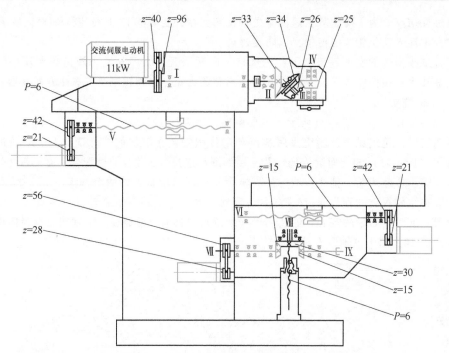

图 6-21　XKA5750 型数控铣床传动系统

上前后支承均为 C 级精度轴承，前支承是 C3182117 型双列圆柱滚子轴承，只承受径向载荷；后支承为两个 C36210 型向心推力角接触球轴承 9 和 11，既承受径向载荷，也承受轴向载荷。为了保证旋转精度，主轴轴承不仅要消除间隙，而且要有预紧力，轴承磨损后也要进行间隙调整。前轴承间隙消除和预紧力预紧的调整是靠改变轴承内圈在锥形颈上的位置，使内圈外胀实现的。调整时，先拧下四个螺钉 16，卸下法兰 15，再松开螺母 8 上的锁紧螺钉 7，拧松螺母 8，将主轴Ⅳ向前（向下）推动 2mm 左右，然后拧下两个螺钉 17，将半圆环垫片 14 取出，根据间隙大小磨薄垫片，最后将上述零件重新装好。后支承的两个向心推力角接触球轴承开口相背（轴承 9 开口朝上，轴承 11 开口朝下），做消除间隙和预紧调整时，两轴承外圈不动，使内圈的端面距离相对减小。具体是通过控制两轴承内圈隔套10 的尺寸。调整时取下隔套 10，修磨到合适尺寸，重新装好后，用螺母 8 顶紧轴承内圈及隔套即可。最后要拧紧锁紧螺钉 7。

🔖 **查一查**　万能铣头的应用。

📋 **技能训练**

一、分度装置的维护

1）及时调整挡铁与行程开关的位置。

2）定期检查油箱中油液是否充足，保持系统压力，使工作台能抬起，并保持夹紧液压缸的夹紧压力。

3）控制油液污染，控制泄漏。对液压件及油箱等定期清洗和维修，对油液、密封件定期更换，定期检查各接头处的外泄漏。检查液压缸研损、活塞拉毛及密封圈损坏等。

4）检查齿盘式分度工作台上下齿盘有无松动，两齿盘间有无污物，检查夹紧液压阀部位有没有被切屑卡住等。

5）检查与工作台相联的机械部分是否研损。

6）若为气动分度头，则应保证供给洁净的压缩空气，并保证空气中含有适量的润滑油。润滑的方法一般采用油雾器进行喷雾润滑，油雾器一般安装在过滤器和减压阀之后。油雾器的供油量一般不宜过多，通常每 $10m^3$ 的自由空气供 1mL 的油量（即 40~50 滴油）。检查润滑是否良好的一个方法是：找一张清洁的白纸放在换向阀的排气口附近，如果阀在工作 3~4 个循环后，白纸上只有很轻的斑点，则表明润滑良好。

7）经常检查压缩空气气压（或液压），并调整到要求值。足够的气压（或液压）才能使分度头动作。

8）保持气动（液压）分度头气动（液压）系统的密封性。气动系统如有严重的漏气，在气动系统停止运动时，由漏气引起的响声很容易被发现；而轻微的漏气则应利用仪表，或者用涂抹肥皂水的办法进行检修。

9）保证气动元件中运动零件的灵敏性。从空气压缩机排出的压缩空气，包含有粒度为 0.01~0.8μm 的压缩机油微粒，在排气温度为 120~220℃ 的高温下，这些油粒会迅速氧化，氧化后油粒颜色变深，黏度增大，并逐步由液态固化成油泥。这种微米级以下的颗粒，一般过滤器无法滤除。当它们进入换向阀后便附着在阀芯上，使阀的灵敏度逐步降低，甚至出现动作失灵。为了清除油泥，保证灵敏度，可在气动系统的过滤器之后安装油雾分离器，将油泥分离出来。此外，定期清洗阀也可以保证阀的灵敏度。

二、加工中心分度头过载报警的故障分析与排除

故障现象：机床开机后，第四轴报警。

故障分析：该机床的数控系统为 FANUC 0MC。其数控分度头即第四轴过载多为电动机缺相，反馈信号与驱动信号不匹配或机械负载过大引起的。打开电气柜，先用万用表检查第四轴驱动单元控制板上的熔断器、断路器和电阻是否正常；因为 X、Y、Z 轴和第四轴的驱动控制单元均属同一规格型号的电路板，所以采用替代法，把第四轴的驱动控制单元和其他任一轴的驱动控制单元对换安上，开机，断开第四轴，测试与第四轴对换的那根轴运行是否正常。若正常，证明第四轴的驱动控制单元是好的，否则证明第四轴的驱动控制单元是坏的。更换后继续检查第四轴内部驱动电动机是否缺相，检查第四轴与驱动单元的连接电缆是否完好。检查结果是由于连接电缆长期浸泡在油中产生老化，且随着机床来回运动电缆反复弯折，直至折断，最后导致电路短路使第四轴过载。

故障处理：更换此电缆后，故障排除。

⌂ 任务扩展　TPM 管理模式

TPM 是 Total Productive Maintenance 第一个字母的缩写，本意是"全员参与的生产保全"，也翻译为"全员维护""全员生产维护"，即全体人员参加的生产维修、维护体制。TPM 要求从领导到工人，包括所有部门都参加，并以小组活动为基础的生产维修活动。所谓全员性的生产保全应具备以下五个条件：

一、有设备生产性的最高目标

生产性是指设备生产产品与设备投入的比率关系。在正常的生产过程中，能否维持设备的开动率，以保证生产计划的完成、成本的减少、产品货期；能否保证设备的故障率为零，以保证货期、生产安全等，而且设备的生产性关系到产品质量和企业员工的士气。提高设备的生产性，就是保证设备生产的最大效率。生产保全的手段主要有自主保全、事后保全、预防保全和改良保全四个主要过程，这四类保全又是紧密关联不可分割的。

二、能够根据设备的生涯确定全员管理系统

在实际生产中，设备的每个运行时期其反映状态是不一样的。根据设备从投入运行到报废的整个生涯，把设备故障的发生和对策大致分为早期故障阶段、偶发故障阶段和损耗故障阶段

三个阶段。

三、全部门参加

设备的使用、保全、计划等所有部门都要参与关于全员管理系统的建立，是围绕设备从计划、设计、制作、设置到使用、性能维持、修理到报废的各个阶段，由设备计划部门、保全部门和运转部门在设备的不同时期所应承担的职责，这个过程中每个人都应负有责任。

四、是从企业最高领导到每一名员工都参加的全员性

TPM绝不仅仅是设备管理人员的工作，而是生产、设备、管理及所有员工为实现生产系统的极限效率而进行的系统工作，是全员都要参与的工作，一定要有管理者负责本级层的TPM工作，要把推进工作的每一个环节都以制度固定下来，然后毫不动摇地执行。

五、一定的自主性

根据小集团自主活动，使生产保全能够推进。小集团活动是TPM的基础。TPM集体活动成功的要点有三个条件：工作热情、工作的技能和工作场所。每个人知道自己工作岗位的职责、所在集体的职责、自己的职责，明确自己的精神成长。员工要有娴熟的技能，了解品质管理和设备管理的知识。管理学家认为，员工应积极参加小集团活动、创造工作的物理环境。在日常工作中加强对设备、工具、材料和现场的整理，使员工能够在现场整洁、环境宜人的条件里工作，有利于劳动生产率的提高。

📖 任务巩固

一、填空题

1. _____是数控铣床和加工中心等常用的附件，其作用是按照控制装置的信号或指令做_____或连续回转进给运动，以使数控机床能完成指定的加工工序。

2. 采用_____的数控铣床可实现五面加工。

3. 在数控铣床上加工齿轮常采用_____夹具。

二、选择题（请将正确答案的代号填在括号中）

1. 一台五面加工中心一般应具有（   ）部件。
A. 万能铣头   B. 回转工作台   C. 工作台

2. 一台数控铣床在采用仿形法加工齿轮时能自动进行分度，则该机床具有（   ）部件。
A. 万能铣头   B. 回转工作台   C. 分度头

3. FKNQ系列数控气动等分分度头，可完成以（   ）为基数的整数倍的水平回转坐标的高精度等分分度工作。
A. 15°   B. 5°   C. 0.5°

三、判断题（正确的画"√"，错误的画"×"）

1. （   ）数控分度头必须由独立的控制装置控制。

2. （   ）等分式的FKNQ系列数控分度头用精密蜗杆副作为分度定位元件，用于完成任意角度的分度工作，采用双导程蜗杆以消除传动间隙。

任务三   卡盘与尾座的装调与维修

🔧 任务引入

数控机床上的卡盘和尾座与普通机床上的卡盘和尾座不同。在普通机床上，它们的动作是靠手工完成的，而在数控机床上是通过编程或控制开关自动完成的，其外形如图6-22a、b所示。如图6-22c、d所示，数控机床上的卡盘与尾座一般是由液压系统控制的。

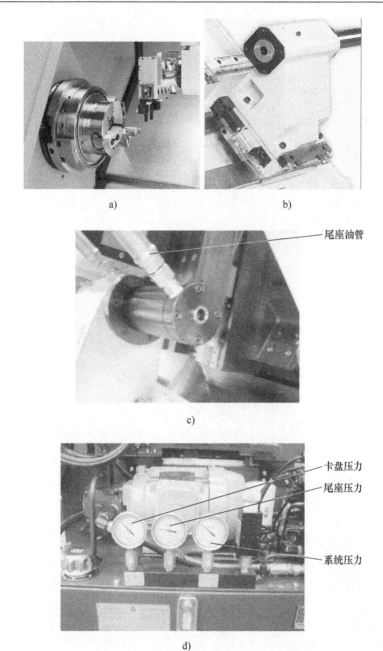

图 6-22 卡盘与尾座

🧰 **任务目标**

- 能读懂卡盘与尾座的装配图。
- 会对卡盘与尾座进行维护。
- 能排除由机械原因引起的卡盘与尾座的故障。

📀 **任务实施**

📋 **教师讲解**

一、卡盘的结构

图 6-23 所示为 KEF250 型中空式动力卡盘结构，图中右端为 KEF250 型卡盘，左端为 P24160A

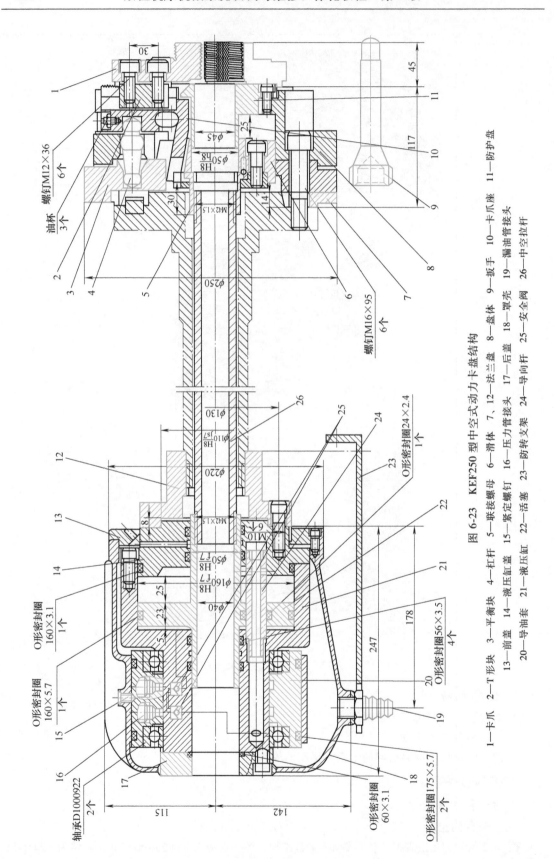

图 6-23　KEF250 型中空式动力卡盘结构

1—卡爪　2—T 形块　3—平衡块　4—杠杆　5—联接螺母　6—滑体　7、12—法兰盘　8—盘体　9—扳手　10—卡爪座　11—防护盘
13—前盖　14—液压缸盖　15—紧定螺钉　16—压力管接头　17—后盖　18—罩壳　19—漏油管接头
20—导油套　21—液压缸　22—活塞　23—防转支架　24—导向杆　25—安全阀　26—中空拉杆

型液压缸。这种卡盘的动作原理如下：当液压缸 21 的右腔进油使活塞 22 向左移动时，通过与联接螺母 5 相联接的中空拉杆 26，使滑体 6 随联接螺母 5 一起向左移动，滑体 6 上有三组斜槽分别与三个卡爪座 10 相啮合，借助 10° 的斜槽，卡爪座 10 带着卡爪 1 向内移动夹紧工件。反之，当液压缸 21 的左腔进油使活塞 22 向右移动时，卡爪座 10 带着卡爪 1 向外移动松开工件。当卡盘高速回转时，卡爪组件产生的离心力使夹紧力减小。与此同时，平衡块 3 产生的离心力通过杠杆 4（杠杆力肩比 2：1）变成压向卡爪座的夹紧力，平衡块 3 越重，其补偿作用越大。为了实现卡爪的快速调整和更换，卡爪 1 和卡爪座 10 采用端面梳形齿的活爪连接，只要拧松卡爪 1 上的螺钉，即可迅速调整卡爪位置或更换卡爪。

二、尾座的结构

CK7815 型数控车床尾座结构如图 6-24 所示。当手动移动尾座到所需位置后，先用螺钉 16 进行预定位，拧紧螺钉 16 时，使两楔块 15 上的斜面顶出销轴 14，使得尾座紧贴在矩形导轨的两内侧面上，然后用螺母 3、螺栓 4 和压板 5 将尾座紧固。这种结构可以保证尾座的定位精度。

尾座套筒内轴 9 上装有顶尖，因套筒内轴 9 能在尾座套筒内的轴承上转动，故顶尖是回转顶尖。为了使顶尖保证高的回转精度，前轴承选用 NN3000K 双列短圆柱滚子轴承，轴承径向间隙用螺母 8 和 6 调整；后轴承为三个角接触球轴承，由防松螺母 10 来固定。

尾座套筒与尾座孔的配合间隙，用内、外锥套 7 来做微量调整。当向内压外锥套时，内锥套内孔缩小，即可使配合间隙减小；反之变大。压紧力用端盖来调整。尾座套筒用压力油驱动。若在油孔 13 内通入压力油，则尾座套筒 11 向前运动；若在油孔 12 内通入压力油，则尾座套筒 11 向后运动。套筒移动的最大行程为 90mm，预紧力的大小用液压系统的压力来调整。在系统压力为 $(5\sim15)\times10^5$ Pa 时，液压缸的推力为 1500～5000N。

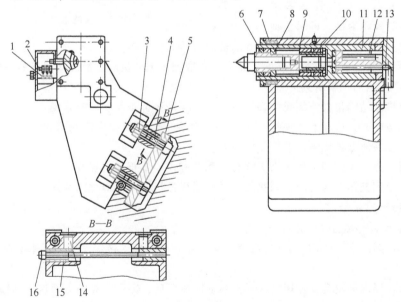

图 6-24　CK7815 型数控车床尾座结构

1—行程开关　2—挡铁　3、6、8、10—螺母　4—螺栓　5—压板　7—锥套　9—套筒内轴
11—套筒　12、13—油孔　14—销轴　15—楔块　16—螺钉

尾座套筒的行程大小可以用安装在套筒 11 上的挡铁 2 通过行程开关 1 来控制。尾座套筒的进退由操作面板上的按钮来操纵。在电路上尾座套筒的动作与主轴互锁，即在主轴转动时，按下尾座套筒的退出按钮，套筒并不动作，只有在主轴停止的状态下，尾座套筒才能退出，以保证安全。

■ **工厂参观**　在教师的带领下到工厂中去参观，了解卡盘与尾座的结构，并且参与卡盘与尾座的维护，在工厂技术人员的指导下排除由机械因素引起的故障。

■ **技能训练**

一、卡盘的维护及故障检修

1. 卡盘的维护

1）每班工作结束时，及时清扫卡盘上的切屑。

2）液压卡盘长期工作以后，在其内部会积一些细屑，这种现象会引起故障，因此应每 6 个月进行一次拆装，清理卡盘（图 6-25）。

3）每周一次用润滑油润滑卡爪周围（图 6-25）。

4）定期检查主轴上卡盘的夹紧情况，防止卡盘松动。

5）采用液压卡盘时，要经常观察液压夹紧力是否正常，否则因液压力不足易导致卡盘夹紧力不足，卡盘失压。工作中禁止压碰卡盘液压夹紧开关。

6）及时更换卡紧液压缸密封元件，及时检查卡盘各摩擦副的滑动情况，及时检查电磁阀芯的工作可靠性。

7）装卸卡盘时，床面要垫木板，不准开机时装卸卡盘。机床主轴装卸卡盘要在停机后进行，不可借助于电动机的力量摘取卡盘。

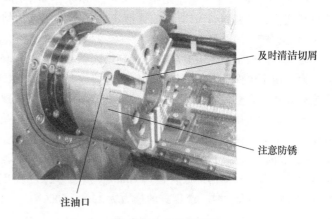

图 6-25　卡盘的维护

（图中标注：及时清洁切屑、注意防锈、注油口）

8）及时更换液压油，如油液黏度太高会导致数控车床开机时，液压站发出的响声异常。

9）注意液压电动机轴承保持完好。

10）注意液压站输出油管不要堵塞，否则会产生液压冲击，发出异常噪声。

11）卡盘运转时，应让卡盘夹持一个工件，负载运转。禁止卡爪张开过大和空载运行。因为空载运行时容易使卡盘松懈，卡爪飞出伤人。

12）液压卡盘液压缸的工作压力必须在许用范围内，不得任意提高。

13）及时紧固液压泵与电动机联接处，及时紧固液压缸与卡盘之间联接拉杆的调整螺母。

2. 卡盘的故障检修

（1）液压卡盘失效的故障分析与排除

故障现象：某配套 FANUC 0TD 的数控车床，在开机后发现液压站发出异响，液压卡盘无法正常装夹。

故障分析：经现场观察，发现机床开机起动液压泵后，即产生异响，而液压站输出部分无液压油输出，因此，可断定产生异响的原因出在液压站上。而产生该故障的原因可能有如下几个：

1）液压站油箱内液压油太少，导致液压泵因缺油而产生空转。

2）液压站油箱内液压油由于长久未换，污物进入油中，导致液压油黏度太高而产生异响。

3）由于液压站输出油管某处堵塞，产生液压冲击，发出声响。

4）液压泵与电动机联接处产生松动而发出声响。

5）液压泵损坏。

6）液压电动机轴承损坏。

检查后，发现在液压泵起动后，液压泵出口处压力为0；油箱内油位处于正常位置，液压油比较干净。进一步拆下液压泵检查，发现液压泵为叶片泵，叶片泵正常，液压电动机转动正常，因此，液压泵和液压电动机轴承均正常。而该泵与电动机联接的联轴器为尼龙齿式联轴器，由于该机床使用时间较长，液压站的输出压力调得太高，导致联轴器的啮合齿损坏，当液压电动机旋转时，联轴器不能很好地传递转矩，产生异响。

故障处理：更换该联轴器后，机床恢复正常。

（2）卡盘无松开、夹紧动作的故障分析与排除

故障现象：液压卡盘无松开、夹紧动作。

故障分析：造成此类故障的原因可能是电气故障或液压部分故障，如液压系统压力过低、电磁阀损坏、夹紧液压缸密封圈破损等。

故障处理：相继检查上述部位，调整液压系统压力或更换损坏的电磁阀及密封圈等，故障排除。

（3）CDK6140型数控车床卡盘失压的故障分析与排除

故障现象：液压卡盘夹紧力不足，卡盘失压，系统不报警。

故障分析：CDK6140 SAG210/2NC数控车床配套的电动刀架为LD4-Ⅰ型。卡盘夹紧力不足，可能是液压系统压力不足、执行件内泄、控制回路不稳定及卡盘移动受阻造成的。

故障处理：调整液压系统压力至要求，检修液压缸的内泄及控制回路动作情况，检查卡盘各摩擦副的滑动情况，发现卡盘仍然夹紧力不足。经分析后，高速液压缸与卡盘之间连接杆拉钉的调整螺母松动，将其紧固后故障排除。

二、尾座的维护及故障检修

1. 尾座的维护

1）尾座精度调整。当尾座精度不够高时，先用百分表测出其偏差，稍微放松尾座固定杆把手，再放松底座紧固螺钉，然后利用尾座调整螺钉调整到所要求的尺寸和精度，最后再拧紧所有被放松的螺钉，即完成调整工作。另外注意：机床精度检查时，按规定尾座套筒中心应略高于主轴中心。

2）定期润滑尾座本身（图6-26）。

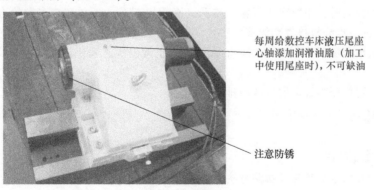

每周给数控车床液压尾座心轴添加润滑油脂（加工中使用尾座时），不可缺油

注意防锈

图6-26　尾座本身的润滑

3）及时检查尾座套筒上的限位挡铁或行程开关的位置是否有变动。

4）定期检查更换密封元件。

5）定期检查和紧固尾座上的螺母、螺钉等，以确保尾座的定位精度。

6）定期检查尾座液压油路控制阀，看其工作是否可靠。

7）检查尾座套筒是否出现机械磨损。

8）定期检查尾座液压缸移动时工作是否平稳。

9）液压尾座液压缸的使用压力必须在许用范围内，不得任意提高。

10）主轴起动前，要仔细检查尾座是否顶紧。

11）定期检查尾座液压系统测压点压力是否在规定范围内。

12）注意尾座套筒及尾座与所在导轨的清洁和润滑工作（图 6-27）。

13）对于 CK7815 型数控车床和配有 FANUC 0TD 及 0TE-A2 的设备，其尾座体在一个斜向导轨上可前后滑动，视加工零件长度调整与主轴间的距离。如果操作者只是注意尾座本身的润滑而忽略了尾座所在导轨的清洁和润滑工作，时间一长，尾座体和导轨间挤压上脏物，不但移动起来费力，而且使尾座轴线严重偏离主轴轴线，轻者造成加工误差大，重者造成尾座及主轴故障。

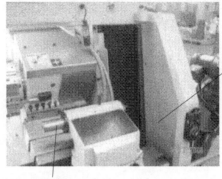

及时清除切屑

注意防锈

图 6-27　尾座本身的维护

2. 尾座的故障检修

（1）CDK6140 型数控车床尾座行程不到位的故障分析与排除

故障现象：尾座移动时，尾座套筒出现抖动且行程不到位。

故障分析：该机床为 CDK6140 SAG210/2NC 数控车床，配套的电动刀架为 LD4-Ⅰ型。经检查发现液压系统压力不稳，套筒与尾座壳体内配合间隙过小，行程开关调整不当。

故障处理：调整液压系统压力及行程开关位置，检查套筒与尾座壳体孔的间隙并修复至要求。

（2）数控车床尾座套筒报警的故障分析与排除

故障现象：配有 FANUC 0T 系统的数控车床尾座套筒报警。

故障分析：该机床尾座套筒的伸缩由 FANUC 0T 系统中的 PLC 控制。检查尾座套筒的工作状态，当脚踏开关顶紧时，系统产生报警。在系统诊断状态下，调出 PLC 参数检查，系统 PLC 输入/输出正常；进一步分析检查套筒液压系统，发现液压系统中压力继电器触点开关损坏，导致压力继电器触点信号不正常，造成 PLC 输入信号不正常，从而系统认为尾座套筒未顶紧而产生报警。

故障处理：更换压力继电器，故障排除。

讨论总结　学生通过查手册等资料，在教师、工厂技术人员的参与下，讨论卡盘与尾座常见的故障及排除方法。

一、卡盘常见故障

数控机床卡盘的常见故障及排除方法见表 6-3。

表 6-3　数控机床卡盘的常见故障及排除方法

序号	故障现象	故障原因	排除方法
1	卡盘无法动作	卡盘零件损坏	拆下并更换损坏零件
		滑动件研伤	拆下，然后去除研伤零件的损坏部分并修理，或者更换新件
		液压缸无法动作	测试液压系统

（续）

序号	故障现象	故障原因	排除方法
2	底爪的行程不足	卡盘内部残留大量的碎屑	分解并清洁碎屑
		联接管松动	拆下联接管并重新锁紧
		工件夹持位置不对	重新选定工件的夹持位置,以便使底爪能够在行程中点附近的位置进行夹持
		夹持力量不足	确认油压是否达到设定值
3	工件打滑	软爪的成形直径与工件不符	依照正确的方式重新成形
		切削力过大	重新计算切削力,并确认此切削力是否符合卡盘的规格要求
		底爪及滑动部位失油	自润滑油嘴处加注润滑油,并空车实施夹持动作数次
		转速过高	降低转速直到能够获得足够的夹持力
4	精度不足	卡盘偏摆	确认卡盘圆周及端面的偏摆度,然后锁紧螺栓予以校正
		底爪与软爪的齿状部位积尘,软爪的固定螺栓没有锁紧	拆下软爪,彻底清扫齿状部位,并按规定扭力确实锁紧螺栓
		软爪的形成方式不正确	确认成形圆是否与卡盘的端面相对面平行,成形圆是否会因夹持力而变形。同时,也须确认成形时的油压,成形部位的表面粗糙度等
		软爪高度过高,软爪变形或软爪固定螺栓已拉伸变形	降低软爪的高度(更换标准规格的软爪)
		夹持力过大而使工件变形	将夹持力降低到机械加工得以实施而工件不会变形的程度

二、尾座常见故障

液压尾座的常见故障是尾座顶不紧或不运动,其故障原因及排除方法见表6-4。

表6-4 尾座的常见故障及排除方法

序号	故障现象	故障原因	排除方法
1	尾座顶不紧	压力不足	用压力表检查
		液压缸活塞拉毛或研损	更换或维修
		密封圈损坏	更换密封圈
		液压阀断线或卡死	清洗、更换阀体或重新接线
2	尾座不运动	以上使尾座顶不紧的原因均可能造成尾座不运动	分别同上述各排除方法
		操作者保养不善、润滑不良使尾座研死	数控设备上没有自动润滑装置的附件,应保证做到每天人工注油润滑
		尾座端盖的密封不好,进了切屑和切削液,使套筒锈蚀或研损,尾座研死	检查其密封装置,采取一些特殊手段避免切屑和切削液的进入;修理研损部件
		尾座体较长时间未使用,尾座研死	较长时间不使用时,要定期使其活动,做好润滑工作

任务扩展 数控机床管理的任务及内容

一、"三好"

数控机床的管理要规范化、系统化并具有可操作性。数控机床管理工作的任务概括为"三好",即"管好、用好、修好"。

1. 管好数控机床

企业经营者必须管好本单位所拥有的数控机床,即掌握数控机床的数量、质量及其变动情况,合理配置数控机床。严格执行关于设备的移装、调拨、借用、出租、封存、报废、改装及更新的有关管理制度,保证财产的完整齐全,保持其完好和价值。操作工人必须管好自己使用的机床,未经上级批准不准他人使用,杜绝无证操作现象。

2. 用好数控机床

企业管理者应教育本部门工人正确使用和精心维护,安排生产时应根据机床的能力,不得有超性能和拼设备之类的短期化行为。操作工人必须严格遵守操作维护规程,不超负荷使用及采取不文明的操作方法,认真进行日常保养,使数控机床保持"整齐、清洁、润滑、安全"。

3. 修好数控机床

车间安排生产时应考虑和预留计划维修时间,防止设备"带病"运行。操作工人要配合维修工人修好设备,及时排除故障。要贯彻"预防为主,养为基础"的原则,实行计划预防修理制度,广泛采用新技术、新工艺,保证修理质量,缩短停机时间,降低修理费用,提高数控机床的各项技术经济指标。

二、数控机床操作工"四会"基本功

1. 会使用

操作工人应先学习数控机床操作规程,熟悉设备结构性能、传动装置,懂得加工工艺和工装工具在数控机床上的正确使用。

2. 会维护

能正确执行数控机床维护和润滑规定,按时清扫,保持设备清洁完好。

3. 会检查

了解设备易损零件部位,知道完好检查项目、标准和方法,并能按规定进行日常检查。

4. 会排除故障

熟悉设备特点,能鉴别设备正常与异常现象,懂得其零部件拆装注意事项,会做一般故障调整或协同维修人员进行故障排除。

三、维护使用数控机床的"四项要求"

1. 整齐

工具、工件、附件摆放整齐,设备零部件及安全防护装置齐全,线路管道完整。

2. 清洁

设备内外清洁,无"黄袍",各滑动面、丝杠、齿条、齿轮无油污,无损伤;各部位不漏油、漏水、漏气;清扫干净切屑。

3. 润滑

按时加油、换油,油质符合要求;油枪、油壶、油杯、油嘴齐全,油毡、油线清洁,油窗明亮,油路畅通。

4. 安全

实行定人定机制度,遵守操作维护规程,合理使用,注意观察运行情况,不出安全事故。

四、数控机床操作工应遵守的五项纪律

1)凭操作证使用设备,遵守安全操作维护规程。

2）经常保持机床整洁，按规定加油，保证合理润滑。

3）遵守交接班制度。

4）管好工具、附件，不得遗失。

5）发现异常立即通知有关人员检查处理。

任务巩固

一、填空题

1. 卡盘按驱动卡爪所用动力不同，分为_____和_____两种。

2. 每____一次用润滑油润滑卡盘的卡爪周围。

3. 卡盘一般由_____、_____和_____三部分组成。

二、选择题（请将正确答案的代号填在括号中）

1. 机床上的卡盘，中心架等属于（　　）夹具。

A. 通用　　　　　　　B. 专用　　　　　　　C. 组合

2. 机床夹具，按（　　）分类，可分为通用夹具、专用夹具、组合夹具等。

A. 使用机床类型　　　　　　　B. 驱动夹具工作的动力源

C. 夹紧方式　　　　　　　　　D. 专门化程度

三、判断题（正确的画"√"，错误的画"×"）

1.（　　）卡盘一般由卡盘体、活动卡爪和卡爪驱动机构三部分组成。

2.（　　）每班工作结束时，及时清扫卡盘上的切屑。

3.（　　）卡盘内部残留大量的碎屑将使底爪的行程不足。

4.（　　）切削力的大小对工件是否打滑没有影响。

5.（　　）密封圈损坏将使尾座顶不紧工件。

任务四　数控机床润滑与冷却系统的装调与维修

任务引入

如图 6-28 所示，数控机床上的润滑、冷却系统与普通机床上的有很大差别。在普通机床上，一般采用手工润滑与单管冷却的方式；在数控机床上，一般采用自动润滑，润滑间隔时间可以根据需要而调整。数控机床一般采用图 6-28c 所示的多管淋浴式冷却。

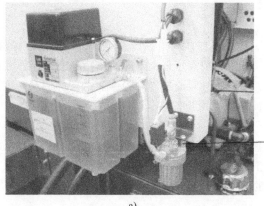

油压检测

a)

图 6-28　数控机床上的滑润与冷却

a）油箱

b)

c)

图 6-28　数控机床上的滑润与冷却

b）油排　c）主轴

任务目标

- 掌握数控机床润滑系统的种类。
- 能读懂数控机床润滑与冷却系统的图样。
- 会对数控机床润滑与冷却系统进行维护，并能排除由机械原因引起的故障。

任务实施

教师讲解

一、数控机床的润滑系统

1. 润滑系统的种类

（1）单线阻尼式润滑系统　单线阻尼式润滑系统适合于机床润滑点需油量相对较少并需周期供油的场合。它是利用阻尼式分配，把液压泵供给的油按一定比例分配到润滑点，一般用于循环系统，也可以用于开放系统，可通过时间的控制来控制润滑点的油量。该润滑系统非常灵活，多一个或少一个润滑点都可以，并可由用户安装，且当某一点发生阻塞时，不影响其他点的使用，故应用十分广泛。

（2）递进式润滑系统　递进式润滑系统主要由泵站和递进式分流器组成，并可附有控制装置加以监控。其特点是：能对任一润滑点的堵塞进行报警并终止运行，以保护设备；定量准确，压力高；不但可以使用黏度低的润滑油，而且适用于使用油脂润滑的情况；润滑点可达 100 个，压力可达 21MPa。

递进式分流器由一块底板、一块端板及最少三块中间板组成。一组阀最多可有 8 块中间板，可润滑 18 个点。其工作原理是由中间板中的柱塞从一定位置起依次动作供油，若某一点产生堵塞，则下一个出油口就不会动作，因而整个分流器停止供油。堵塞指示器可以指示堵塞位置，以便于维修。图 6-29 所示为递进式润滑系统。

（3）容积式润滑系统 容积式润滑系统以定量阀作为分配器向润滑点供油，在系统中配有压力继电器，系统油压达到预定值后发出信号，使电动机延时停止，润滑油由定量分配器供给，系统通过换向阀卸荷，并保持一个最低压力，使定量阀分配器补充润滑油；电动机再次起动，重复这一过程，直至达到规定润滑时间。该系统压力一般在 50MPa 以下，润滑点可达几百个，其应用范围广、性能可靠，但不能作为连续润滑系统。图 6-30 所示为容积式润滑系统。

看一看 您所在学校的数控机床所用润滑系统是哪一种？

2. 数控机床的润滑

以 VP1050 型加工中心润滑系统为例来介绍

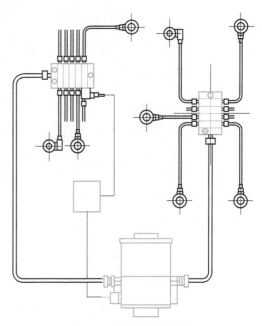

图 6-29 递进式润滑系统

数控机床的润滑。VP1050 型加工中心润滑系统综合采用脂润滑和油润滑。其中，主轴传动链中的齿轮和主轴轴承转速较高，温升剧烈，因此与主轴冷却系统采用循环油润滑。图 6-31 所示为 VP1050 型加工中心主轴润滑冷却管路示意图。要求机床每运转 1000h 更换一次润滑油，当润滑油液位低于油窗下刻度线时，需补充润滑油到油窗液位刻度线规定位置（上、下限之间），主轴每运转 2000h，需要清洗过滤器。VP1050 型加工中心的滚动导轨、滚珠螺母丝杠及丝杠轴承等由于运动速度低，无剧烈温升，故这些部位采用脂润滑。图 6-32 所示为 VP1050 型加工中心导轨润滑脂加注嘴示意图。要求在机床运转 1000h（或 6 个月）补充一次适量的润滑脂，并且要采用规定牌号的锂基类润滑脂。

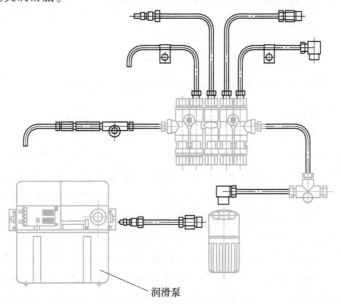

润滑泵

图 6-30 容积式润滑系统

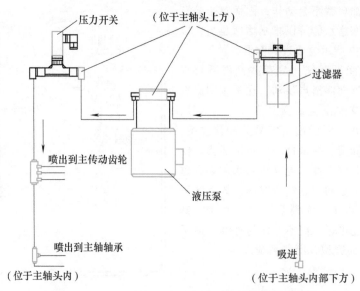

图 6-31   VP1050 型加工中心主轴润滑冷却管路示意图

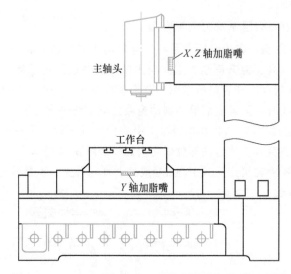

图 6-32   VP1050 型加工中心导轨润滑脂加注嘴示意图

二、数控机床的冷却系统

1. 机床冷却

图 6-33 所示为电控箱冷气机的原理图和结构图。其工作原理是：电控箱冷气机外部空气经过冷凝器，吸收冷凝器中来自压缩机的高温空气的热量，使电控箱内的热空气得到冷却。在此过程中，蒸发器中的液态冷却剂变成低温低压气态制冷剂，压缩机再将其吸入压缩成高温高压气态制冷剂，由此完成一个循环。同时电控箱内的热空气再循环经过蒸发器，使其中的水蒸气被冷却，凝结成液态水而排出，这样热空气在经过冷却的同时也得到了除湿、干燥。

VP1050 型加工中心采用专用的主轴温控机对主轴的工作温度进行控制。图 6-34a 所示为主轴温控机的工作原理图，循环液压泵 2 将主轴头内的润滑油（L-AN32 全损耗系统用油）通过出油管 6 抽出，经过过滤器 4 过滤送入主轴头 9 内，由温度传感器 5 检测润滑油液的温度，并将温度信号传给温控机控制系统，控制系统根据操作人员在温控机上的预设值，来控制冷却器的开

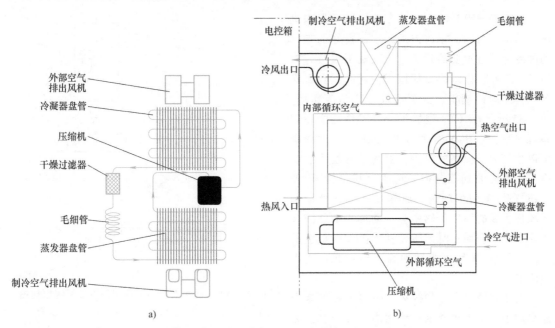

图 6-33　电控箱冷气机的原理图和结构图

a）原理图　b）结构图

停。冷却润滑系统的工作状态由压力继电器 3 检测，并将此信号传送到数控系统的 PLC。数控系统把主轴传动系统及主轴的正常润滑作为主轴系统工作的充要条件，如果压力继电器 3 无信号发出，则数控系统 PLC 发出报警信号，且禁止主轴起动。图 6-34b 所示为主轴温控机的操作面板。操作人员可以设定油温和室温的差值，温控机根据此差值进行控制，面板上设置有循环液压泵、冷却机工作、故障等多个指示灯，供操作人员识别温控机的工作状态。主轴头内高负荷工作的主轴传动系统与主轴同时得到冷却。

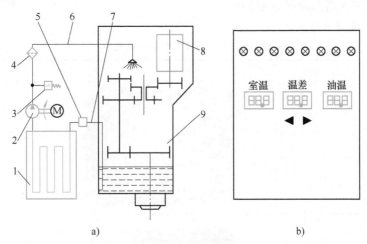

图 6-34　主轴温控机

a）工作原理图　b）操作面板

1—冷却器　2—循环液压泵　3—压力继电器　4—过滤器　5—温度传感器　6—出油管
7—进油管　8—主轴电动机　9—主轴头

2. 工件切削冷却

数控机床在高速大功率切削时伴随大量的切削热产生，使刀具、工件和内部机床的温度上升，进而影响刀具的寿命、工件加工质量和机床的精度。因此，在数控机床中，良好的工件切削冷却具有重要的意义，切削液不仅具有对刀具、工件、机床的冷却作用，还起到在刀具与工件之间的润滑、排屑清理、防锈等作用。图 6-35 所示为 H400 型加工中心工件切削冷却系统原理图。H400 型加工中心在工作过程中可以根据加工程序的要求，由两条管道喷射切削液，不需要切削液时，可通过切削液开/停按钮打开/关闭切削液。通常在计算机辅助制造软件生成的程序代码中会自动加入切削液开关指令。手动加工时，通过机床操作面板上的切削液开/停按钮可起动切削液电动机，送出切削液。

为了充分提高冷却效果，一些数控机床上还采用了主轴中央通水和使用内冷却刀具的方式进行主轴和刀具的冷却。这种方式对提高刀具寿命、发挥数控机床良好的切削性能、切屑的顺利排出等具有较好的作用，特别是在加工深孔时效果尤为突出，所以目前应用越来越广泛。

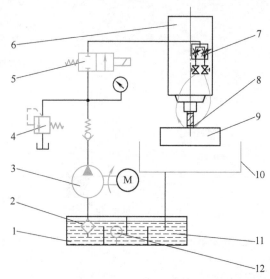

图 6-35　H400 型加工中心工件切削冷却系统原理图
1—切削液箱　2—过滤器　3—液压泵　4—溢流阀
5—电磁阀　6—主轴部件　7—分流阀　8—切削液
喷嘴　9—工件　10—切削液收集装置
11—切削液　12—液位指示计

■ 工厂参观　在教师的带领下到工厂中去参观，并让工厂技术人员结合实际情况介绍一下数控机床润滑与冷却装置的结构，并参与其维护。

■ 技能训练

一、数控机床润滑与冷却系统的维护

1. 数控机床润滑系统的维护（表 6-5）

表 6-5　数控机床润滑系统的维护

项目	图示	说明
每天检查润滑油是否足够，不足时及时添加	给油口	使用高品质的 68 号润滑油
每月定期检查给油口滤油网，清除杂质	滤油网	每年对整个润滑油箱清洗一次

（续）

项目	图示	说明
定期检查液压泵各接头有无堵塞	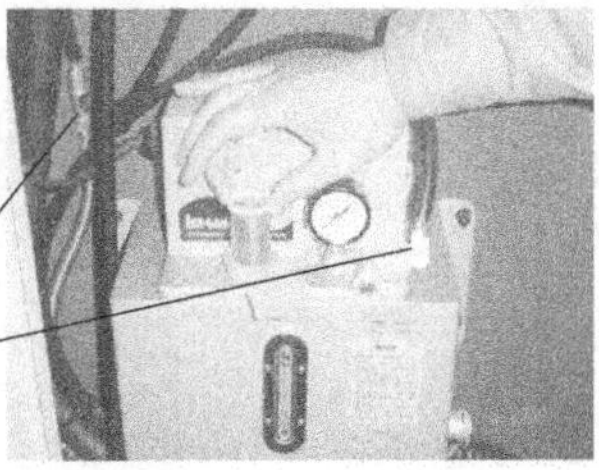 油管接头 先拆开该处接头，加油，检查是否有油通过　然后拆开此两处接头，加油，检查是否有油通过	检查方法
定期检查油排有无堵塞	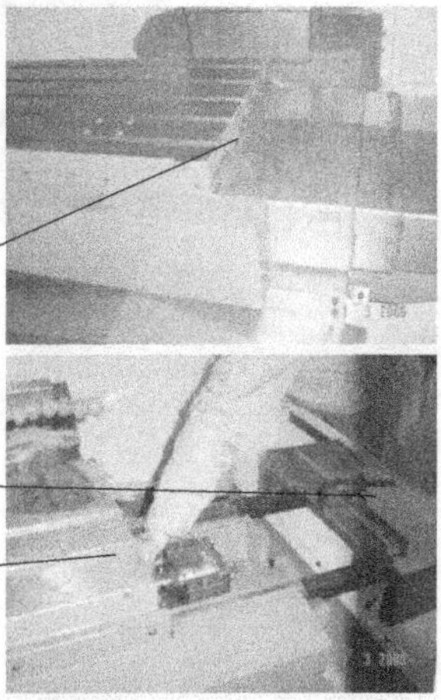 卸除此处螺钉 将 X 轴防护伸缩板拉至此处 伸入工作台下 X 轴油排	逐个拆开 X 轴油排各接口，检查是否有油通过

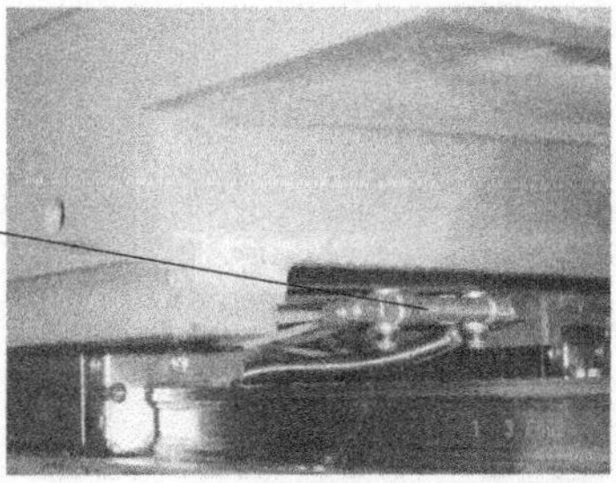

（续）

项目	图示	说明
定期检查油排有无堵塞	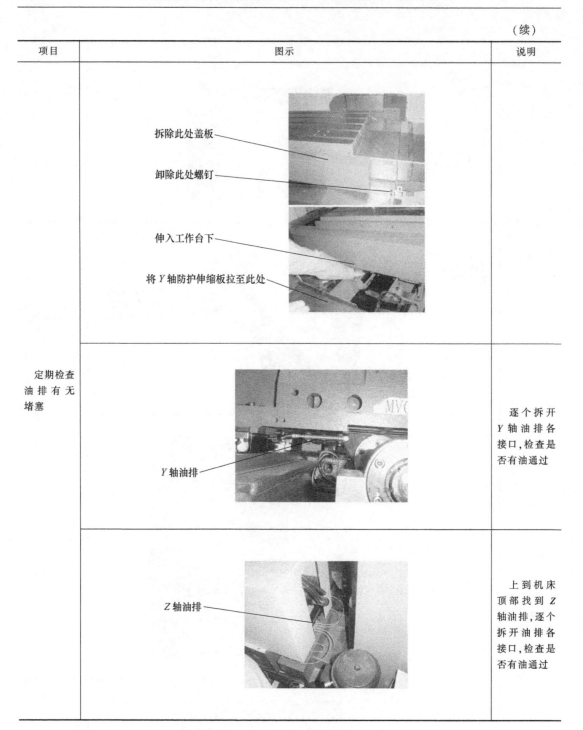	逐个拆开 Y 轴油排各接口，检查是否有油通过 上到机床顶部找到 Z 轴油排，逐个拆开油排各接口，检查是否有油通过

拆除此处盖板

卸除此处螺钉

伸入工作台下

将 Y 轴防护伸缩板拉至此处

Y 轴油排

Z 轴油排

　　📖 **注 意**　使用专用油桶加润滑油，避免与其他种类油品混合；并且油桶须加盖，以防异物进入。

　　2. 数控机床冷却系统的维护（表 6-6）

二、故障维修

1. 润滑故障的维修方法

以 X 轴导轨润滑不良故障的维修为例进行介绍。

表 6-6 数控机床冷却系统的维护

项目	图示	说　　明
适时更换切削液	 比率镜	每 2～3 天检查切削液浓度及使用状况,并应调配好切削液与水的比率,以防机床生锈,建议使用比率镜
保持切削液循环畅通	 水槽 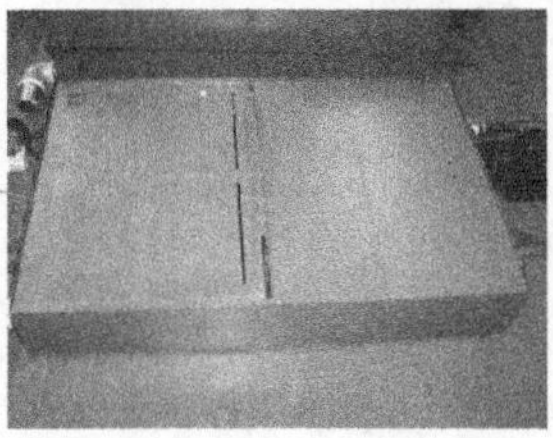	每周定期清除切削液水槽过滤网上的积屑
定期(以切削液使用寿命周期)清洁水箱	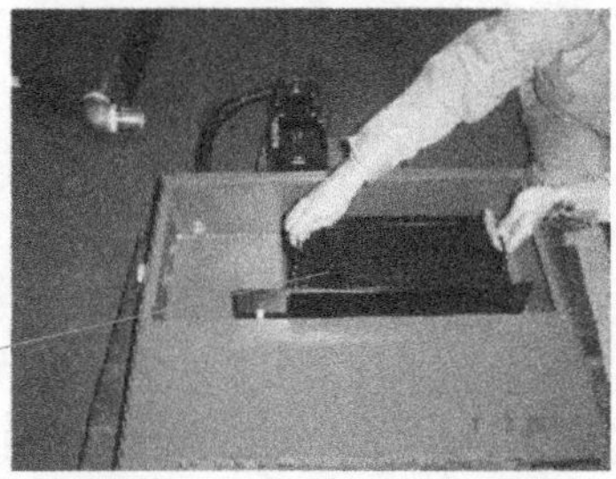 过滤网	将切削液抽干,冲洗水箱及水管,清洁过滤网,再加入切削液

（1）故障维修流程（图 6-36）

（2）维修步骤

1）检查润滑单元。按自动润滑单元上面的手动按钮,压力表指示压力由 0 升高,说明润滑泵已起动,自动润滑单元正常。

2）检查数控系统设置的有关润滑时间和润滑间隔时间。润滑加油时间 15s,间隔时间 6min,与出厂数据对比无变化。

3）拆开 X 轴导轨护板,检查发现两侧导轨一侧润滑正常,另一侧明显润滑不良。

4）拆检润滑不良侧有关的分配元件,发现有两只润滑计量件堵塞,更换新件后,运行 30min,观察 X 轴润滑正常。

2. 常见故障分析与排除

（1）加工表面粗糙度不理想的故障分析与排除

故障现象：某数控龙门铣床，用右面垂直刀架铣削产品机架平面时，发现工件表面粗糙度达不到预定的要求。

分析及处理过程：这一故障产生以后，把查找故障的注意力集中在检查右面垂直刀架主轴箱内的各部滚动轴承（尤其是主轴的前后轴承）的精度上，但出乎意料的是各部滚动轴承均正常。后来经过研究分析及细致的检查发现：工作台蜗杆及固定在工作台下部的螺母条这一传动副提供润滑油的四根油管基本上都不加油。经调节布置在床身上的控制这四根油管出油量的四个针形节流阀，使润滑油管流量正常后，故障排除。

（2）润滑油损耗大的故障分析与排除

故障现象：TH5640 型立式加工中心，集中润滑站的润滑油损耗大，隔一天就要向润滑站加油，切削液中明显混入大量润滑油。

分析及处理过程：TH5640 型立式加工中心采用容积式润滑系统。这一故障产生以后，开

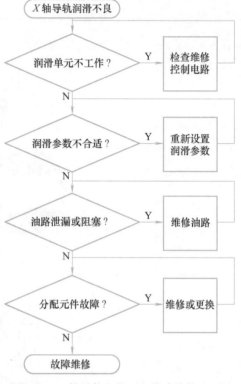

图 6-36　X 轴导轨润滑不良故障维修流程图

始认为是润滑时间间隔太短，润滑电动机起动频繁，润滑过多，导致集中润滑站的润滑油损耗大。将润滑电动机起动时间间隔由 12min 改为 30min 后，集中润滑站的润滑油损耗有所改善但是损耗仍很大。故又集中注意力查找润滑管路问题，润滑管路完好并无漏油，但发现 Y 轴丝杠螺母润滑油特别多，拧下 Y 轴丝杠螺母润滑计量件，检查发现计量件中的 Y 形密封圈破损。换上新的润滑计量件后，故障排除。

（3）导轨润滑不足的故障分析与排除

故障现象：TH6363 型卧式加工中心 Y 轴导轨润滑不足。

分析及处理过程：TH6363 型卧式加工中心采用单线阻尼式润滑系统。这一故障产生以后，开始认为是润滑时间间隔太长，导致 Y 轴导轨润滑不足。将润滑电动机起动时间间隔由 15min 改为 10min 后，Y 轴导轨润滑有所改善但是油量仍不理想。故又集中注意力查找润滑管路问题，润滑管路完好。拧下 Y 轴导轨润滑计量件，检查发现计量件中的小孔堵塞。清洗后，故障排除。

（4）润滑系统压力不能建立的故障分析与排除

故障现象：TH68125 型卧式加工中心润滑系统压力不能建立。

分析及处理过程：TH68125 型卧式加工中心组装后，进行润滑试验。该卧式加工中心采用容积式润滑系统。通电后润滑电动机旋转，但是润滑系统压力始终上不去。检查润滑泵工作正常，润滑站出油口有压力油；检查润滑管路完好；检查 X 轴滚珠丝杠轴承润滑，发现大量润滑油从轴承里面漏出；检查该计量件，型号为 ASA-5Y，查询计量件生产公司润滑手册，发现 ASA-5Y 为单线阻尼式润滑系统的计量件，而该机床采用的是容积式润滑系统，两种润滑系统的计量件不能混装。更换容积式润滑系统计量件 ZSAM-20T 后，故障

排除。

任务扩展　TPM 管理模式推行步骤

推行 TPM 活动的步骤如下：

1. 导入准备

1）公司高层通过会议或其他形式发布开展 TPM 的决定。

2）对全体员工进行 TPM 的培训和宣传。

3）确定推行 TPM 活动的组织及负责人。

4）确定活动方针和目标，预测活动效果。

2. 启动

1）制订 TPM 活动开始到实现目标的全过程计划。

2）正式宣布 TPM 活动的开始。

3. 活动开展

1）开展 TPM 活动，为后续活动打基础。

2）开展员工提案活动。

3）开展自主维护活动。

4）开展效益最大化活动。

4. 总结提高

1）成果总结、评价、公示及报告。

2）持续开展自主推进改善活动。

任务巩固

一、填空题

1. _____润滑系统主要由泵站和递进式分流器组成，并可附有控制装置加以监控。

2. 数控机床的润滑系统分为_____润滑系统、_____润滑系统和_____润滑系统三类。

3. 每____检查润滑油是否足够，不足时及时添加。每____定期检查给油口滤油网，清除杂质。每____对整个润滑油箱清洗一次。

二、选择题（请将正确答案的代号填在括号中）

1. （　　）定量准确、压力高；不但可以使用黏度低的润滑油，而且适用于使用油脂润滑的情况。润滑点可达 100 个，压力可达 21MPa。

A. 单线阻尼式润滑系统　B. 递进式润滑系统　C. 容积式润滑系统

2. （　　）压力一般在 50MPa 以下，润滑点可达几百个，其应用范围广、性能可靠，但不能作为连续润滑系统。

A. 单线阻尼式润滑系统　B. 递进式润滑系统　C. 容积式润滑系统

3. （　　）非常灵活，多一个或少一个润滑点都可以，并可由用户安装，且当某一点发生阻塞时，不影响其他点的使用，故应用十分广泛。

A. 单线阻尼式润滑系统　B. 递进式润滑系统　C. 容积式润滑系统

4. 集中润滑系统需（　　）检查润滑油是否足够，不足时及时添加。

A. 每班　　　　　　　　B. 每天　　　　　　　　C. 每周

三、判断题（正确的画"√"，错误的画"×"）

1. （　　）递进式润滑系统当某一点发生阻塞时，不影响其他点的使用，故应用十分广泛。

2.（　　）容积式润滑系统能作为连续润滑系统。

3.（　　）递进式润滑系统以定量阀作为分配器向润滑点供油。

4.（　　）经济型数控车床的四工位刀架为内冷却刀架，加工过程中如果喷嘴的方向不合适要及时调整。

5.（　　）在数控机床中，良好的工件切削冷却具有重要的意义，切削液不仅具有对刀具、工件、机床的冷却作用，还起到在刀具与工件之间的润滑、排屑清理、防锈等作用。

6.（　　）定期检查液压泵各油路接头有无堵塞。

7.（　　）每年对整个润滑油箱清洗一次。

8.（　　）每周应清除切削液水槽过滤网上的积屑。

9.（　　）M08 表示切削液开。

10.（　　）数控机床在任何情况下执行 M08 都能使切削液开。

任务五　数控机床排屑与防护系统的装调与维修

🔵 任务引入

数控机床加工效率高，在单位时间内数控机床的金属切削量远远高于普通机床，而金属在变成切屑后所占的空间也成倍增大。切屑如果占用加工区域不及时清除，就会覆盖或缠绕在工件或刀具上，一方面，使自动加工无法继续进行；另一方面，这些炽热的切屑向机床或工件散发热量，将会使机床或工件产生变形，影响加工精度。因此，迅速、有效地排除切屑才能保证数控机床正常加工。在数控加工中，为防止切屑飞出等意外事故的发生，

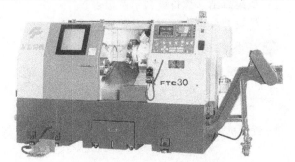

图 6-37　排屑与防护功能

如图 6-37 所示，现代数控机床上都具有排屑与防护功能。

📚 任务目标

● 掌握排屑与防护装置的种类。

● 能对排屑与防护装置进行维护，并能排除由机械原因引起的故障。

◑ 任务实施

🔲 教师讲解

一、排屑装置

排屑装置是数控机床的必备附属装置，其主要作用是将切屑从加工区域排出数控机床之外。切屑中往往都混合着切削液，排屑装置从其中分离出切屑，并将它们送入切屑收集箱（车）内，而切削液则被回收到切削液箱。数控铣床、加工中心和数控镗铣床的工件安装在工作台上，切屑不能直接落入排屑装置，故往往需要采用大流量切削液冲刷，或利用压缩空气吹扫等方法使切屑进入排屑槽，然后回收切削液并排出切屑。排屑装置的种类繁多，表 6-7 列出了常见的几种排屑装置结构。

表 6-7　排屑装置结构

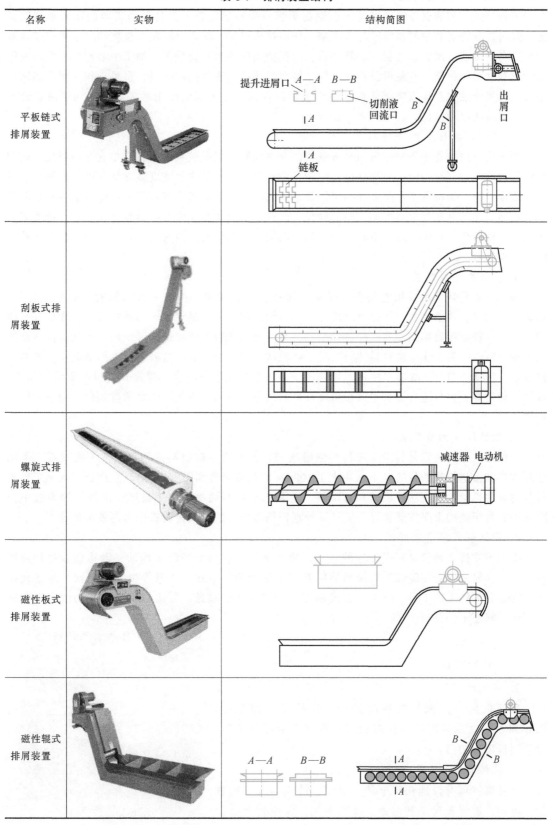

名称	实物	结构简图
平板链式排屑装置		
刮板式排屑装置		
螺旋式排屑装置		
磁性板式排屑装置		
磁性辊式排屑装置		

1. 平板链式排屑装置

平板链式排屑装置以滚动链轮牵引钢制平板链带在封闭箱中运转，加工中的切屑落到链带上，经过提升将切屑中的切削液分离出来，切屑排出机床，落入存屑箱。这种装置主要用于收集和输送各种卷状、团状、条状、块状切屑，广泛应用于各类数控机床、加工中心和柔性生产线等自动化程度高的机床。它还可以作为冲压、冷镦机床小型零件的输送机，也可以作为组合机床切削液处理系统的主要排屑功能部件。该装置适应性强，在车床上使用时多与机床切削液箱合为一体，以简化机床结构。

2. 刮板式排屑装置

刮板式排屑装置的传动原理与平板链式的基本相同，只是链板不同，它带有刮板链板。该刮板的两边装有特制滚轮链条，其高度及间距可随机设计，有效排屑宽度多样化，因而该排屑装置具有传动平稳，结构紧凑，强度好，工作效率高的特点。刮板式排屑装置常用于输送各种材料的短小切屑，尤其是在处理磨削加工中的砂粒、磨粒以及汽车行业中的铝屑效果比较好，排屑能力较强，可用于数控机床、加工中心、磨床和自动线，应用广泛。因其负载大，故需采用较大功率的驱动电动机。

3. 螺旋式排屑装置

螺旋式排屑装置是采用电动机经减速装置驱动安装在沟槽中的一根长螺旋杆进行工作的。螺旋杆转动时，沟槽中的切屑即由螺旋杆推动连续向前运动，最终排入切屑收集箱。螺旋杆有两种形式，一种是用扁形钢条卷成螺旋弹簧状，另一种是在轴上焊接螺旋形钢板。螺旋式排屑装置主要用于输送金属、非金属材料的粉末状、颗粒状和较短的切屑。这种装置占据空间小，安装使用方便，传动环节少，故障率极低，尤其适于排屑空隙狭小的场合。螺旋式排屑装置结构简单，排屑性能良好，但只适合沿水平或小角度倾斜直线方向排屑，不能用于大角度倾斜、提升或转向排屑。

4. 磁性板式排屑装置

磁性板式排屑装置是利用永磁材料强磁场的磁力吸引铁磁材料的切屑，在不锈钢板上滑动达到收集和输送切屑的目的（不适用大于100mm的长卷切屑和团状切屑）。它广泛用在加工铁磁材料的各种机械加工工序的机床和自动线，也是水冷却和油冷却加工机床切削液处理系统中分离铁磁材料切屑的重要排屑装置，尤其以处理铸铁碎屑、铁屑及齿轮机床落屑效果最佳。

5. 磁性辊式排屑装置

磁性辊式排屑装置是利用磁辊的转动，将切屑逐级在每个磁辊间传动，以达到输送切屑的目的。该排屑装置是在磁性板式排屑器的基础上研制的。它弥补了磁性板式排屑器在某些使用方面性能和结构上的不足，适用于湿式加工中粉状切屑的输送，更适用于切屑和切削液中含有较多油污状态下的排屑。

查一查　数控机床常用的排屑装置还有哪几种？

二、防护装置

1. 机床防护门

数控机床一般配置机床防护门，防护门多种多样。图6-38所示就是常用的一种防护门。数控机床在加工时，应关闭机床防护门。

2. 拖链系列

各种拖链可有效地保护电线、电缆、液压与气动的软管，可延长被保护对象的寿命，降低消耗，并改善管线分

图6-38　防护门

布零乱状况，增强机床整体艺术造型效果。表 6-8 所列为常见的拖链。

表 6-8　常见的拖链

名称	实　物	说　明
桥式工程塑料拖链	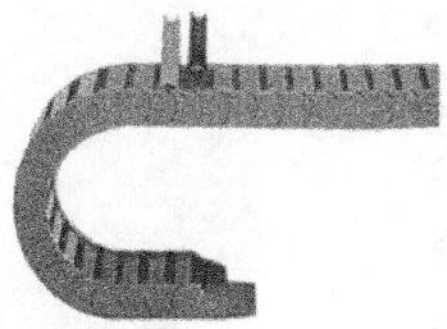	它是由玻璃纤维强尼龙注塑而成的。移动速度快，允许温度为 -40 ~ +130℃，耐磨、耐高温、低噪声、装拆灵活、寿命特长，适用于距离短和承载轻的场合
全封闭式工程塑料拖链		其材料与性能均与桥式工程塑料拖链相同，只不过是在外形上做成了全封闭式
DGT 导管防护套	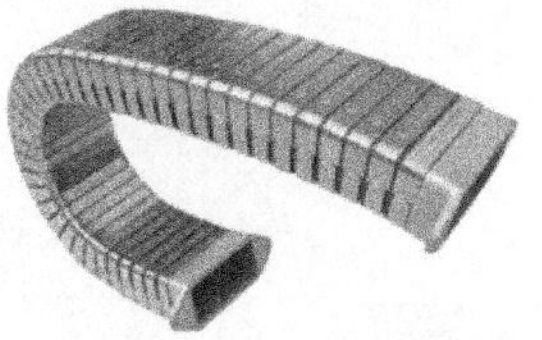	它是用不锈钢及工程塑料制成的，全封闭型的外壳极为美观，适用于短的移动行程和较低的往返速度，能完美地保护电线、电缆、软管和气管
JR-2 型矩形金属软管		该管采用金属结构，适用于各类切削机床及切割机床，用来防止高热切屑对供电、水、气等线路的损伤
加重型工程塑料拖链、S 形工程塑料拖链	 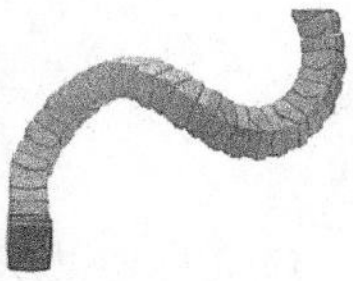	加重型工程塑料拖链由玻璃纤维强尼龙注塑而成，强度较大，主要用于运动距离较长、较重的管线。S 形工程塑料拖链主要用于机床设备中多维运动的线路
钢制拖链	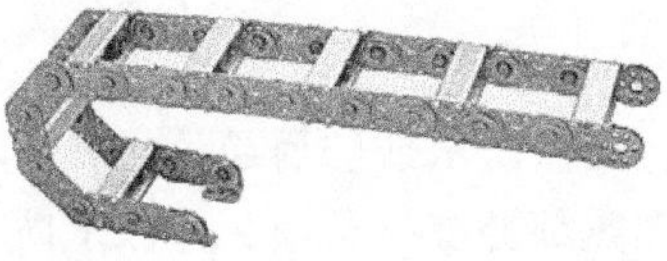	它是由碳钢侧板和铝合金隔板组装而成的，主要用于重型、大型机械设备管线的保护

查一查　数控机床上应用较多的拖链是哪几种？

工厂参观　在教师的带领下到工厂中去参观，了解数控机床排屑与防护装置的种类、用处，并在工厂技术人员的指导下，参与其维护与维修。

讨论总结

一、维护

1. 排屑装置的维护

1）正确的使用是有效维护的前提，应根据机床加工时切屑等情况选择合适的排屑装置。

2）每日清洁排屑机。注意清除 A 处铁片内与 B 处传动链条上缠绕的卷屑（图6-39）。

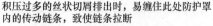

积压过多的丝状切屑排出时，易缠住此处防护罩内的传动链条，致使链条拉断

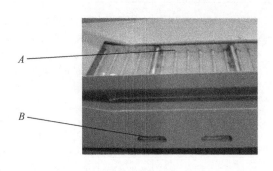

a)　　　　　　　　　　　　　b)

图 6-39　卷屑易缠点

a）排屑机　b）防护罩

3）经常清理排屑器内切屑，检查有无卡住等。每季度需将排屑器拉出机床外面进行全面检查，如图6-40所示。

4）工作时应检查排屑器是否正常，工作是否可靠。

5）平板链式排屑装置是一种具有独立功能的附件。接通电源之前应先检查减速器润滑油是否低于油面线，如果不足，应加入型号为 L-AN68 的全损耗系统用油至油面线。电动机起动后，应立即检查链轮的旋转方向是否与箭头所指方向相符，如不符应立即改正。

6）排屑装置链轮上装有过载保险离合器，在出厂调试时已做了调整。如果

排屑机在机床加工中须保持自动运转，使机床加工所产生的切屑及时排出

严禁排屑机积压过多切屑。若有过多切屑排出时，易将此处钣金挤爆

及时清洁切屑

图 6-40　排屑装置的维护

电动机起动后，发现摩擦片有打滑现象，应立即停止开动，检查链带是否被异物卡住或其他原因。等原因弄清后，可再次起动电动机。

2. 防护装置的维护

1）严禁踩踏防护罩，造成防护罩变形，无法防水或防屑导致螺杆及轴承损坏（图6-41）。

2）每天需要将机床防护部分及滑动面裸露部分擦拭干净，并涂上防锈油。

3）操作者在每班加工结束后应清除切削区内防护装置上的切屑与脏物，并用软布擦净，以免切屑堆积，损坏防护罩。

4）每周用导轨润滑油润滑伸缩式滚珠丝杠罩，每周使用润滑脂润滑导轨罩和各保护环。

5）检查机床防护门运动是否灵活，有没有错位、卡死、关不严现象，如有则要进行修理，校正机床防护门变形或导轨变形。

6）定期检查折叠式防护罩的衔接处是否松动。

图 6-41　严禁踩踏防护罩

7）对折叠式防护罩应经常用刷子蘸机油清理接缝，以避免碰壳现象的发生。

8）千万不要用压缩空气清洁机床内部，因为吹起的碎屑有可能伤害到人，而且碎屑可能会进入机床防护罩和主轴，引起各种各样的麻烦。

9）每月应检查机床、导轨等防护装置表面有无松动，定期检查各个部位的防护罩有无漏水，若有用软布擦净。

10）检查各轴的防护罩，必要时应更换。如果防护罩不好，会直接加速导轨的磨损；如果有较大的变形，不但会加重机床的负载，还会对导轨造成较大的伤害。如果防护装置有明显的损坏或严重的划痕，应当予以更换；如果有裂纹，则必须更换。

11）定期更换防护玻璃。机床的防护门和防护窗的玻璃具有特殊的防护作用，由于它们经常处于切削液和化学物质的浸蚀下，其强度会渐渐削弱。切削液中最有害的是矿物油，长期采用含矿物油的切削液时，防护玻璃每年要损失约10%的强度。因此一定要定期更换防护玻璃，最好每两年更换一次。

12）每年应根据维护需要，对各防护装置进行全面的拆卸清理。

13）操作时需注意，机床在加工过程中不要打开防护门。

14）过滤网的维护如图 6-42 和图 6-43 所示。

每周清洁机床电器箱处热交换器过滤网（车间环境较差时需要 2～3 天清洁一次）

图 6-42　热交换器过滤网的维护

每周检查并清洁切削液槽过滤网

每周检查并清洁切削液槽过滤网

图 6-43　切削液槽过滤网的维护

二、维修

1. 排屑困难的故障分析与排除

故障现象：ZK8206 型数控锪端面钻中心孔机床，排屑困难，电动机过载报警。

故障分析：ZK8206 型数控锪端面钻中心孔机床采用螺旋式排屑器，加工中的切屑沿着床身的斜面落到螺旋式排屑器所在的沟槽中，螺旋杆转动时，沟槽中的切屑即由螺旋杆推动连续向前运动，最终排入切屑收集箱。设计时，为了在提升过程中将废屑中的切削液分离出来，在排屑器排出口处安装一直径为 160mm、长为 350mm 的圆筒形排屑口，排屑口向上倾斜 30°。机床试运行时，大量切屑阻塞在排屑口，电动机过载报警。原因是切屑在提升过程中，受到圆筒形排屑口内壁的摩擦，相互挤压，集结在圆筒形排屑口内。

故障处理：将圆筒形排屑口改为喇叭形排屑口后，锥角大于摩擦角，故障排除。

2. 刮板式排屑器不运转的故障分析与排除

故障现象：MC320 型立式加工中心，其刮板式排屑器不运转，无法排除切屑。

故障分析：MC320 型立式加工中心采用刮板式排屑器，加工中的切屑沿着床身的斜面落到刮板式排屑器中，刮板由链带牵引在封闭箱中运转，切屑经过提升将废屑中的切削液分离出来，切屑排出机床，落入集屑车。刮板式排屑器不运转的原因可能有以下几方面：

1）摩擦片的压紧力不足。先检查碟形弹簧的压缩量是否在规定的数值之内。碟形弹簧自由高度为 8.5mm，压缩量应为 2.6~3mm，若在这个数值之内，则说明压紧力已足够了；如果压缩量不够，则可均衡地调紧三只 M8 压紧螺钉。

2）若压紧后还是继续打滑，则应全面检查卡住的原因。检查发现排屑器内有数只螺钉，其中有一只螺钉卡在刮板与排屑器之间。

故障处理：将卡住的螺钉取出后，故障排除。

■ **讨论总结**　在工厂技术人员、指导教师的参与下，讨论由机械因素引起的故障维修方法，并在教师或工厂技术人员的指导下，进行相关资料（如手册）的查询与应用。

排屑装置常见故障及排除方法见表 6-9。

表 6-9　排屑装置常见故障及排除方法

序号	故障现象	故障原因	排除方法
1	执行排屑器启动指令后，排屑器未启动	排屑器上的开关未接通	将排屑器上的开关接通
		排屑器控制电路故障	由数控机床的电气维修人员来排除故障
		电动机保护热继电器跳闸	测试检查，找出跳闸的原因，排除故障后，将热继电器复位
2	执行排屑器启动指令后，只有一个排屑器启动工作	另一个排屑器上的开关未接通	将未启动的排屑器上的开关接通
		控制电路故障	由数控机床的电气维修人员来排除故障
		电动机保护热继电器跳闸	测试检查，找出跳闸的原因，排除故障后，将热继电器复位
3	排屑器噪声增大	排屑器机械变形或有损坏	检查修理，更换损坏部分
		切屑堵塞	及时将堵塞的切屑清理掉
		排屑器固定松动	重新紧固
		电动机轴承润滑不良、磨损或损坏	定期检修，加润滑脂，更换已损坏的轴承
4	排屑困难	排屑口切屑卡住	及时清除排屑口积屑
		机械卡死	调整修理
		刮板式排屑器摩擦片的压紧力不足	调整碟形弹簧压缩量或调整压紧螺钉

做一做　学生自己总结数控机床防护装置常见故障及排除方法。

任务扩展　数控机床的修理种类

数控机床中的各种零件到达磨损极限的经历各不相同，无论从技术角度还是从经济角度考虑，都不能只规定一种修理，即更换全部磨损零件，但也不能规定过多，影响数控机床的有效使用时间。通常将修理划分为三种，即大修、中修、小修。

1. 大修

大修时需将数控机床全部解体，一般需将数控机床拆离基础，在专用场所进行。大修包括修理基准零件，修复或更换所有磨损或已到期的零件，校正坐标，恢复精度及各项技术性能，重新涂漆。此外，结合大修可进行必要的改装。

2. 中修

中修与大修不同，不涉及基准零件的修理，主要修复或更换已磨损或已到期的零件，校正坐标，恢复精度及各项技术性能，只需局部解体，并且仍然在现场就地进行。

3. 小修

小修的主要内容在于更换易损零件，排除故障，调整精度，可能发生局部不太复杂的拆卸工作，在现场就地进行，以保证数控机床正常运转。

在组织数控机床修理时，应将日常保养、检查、大修、中修、小修加以明确区分。

任务巩固

一、填空题

1. 在数控加工中，为防止切屑飞出伤人及意外事故的发生，应关闭_____。

2. 拖链可有效地保护_____、_____、_____与_____的软管，可延长被保护对象的寿命，降低消耗，并改善管线分布零乱状况，增强机床整体艺术造型效果。

3. 拖链的种类有_____工程塑料拖链、_____工程塑料拖链、DGT 导管防护套、JR-2型矩形金属软管、_____拖链、_____工程塑料拖链。

4. _____工程塑料拖链由玻璃纤维强尼龙注塑而成，强度较大，主要用于运动距离较长、较重的管线。

5. _____工程塑料拖链是由玻璃纤维强尼龙注塑而成的。

6. 磁性辊式排屑装置是利用磁辊的_____，将切屑_____在每个磁辊间传动，以达到输送切屑的目的。

7. 螺旋式排屑装置有两种，一种是_____，另一种是_____。

二、选择题（请将正确答案的代号填在括号中）

1. （　　）应根据维护需要，对各防护装置进行全面的拆卸清理。

A. 每天　　　　　　　B. 每周　　　　　　　C. 每年

2. （　　）需要将机床防护部分及滑动面裸露部分擦拭干净，并涂上防锈油。

A. 每天　　　　　　　B. 每周　　　　　　　C. 每年

3. （　　）应检查机床、导轨等防护装置表面有无松动，定期检查各个部位的防护罩有无漏水。

A. 每天　　　　　　　B. 每周　　　　　　　C. 每年　　　　　　　D. 每月

三、判断题（正确的画"√"，错误的画"×"）

1. （　　）防护罩主要为了方便工人装卸工件时踩踏。

2. （　　）压缩空气有助于清洁机床内部的碎屑。

3. （　　）为了便于观察，机床在加工过程中可打开防护门。

4. （　　） 炎热的夏季车间温度高达 35℃ 以上，因此要将数控柜的门打开，以增加通风散热。

5. （　　） 为了防止尘埃进入数控装置内，所以电气柜应做成完全密封的。

6. （　　） 数控车床的排屑装置装在回转工件下方。

7. （　　） 数控铣床和加工中心的排屑装置装在床身的回水槽上或工作台边侧位置。

8. （　　） 磁性板式排屑装置可用于加工铁磁材料的各种机械加工工序的数控机床和自动线。

9. （　　） 防护玻璃每年要损失约 10% 的强度。

模块七 数控机床整机装调与精度验收

数控机床属于高精度、自动化机床，应严格按机床制造厂商提供的使用说明书及有关的技术标准进行安装调试。通常来说，数控机床出厂后直到能正常工作，其安装与检验过程如图 7-1 所示。

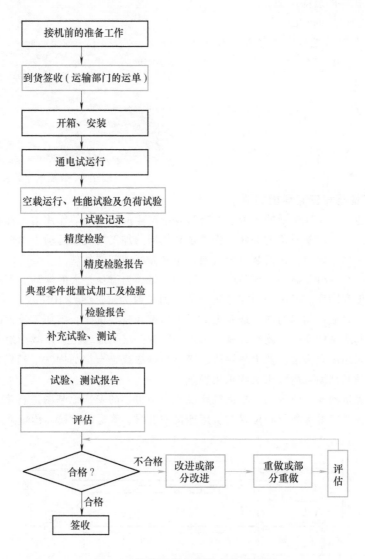

图 7-1 数控机床的安装与检验过程

通过学习本模块，学生应能读懂数控机床总装配图；能拆卸整台数控机床；能完成数控机床的机械总装、试运行、机械部分的调试；能提出装配需要的专用夹具、模具的设计方案，并能绘制草图；掌握数控机床几何精度、工作精度、定位精度和重复定位精度的测量、误差分析及调整方法。

任务一　数控机床整机装调

任务引入

大型数控机床是拆分运输的，待各部件到达用户后，再按照要求进行总装，如图 7-2 所示。当然，在数控机床生产厂家，数控机床的总装也是要经常完成的任务之一。

任务目标

- 掌握数控机床的装配步骤。
- 能完成数控机床的装配。
- 能检验与调整数控机床在装配过程中出现的误差。

任务实施

工厂参观　学生在教师的带领下参观大型数控机床的安装过程，在条件允许的情况下，让学生参与数控机床的安装。

教师讲解

图 7-2　数控机床的装配

一、对安装地基和安装环境的要求

机床所受的重力、工件所受的重力、切削过程中产生的切削力等作用力，都将通过机床的支承部件最终传至地基。地基质量的好坏，将关系到机床的加工精度、运动平稳性、机床变形、磨损及机床的使用寿命。因此，在安装机床之前，应先做好地基的处理。

为增大阻尼，减少机床振动，地基应有一定的质量。为避免过大的振动、下沉和变形，地基应具有足够的强度和刚度。机床作用在地基上的压力一般为 $(3 \sim 8) \times 10^4 \mathrm{Pa}$。一般天然地基强度足以保证，但机床要放在均匀的同类地基上。对于精密和重型机床，当加工较大的工件需在机床上移动时，会引起地基的变形，此时就需加大地基刚度并压实地基土，以减小地基的变形。地基土的处理方法可采用压夯实法、换土垫层法、碎石挤密法或碎石桩加固法。精密机床或 50t 以上的重型机床，其地基加固可用预压法或采用桩基。

在数控机床确定的安放位置上，根据机床说明书中提供的安装地基图进行施工，如图 7-3 所示。同时，要考虑机床重量和重心位置与机床连接的电线、管道的敷设、预留地脚螺栓和预埋件的位置。

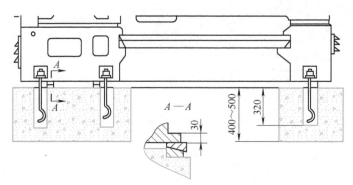

图 7-3　数控机床安装地基示意图

一般中小型数控机床无须做单独的地基，只需在硬化好的地面上，采用活动垫铁（图 1-21）

稳定机床的床身，用支承件调整机床的水平，如图 1-22 所示。大型、重型机床需要专门做地基，精密机床应安装在单独的地基上，在地基周围设置防振沟，并用地脚螺栓紧固。

常用的各种地脚螺栓及固定方式如图 7-4～图 7-7 所示。地基平面尺寸应大于机床支承面积的外廓尺寸，并考虑安装、调整和维修所需尺寸。此外，机床旁应留有足够的工件运输和存放空间。机床与机床、机床与墙壁之间应留有足够的通道。

数控机床应远离焊机、高频等各种干扰源及机械振源。应避免阳光照射和热辐射的影响，其环境温度应控制在 0～45℃，相对湿度在 90% 左右，必要时应采取适当措施加以控制。机床不能安装在有粉尘的车间里，应避免酸性腐蚀气体的侵蚀。

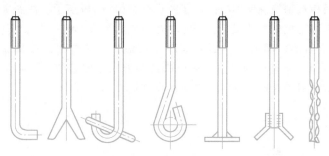

图 7-4 固定地脚螺栓

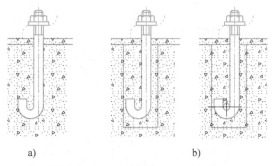

图 7-5 固定地脚螺栓的固定方法

a）一次浇灌法 b）二次浇灌法

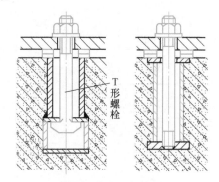

图 7-6 活地脚螺栓

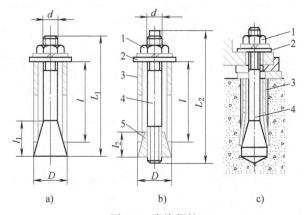

图 7-7 膨胀螺栓

a）Ⅰ型 b）Ⅱ型 c）安装图

1—螺母 2—垫圈 3—套筒 4—螺栓 5—锥体

二、安装步骤

数控机床的安装可按图7-8所示流程进行。

1. 搬运及拆箱

数控机床吊运应单箱吊装,防止冲击振动。用滚子搬运时,滚子直径以70~80mm为宜,地面斜坡度不得大于15°。拆箱前,应仔细检查包装箱外观是否完好无损;拆箱时,先将顶盖拆掉,再拆箱壁;拆箱后,应首先找出随机携带的有关文件,并按清单清点机床零部件数量和电缆数量。

2. 就位

数控机床的起吊应严格按说明书上的吊装图进行,如图7-9所示。注意机床的重心和起吊位置。起吊时,将尾座移至机床右端锁紧,同时注意使机床底座呈水平状态,防止损坏漆面、加工面及突出部件。在使用钢丝绳时,应垫上木块或垫板,以防打滑。待机床吊起离地面100~200mm时,仔细检查悬吊是否稳固。然后将机床缓缓地送至安装位置,并使活动垫铁、调整垫铁、地脚螺栓等相应地对号入座。常用调整垫铁类型见表7-1。

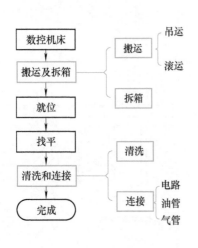

图 7-8　数控机床的安装步骤

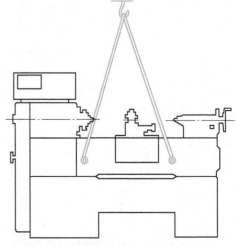

图 7-9　数控机床吊运方法示意图

表 7-1　常用调整垫铁类型

名称	图示	特点和用途
斜垫铁		斜度1:10,一般配置在机床地脚螺栓附近,成对使用。用于安装尺寸小、要求不高、安装后不需要再调整的机床,也可使用单个结构,此时与机床底座为线接触,刚度不高
开口垫铁		直接卡入地脚螺栓,能减小拧紧地脚螺栓时使机床底座产生的变形

（续）

名称	图示	特点和用途
带通孔斜垫铁		套在地脚螺栓上,能减小拧紧地脚螺栓时使机床底座产生的变形
钩头垫铁		垫铁的钩头部分紧靠在机床底座边缘上,安装调整时起限位作用,安装水平不易走失,用于振动较大或质量为10~15t的中、小型机床

3. 找平

将数控机床放置于地基上,在自由状态下按机床说明书的要求调整其水平,然后将地脚螺栓均匀地锁紧。应在机床的主要工作面（如机床导轨面或装配基面）上找正安装水平的基准面。对中型以上的数控机床,应采用多点垫铁支承,将床身在自由状态下调成水平。图7-10所示的机床上有8副调整垫铁,垫铁应尽量靠近地脚螺栓,以减少紧固地脚螺栓时,使已调整好的水平精度发生变化,水平仪读数应小于说明书中的规定数值。在各支承点都能支承住床身后,再压紧各地脚螺栓。在压紧过程中,床身不能产生额外的扭曲和变形。高精度数控机床可采用弹性支承进行调整,以抑制机床振动。

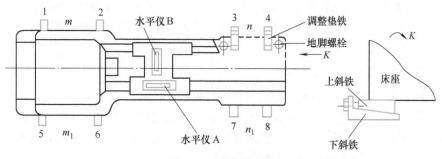

图7-10 垫铁放置图

找平工作应选取一天中温度较稳定的时候进行。应避免为适应调整水平的需要,使用引起机床产生强迫变形的安装方法,避免引起机床的变形,从而引起导轨精度和导轨相配件的配合及连接的变化,使机床精度和性能受到破坏。对安装的数控机床,考虑水泥地基的干燥有一定的过程,故要求机床运行数月或半年后再精调一次床身水平,以保证机床长期工作精度,提高机床几何精度的保持性。

4. 清洗和连接

拆除各部件因运输需要而安装的紧固零件（如紧固螺钉、连接板、楔铁等）,清理各连接面、各运动面上的防锈涂料。清理时不能使用金属或其他坚硬刮具,不得用棉纱或纱布,要用浸有清洗剂的棉布或绸布。清洗后涂上机床规定使用的润滑油,并做好外表面的清洗工作。

对一些拆分运输的机床（如车削中心）,待主机就位后,将在运输前拆下的零、部件安装在主机上。在组装中，要特别注意各接合面的清理，并去除由于磕碰形成的毛刺，要尽量使用原配的定位元件将各部件恢复到机床拆卸前的位置，以利于下一步的调试。

　　主机装好后即可连接电缆、油管和气管。每根电缆、油管、气管接头上都有标牌，电气柜和各部件的插座上也有相应的标牌，应根据电气接线图、气液压管路图将电缆、管道一一对号入座。在连接电缆的插头和插座时必须仔细清洁并检查有无松动和损坏。安装电缆后，一定要把紧固螺钉拧紧，保证接触完全可靠。良好的接地不仅对设备和人身安全起着重要的保障作用，同时还能减少电气干扰，保证数控系统及机床的正常工作。数控机床接地方式示意图如图7-11所示。在油管、气管连接中，应注意防止异物从接口进入管路，避免造成整个气压、液压系统发生故障。每个接头都必须拧紧，否则到试运行时，若发现有油管渗漏或漏气现象，常常要拆卸一大批管子，使安装调试的工作量加大，浪费时间。

　　检查机床的数控柜和电气柜内部各接插件接触是否良好。与外界电源相连接时，应重点检查输入电源的电压和相序，电网输入的相序可用相序表检查，错误的相序输入会使数控系统立即报警，甚至损坏器件。相序不对时，应及时调整。接通机床上的液压泵、冷却泵电动机，判断液压泵、冷却泵电动机转向是否正确。液压泵运转正常后，再接通数控系统电源。

　　国产数控机床上常装有一些进口的元器件、部件和电动机等，这些元器件的工作电压可能与国内标准不一样，因此需单独配置电源或变压器。接线时，必须按机床说明书中规定的方法连接。

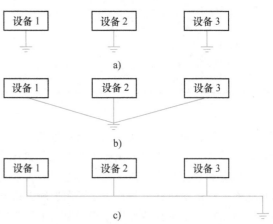

图7-11　数控机床接地方式示意图
a）独立接地方式　b）多台接地方式　c）错误的接地方式

通电前，应确认供电制式是否符合要求。最后，全面检查各部件的连接状况，检查是否有多余的接线头和管接头等。只有这些工作仔细完成后，才能保证试运行顺利进行。

　　■**工厂参观**　学生在教师的带领下参观数控机床的装配过程，并让工厂技术人员解答学生的疑问，参观后，学生在教师的带领下完成数控机床的装配任务。

　　⬠**任务扩展**　数控机床维修必要的技术资料和技术准备

　　维修人员在平时要认真整理和阅读有关数控系统的重要技术资料。维修工作做得好坏，排除故障的速度快慢，主要取决于维修人员对系统的熟悉程度和运用技术资料的熟练程度。数控机床维修人员所必需的技术资料和技术准备见表7-2。

表7-2　数控机床维修人员所必需的技术资料与技术准备

分类	技术资料	技术准备
数控装置部分	·数控装置操作面板布置及其操作说明书 ·数控装置内各电路板的技术要点及其外部连接图 ·系统参数的意义及其设定方法 ·数控装置的自诊断功能和报警清单 ·数控装置接口的分配及其含义等	·掌握CNC原理框图 ·掌握CNC结构布置 ·掌握CNC各电路板的作用 ·掌握板上各发光管指示的意义 ·通过面板对系统进行各种操作 ·进行自诊断检测，检查和修改参数并能做出备份 ·能熟练地通过报警信息确定故障范围 ·熟练地对系统供维修的检测点进行测试 ·会使用随机的系统诊断软件对其进行诊断测试

（续）

分类	技术资料	技术准备
PLC 装置部分	· PLC 装置及其编程器的连接、编程、操作方面的技术说明书 · PLC 用户程序清单或梯形图 · I/O 地址及意义清单 · 报警文本以及 PLC 的外部连接图	· 熟悉 PLC 编程语言 · 能读懂用户程序或梯形图 · 会操作 PLC 编程器 · 能通过编程器或 CNC 操作面板（对内装式 PLC）对 PLC 进行监控 · 能对 PLC 程序进行必要的修改 · 熟练地通过 PLC 报警号检查 PLC 有关的程序和 I/O 连接电路,确定故障原因
伺服单元	· 伺服单元的电气原理框图和接线图 · 主要故障的报警显示 · 重要的调整点和测试点 · 伺服单元参数的意义和设置	· 掌握伺服单元的原理 · 熟悉伺服系统的连接 · 能从单元板上故障指示发光管的状态和显示屏显示的报警号及时确定故障范围 · 能测试关键点的波形和状态,并做出比较 · 能检查和调整伺服参数,对伺服系统进行优化
机床部分	· 数控机床的安装、吊运图 · 数控机床的精度验收标准 · 数控机床使用说明书,含系统调试说明、电气原理图、布置图以及接线图、机床安装、机械结构、编程指南等 · 数控机床的液压回路图和气动回路图	· 掌握数控机床的结构和动作 · 熟悉机床上电气元器件的作用和位置 · 会手动、自动操作机床 · 能编制简单的加工程序并进行试运行
其他	有关元器件方面的技术资料,如: · 数控设备所用的元器件清单 · 备件清单 · 各种通用的元器件手册	· 熟悉各种常用的元器件 · 能较快地查阅有关元器件的功能、参数及代用型号 · 对一些专用器件可查出其订货编号 · 对系统参数、PLC 程序、PLC 报警文本进行光盘与硬盘备份 · 对机床必须使用的宏指令程序、典型的零件程序、系统的功能检查程序进行光盘与硬盘备份 · 了解备份的内容 · 能对数控系统进行输入和输出的操作 · 完成故障排除之后,应认真做好记录,将故障现象、诊断、分析、排除方法一一加以记录

🔵 任务巩固

一、填空题

1. 数控机床在装配过程中需要遵循的一个原则是_____, _____。

2. 滚珠丝杠螺母的装配,需要测量其轴线对工作台滑动导轨面在垂直方向和水平方向上的_____。

3. 大型、重型机床需要专门做地基,精密机床应安装在单独的地基上,在地基周围设置_____,并用地脚螺栓紧固。

4. 地基质量的好坏,将关系到机床的_____、_____、_____、_____以及机床的使用寿命。

5. 机床找平工作应避免为适应调整水平的需要，引起机床的变形，从而引起导轨精度和导轨相配件的配合及连接的变化，使机床_____和_____受到破坏。

6. 数控机床地基土的处理方法可采用_____、_____、_____或碎石桩加固法。

7. 精密机床或 50t 以上的重型机床，其地基加固可用_____或采用_____。

8. 数控机床应远离_____、_____等各种干扰源及机械振源。

9. 数控机床主机装好后即可连接_____、_____和_____。

10. 常用的调整垫铁的类型有_____、_____、_____、_____。

11. 精密机床应安装在_____的地基上，在地基周围设置_____，并用_____紧固。

12. 数控机床工作的环境温度为_____，相对湿度在_____左右，数控机床不能安装在有_____的车间里，应避免_____的侵蚀。

13. 要用浸有清洗剂的_____或_____清理数控机床各连接面。

14. 数控机床与外界电源相连接时，应重点检查输入电源的_____和_____，电网输入的相序可用_____检查，也可用_____检查。

二、选择题（请将正确答案的代号填在括号中）

1. 数控机床在装配过程中应遵循的一个原则是（　　），由里至外。

A. 由上至下　　　　　　B. 由小至大　　　　　　C. 由下至上

2. 将数控机床放置于地基上，在自由状态下按机床说明书的要求调整其（　　）。

A. 平面度　　　　　　B. 平行度　　　　　　C. 水平

3. 数控车床起吊时，要将尾座移至机床（　　），同时注意使机床底座呈水平状态。

A. 左端　　　　　　B. 中间　　　　　　C. 右端

4. 用水平仪检验机床导轨直线度误差时，若把水平仪放在导轨右端，气泡向左偏 2 格；若把水平仪放在导轨左端，气泡向右偏 2 格，则此导轨是（　　）。

A. 直的　　　　B. 中间凹的　　　　C. 中间凸的　　　　D. 向右倾斜

5. 数控机床加工调试中遇到问题需要停机应先停止（　　）。

A. 切削液　　　　B. 主运动　　　　C. 进给运动　　　　D. 辅助运动

6. 卧式数控车床的主轴中心高度与尾座中心高度之间关系是（　　）。

A. 主轴中心高于尾座中心　　　　　　B. 尾座中心高于主轴中心

C. 只要在误差范围内即可

7. 加工中心主轴轴线与被加工表面不垂直，将使被加工平面（　　）。

A. 外凸　　　　　　B. 内凹　　　　　　C. 不影响

8. 车床主轴轴线有轴向窜动时，对车削（　　）精度影响较大。

A. 外圆表面　　　　B. 丝杠螺距　　　　C. 内孔表面

9. 一般中小型数控机床无须做单独的地基，只需在硬化好的地面上，采用（　　）稳定机床的床身，用支承件调整机床的水平。

A. 斜垫铁　　　　B. 开口垫铁　　　　C. 活动垫铁

三、判断题（正确的画"√"，错误的画"×"）

1. （　　）数控机床在装配过程中应遵循的一个原则是由上至下，由里至外。

2. （　　）数控机床在装配过程中应遵循的一个原则是由下至上，由外至里。

3. （　　） 数控机床两条导轨的安装需进行相等平行的调整。

4. （　　） 丝杠安装时要用游标卡尺分别测丝杠两端与导轨之间及丝杠和导轨间距离，使之相等，以保持丝杠的同轴度精度。

5. （　　） 装丝杠前先将丝杠的轴承盖装上，装丝杠时注意把丝杠上与丝杠螺母联接的件的大平面部分朝下。

6. （　　） 装丝杠的轴承盖时，一定要把螺钉上紧，以防脱落。

7. （　　） 装电动机前先将联轴器装在丝杠端。

8. （　　） 接通主开关前，电气人员必须对数控装置的电源线仔细检查，接通后，先检查电动机的相序（U、V、W）。

9. （　　） 通过长时间的接通和断开液压装置来检查液压马达的转动方向，并校正。

10. （　　） 选择合理规范的拆卸和装配方法，能避免被拆卸件的损坏，并有效地保持机床原有精度。

11. （　　） 数控机床对安装地基没有特殊的要求。

12. （　　） 数控机床不能安装在有粉尘的车间里，应避免酸性腐蚀气体的侵蚀。

13. （　　） 数控车床起吊时应将尾座移至主轴端并锁紧。

14. （　　） 找正安装水平的基准面，应在机床的主要工作面（如机床导轨面或装配基面）上进行。

15. （　　） 在对地脚螺栓压紧时，床身有微量变形不影响使用。

16. （　　） 对安装的数控机床，考虑水泥地基的干燥有一定的过程，故要求机床运行数月或半年后再精调一次床身水平，以保证机床长期工作精度，提高机床几何精度的保持性。

17. （　　） 数控机床各连接面、各运动面上的防锈涂料，可用金属或其他坚硬刮具快速去除。

18. （　　） 良好的接地不仅对设备和人身安全起着重要的保障作用，同时还能减少电气干扰，保证数控系统及机床的正常工作。

19. （　　） 数控机床与外界电源相连接时，应重点检查输入电源的电压和相序。

20. （　　） 一般中小型数控机床无须做单独的地基，只需在硬化好的地面上，采用活动垫铁稳定机床的床身，用支承件调整机床的水平。

21. （　　） 接通数控系统电源后，再正常运转液压泵。

22. （　　） 国内外的电器标准一致，因此无须单独配置电源或变压器。

任务二　数控机床精度检测

🔘 任务引入

一台数控机床的全部检测验收工作是一项复杂的工作，对试验检测手段及技术的要求都很高。它需要使用各种高精度仪器（图7-12），对机床的机、电、液、气等各部分及整机进行综合性能及单项性能的检测，最后得出对该机床的综合评价。这项工作一般是由机床生产厂家完成的。对一般的数控机床用户，其验收工作主要是根据机床出厂检验合格证上规定的验收条件及实际能提供的检测手段来部分或全部地测定机床合格证上各项技术指标。如果各项数据都符合要求，则用户应将此数据列入该设备进厂的原始技术档案中，以作为日后维修时的技术指标依据。

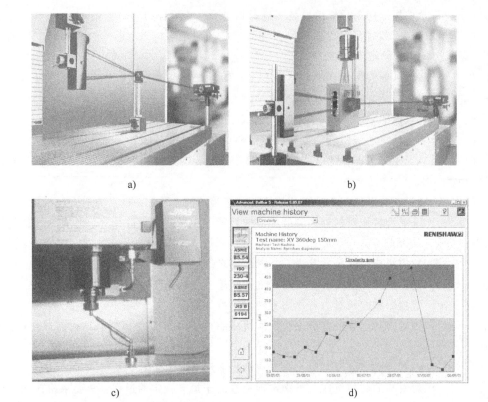

图 7-12 数控机床的验收

a) 双频激光干涉仪的安装 b) 双频激光干涉仪的检测 c) 球杆仪的安装 d) 球杆仪的检测

任务目标

- 掌握数控机床精度的检验方法。
- 能根据出厂合格证对数控机床进行验收。
- 会查阅数控机床验收的相关标准。

任务实施

教师讲解

一、几何精度

数控机床的几何精度检查项目大部分与普通机床相同，只是增加了一些自动化装置自身及其与机床联接的精度项目等。机床几何精度会复映到工件上去，其主要的共性的几何精度分类见表 7-3。

表 7-3 数控机床主要的共性的几何精度分类

项 目			检 查 方 法	备 注
部件自身精度		床身水平	将精密水平仪置于工作台 X、Z 向上分别测量，调整垫铁或支钉达到要求	几何精度测量的基础
		工作台面平面度	用平尺、等高块、指示器测量	几何精度测量的基础
	主轴	主轴径向跳动	主轴锥孔插入测量心轴，用指示器在近端和远端测量	体现主轴旋转轴线的状况
		主轴轴向跳动	主轴锥孔插入专用心轴（钢球），用指示器测量	主轴承轴向精度
		X、Y、Z 轴导轨直线度	精密水平仪或光学仪器	影响工件的形状精度

（续）

项　目			检　查　方　法			备　注
部件间相互位置精度	X、Y、Z 三个轴移动方向相互垂直度		角尺、指示器			影响工件的位置精度
	主轴旋转轴线和三个移动轴的关系	主轴和 Z 轴平行	主轴锥孔插入测量心轴	用指示器检查平行度		影响工件的位置精度
		主轴和 X 轴垂直		立式	用平尺和指示器	
				卧式	用角尺和指示器	
		主轴和 Y 轴垂直		用平尺和指示器		
	主轴旋转轴线与工作台面的关系	立式为垂直度	测量心轴、指示器、平尺、等高块			影响工件的位置精度
		卧式为平行度	测量心轴、指示器、平尺、等高块			

机床几何精度有些项目是相同的，有些项目依机床品种而异，不同的数控机床几何精度的检验项目是不同的。例如，数控车床几何精度检验项目依据 GB/T 16462.1—2007《数控车床和车削中心检验条件　第 1 部分：卧式机床几何精度检验》来确定。

检测中，应注意某些几何精度要求是互相牵连和影响的。例如，当主轴轴线与尾座轴线同轴度误差较大时，可以通过适当调整机床床身的地脚垫铁来减小误差，但这一调整同样又会引起导轨平行度误差的改变。因此，数控机床的各项几何精度检测应在一次检测中完成，否则会造成顾此失彼的现象。

检测中，还应注意消除检测工具和检测方法造成的误差。例如：检测机床主轴回转精度时，检验心轴自身的振摆、弯曲等造成的误差；在表架上安装千分表和测微仪时，由于表架的刚性不足而造成的误差；在卧式机床上使用回转测微仪时，由于重力影响，造成测头抬头位置和低头位置时的测量数据误差等。

机床的几何精度冷态和热态时是有区别的。检测应按国家标准规定，在机床预热状态下进行。即接通电源以后，将机床各移动坐标往复运动几次，主轴以中等的转速运转十几分钟后再检测。

二、定位精度

在一般精度标准上规定了三项：定位精度、重复定位精度、反向偏差值。

1. 检查条件

1）环境温度在 15~25℃ 之间，并在此温度下等温 12h。

2）进行空运转及功能试验。

3）无负荷条件下进行。

2. 定位精度主要的检测内容

定位精度主要的检测内容有直线运动定位精度、直线运动重复定位精度、直线运动轴机械原点的返回精度和直线运动失动量的测定。检测工具有测微仪、成组量块、标准长度刻线尺、光学读数显微镜和双频激光干涉仪等。

3. 检验项目

不同的数控机床，其定位精度与重复定位精度的检验项目是不同的，精密加工中心定位精度和重复定位精度的检验项目根据 GB/T 20957.4—2007 进行。

有时要求进行失动量测量，方法是丝杠正向（或反向）移动一段距离后停止，以此停止点为基准点，同向移动给定指令值，按指令值移动后，再反向移动相同的距离，测量停止位置与基准位置之差。在该轴行程两端及中点三处多次测量（一般取 7 次），求各位置上的平均值，这些平均值中的最大值为失动量值。

失动量是该轴驱动部件（伺服电动机、步进电动机等）的反向死区、各机械传动副反向间隙和弹性变形等综合因素的反映，它影响定位精度和重复定位精度。

三、工作精度

工作精度是机床的综合精度，受机床几何精度、刚度、温度等因素影响，不同类型机床检验的方法不同。数控机床的工作精度检查实质是对几何精度与定位精度在切削条件下的一项综合考核。进行切削精度检查的加工，可以是单项加工，也可以是综合加工一个标准试件。现多以单项加工为主。

四、机床空运转试验

1. 温升试验和主运动及进给运动检验

1）机床的主运动机构应从最低转速起，依次运转。无级变速的机床应不少于 10 级转速，有级变速的机床应从最低到最高逐级进行空运转试验，各级转速的运转时间不应少于 2min，最高转速的运转时间不少于 1 h，使主轴轴承达到稳定温度，并在靠近轴承处检验其温度和温升，其温度不应超过 55℃，温升不应超过 35℃。

2）在空运转条件下，有级传动的各级主轴转速的实际偏差不应超过公称值的 -2% ~ +6%，无级传动的各级主轴转速的实际偏差应不超过公称值的 ±10%。

3）对机床直线和回转坐标上的运动部件，分别以低、中、高进给速度和快速移动进行空运转试验，同时抽检各级进给速度的实际偏差，应不超过公称值的 -2% ~ +6%。

当运动部件高速进给和快速移动时，只在除行程两端之外的 2/3 全行程上进行检验。试验时运动部件移动应平稳、灵活，无明显的爬行现象和振动，限位应可靠。

2. 机床的功能试验

（1）手动试验 操作人员用按键、开关操作机床各部位进行试验，即手动功能试验。具体操作如下：

1）对主轴连续进行不少于 5 次的锁刀、松刀和吹气的动作试验，动作应灵活、可靠、准确。

2）对主轴在中速时连续进行 10 次正、反转的起动、停止（包括制动）和定向的操作试验，动作应灵活、可靠。

3）对无级变速的主轴至少应进行包括低、中、高在内的转速操作试验，对有级变速的主轴在各级转速进行变速操作试验，动作应灵活、可靠。

4）对各坐标（包括直线坐标和回转坐标）上的运动部件，在中等进给速度连续进行各 10 次的正、负向起动、停止的操作试验，并选择适当的增量进给进行正、负向操作试验，动作应灵活、可靠、准确。

5）对进给系统进行包括低、中、高进给速度和快速在内的 10 种变速操作试验，动作应灵活、可靠。

6）对分度回转工作台或数控回转工作台连续进行 10 次的分度、定位试验，动作应灵活、可靠、准确。

7）对托板连续进行 5 次的交换试验，动作应灵活、可靠。

8）对刀库、机械手以任选方式进行换刀试验。刀库上刀具配置应包括设计规定的最大重量、最大长度和最大直径的刀具。换刀动作应灵活、可靠、准确，机械手的承载重量和换刀时间应符合设计规定。

9）对机床数字控制的各种指示灯、控制按钮、DNC 通信传输和风扇等进行空运转试验，动作应灵活、可靠。

10）对液压、气动、润滑和冷却系统进行密封、润滑、冷却性能试验，功能应可靠，动作应灵活、准确，各系统应无渗（泄）漏现象。

11）对机床的安全、保险、防护装置以及电气系统的控制、连锁、保护功能进行试验，功能应可靠，动作应灵活、准确。

12）对机床的各附属装置进行试验，动作应灵活、可靠。

（2）用数控程序试验　用数控程序操作机床各部位进行试验，具体操作如下：

1）对主轴在中速时，连续进行 10 次的正、反转起动、停止（包括制动）和定向的操作试验，动作应灵活、可靠。

2）对无级变速的主轴至少应进行包括低、中、高在内的转速操作试验，对有级变速的主轴在各级转速进行变速操作试验，动作应灵活、可靠。

3）对各坐标（包括直线坐标和回转坐标）上的运动部件，在中等进给速度连续进行正、负向的起动、停止和增量进给的操作试验，动作应灵活、可靠、准确。

4）对进给系统至少进行低、中、高进给速度和快速的变速操作试验，动作应灵活、可靠。

5）对分度回转工作台或数控回转工作台连续进行 10 次分度、定位操作试验，动作应灵活，运转应平稳、可靠、准确。

6）对托板进行 5 次交换试验，动作应灵活、可靠。

7）对刀库总容量中包括最大重量刀具在内的每把刀具，以任选方式进行不少于两次自动换刀动作试验，动作应灵活、可靠。

8）对机床的坐标联动、坐标选择、机械锁定、定位、直线和圆弧插补、螺距、间隙、刀具补偿、程序暂停、急停等指令，刀具的夹紧、松开等数控功能逐一进行试验，其功能应可靠，动作应灵活、准确。

9）有夹紧机构的运动部件应分别在各自全部运动范围内的任意工作位置上（一般选 3~5 个位置）进行夹紧试验，动作应可靠、稳定。

五、机床连续空运转试验

1. 时间

用包括机床主要加工功能的数控程序，模拟工作状态做不切削的连续空运转。整机连续空运转时间为 48 h。每次循环时间不大于 15min，各次循环之间的休止时间不超过 1min。

2. 过程

连续空运转的整个过程中，机床运转应正常、平稳、可靠，不应发生故障，否则必须重新进行运转。

3. 连续空运转程序内容

1）主轴包括低、中、高转速的正、反向运动和定位，其中高速运转时间一般不少于每个循环程序所用时间的 10%。

2）各坐标上的运动部件应包括低、中、高进给速度和快速的正、负向运动，运行应在接近全行程范围内，并可选任意点进行定位。运行中不允许使用倍率开关。高速进给速度和快速进给时间一般不少于每个循环程序所用时间的 10%。

3）刀库中各刀位上的刀具不少于两次自动换刀。

4）分度回转工作台或数控回转工作台的自动分度、定位。

5）各联动坐标的联动。

6) 各托板不少于5次的自动交换。

六、机床负荷试验

1. 工作台承载工件最大重量的运转试验（抽查）

可用与设计规定的承载工件最大重量相当的重物作为工件置于工作台上，使其载荷均匀，分别以最低、最高进给速度和快速运转。

在最低进给速度运转时，一般应在接近行程的两端和中间往复进行，每处移动距离应不少于20mm。在最高进给速度和快速运转时，应在除行程两端之外的2/3全行程上进行，分别往复1次和5次。运转时应平稳、可靠；低速运转时应无明显的爬行现象。

2. 主传动系统最大转矩的试验

在机床计算转速范围内，选用一适当的主轴转速，采用铣削或镗削方法按设计规定的切削规范进行试验。

在进行主传动系统最大转矩的切削试验时，机床工作应正常平稳，运动应准确，各传动元件、部件和变速机构应正常、可靠。

3. 主传动系统最大切削抗力的试验

在机床计算转速范围内，选用一适当的主轴转速，采用镗削或钻削方法按设计规定的切削规范进行试验。

在进行主传动系统最大切削抗力的切削试验时，机床工作应正常，各运动机构应灵活、可靠，过载保护装置应正常、可靠。

4. 主传动系统达到最大功率试验（抽查）

在主轴恒功率的调速范围内，选用一适当的主轴转速，采用铣削方法按设计规定的切削规范进行试验。

在进行主传动系统达到最大功率的切削试验时，机床工作应正常，无明显的颤抖现象。

七、最小设定单位试验

1. 直线坐标最小设定单位试验

（1）试验方法　先以快速使直线坐标上的运动部件向正（或负）向移动一定的距离，停止后，向同方向给出数个最小设定单位的指令，再停止，以此位置作为基准位置，每次给出1个，共给出20个最小设定单位的指令，向同方向移动（要注意实际移动的方向），测量各指令的停止位置。从上述的最终位置，连续向同方向给出数个最小设定单位的指令，停止后，向负（或正）向给出数个最小设定单位的指令，约返回到上述的最终测量位置，这些正向和负向的数个最小设定单位指令的停止位置不做测量。然后从上述最终位置开始，每次给出1个，共给出20个最小设定单位的指令，继续向负（或正）向移动，测量各指令停止位置，如图7-13所示。各直线坐标均需至少在行程的中间及两端3个位置分别进行试验，以3个位置上的最大误差值作为该项的误差。具备螺距误差、间隙补偿装置的机床，应在使用这些补偿装置的情况下进行试验。

（2）误差计算方法

1）计算最小设定单位误差 S_a。公式为

$$S_a = \left| L_i - m \right|_{max}$$

式中　L_i——某个最小设定单位指令的实际位移（mm），实际位移的方向与给出的方向相反时，其位移应为负值；

m——1个最小设定单位指令的理论位移（mm）。

2）计算最小设定单位相对误差 S_b。公式为

$$S_b = \frac{\left| \sum_{i=1}^{20} L_i - 20m \right|_{max}}{20m} \times 100\%$$

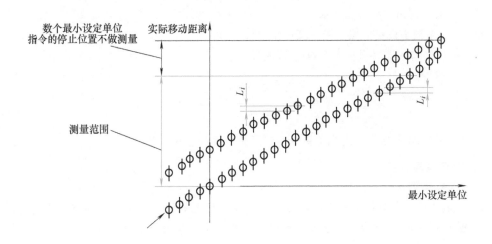

图 7-13　直线坐标最小设定单位试验

式中　$\sum\limits_{i=1}^{20} L_i$——20 个最小设定单位指令的实际位移的总和（mm）。

2. 回转坐标最小设定单位试验

（1）试验方法　先以快速使回转坐标上的运动部件向正（或负）向转动一定的角度，停止后，向同方向给出数个最小设定单位的指令，再停止，以此位置作为基准位置，每次给出 1 个，共给出 20 个最小设定单位的指令，向同方向转动（要注意实际转动的方向），测量各指令的停止位置。从上述的最终位置，连续向同方向给出数个最小设定单位的指令，停止后，向负（或正）向给出数个最小设定单位的指令，约返回到上述的最终测量位置，这些正向和负向的数个最小设定单位指令的停止位置不做测量。然后从上述最终位置开始，每次给出 1 个，共给出 20 个最小设定单位的指令，继续向负（或正）向转动，测量各指令停止位置，如图 7-14 所示。各回转坐标均需在回转范围内的任意 3 个位置进行试验，以 3 个位置上的最大误差值作为该项的误差。具备角度误差、间隙补偿装置的机床，应在使用这些补偿装置的情况下进行试验。

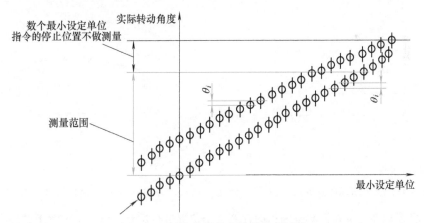

图 7-14　回转坐标最小设定单位试验

（2）误差计算方法

1）计算最小设定单位误差 ω_a。公式为

$$\omega_a = \left| \theta_i - m_\theta \right|_{\max}$$

式中　θ_i——某个最小设定单位指令的实际角位移（″），实际角位移的方向与给出的方向相反

时，其角位移应为负值。

m_θ——1个最小设定单位指令的理论角位移（″）。

2）计算最小设定单位相对误差 ω_b。公式为

$$\omega_b = \frac{\left| \sum_{i=1}^{20} \theta_i - 20m_\theta \right|_{max}}{20m_\theta} \times 100\%$$

式中　$\sum_{i=1}^{20} \theta_i$ ——20个最小设定单位指令的实际角位移的总和（″）。

八、原点返回试验

1. 直线坐标原点返回试验

（1）试验方法　各直线坐标上的运动部件，从行程上的任意点按相同的移动方向，以快速进行5次返回原点 P_0 的试验。测量每次实际位置 P_i 与原点理论位置 P_0 的偏差 X_i（$i=1, 2, \cdots, 5$），如图7-15所示。

各直线坐标均需至少在行程的中间及靠近两端的3个位置进行试验，以3个位置上的最大误差值作为该项的误差。

设有向原点自动返回功能的机床才进行本项试验。

具备角度误差、间隙补偿装置的机床，应在使用这些补偿装置的情况下进行试验。

（2）误差计算方法　各直线坐标中，原点返回试验时的4倍标准偏差的最大值，即为原点返回误差。

$$R_0 = 4S_0$$

式中　R_0——原点返回误差（mm）；

S_0——原点返回时的标准偏差（mm）。

2. 回转坐标原点返回试验

（1）试验方法　各回转坐标上的运动部件，从行程上的任意点按相同的转动方向，以快速进行5次返回原点 $P_{0\theta}$ 的试验。测量每次实际位置 $P_{i\theta}$ 与原点理论位置 $P_{0\theta}$ 的偏差 $\theta_{i\theta}$（$i=1, 2, \cdots, 5$），如图7-16所示。

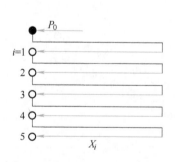

图7-15　直线坐标原点返回试验

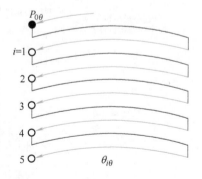

图7-16　回转坐标原点返回试验

各回转坐标均需至少在回转范围内的任意3个位置进行试验，以3个位置上的最大误差值作为该项的误差。

设有向原点自动返回功能的机床才进行本项试验。

具备螺距误差、间隙补偿装置的机床，应在使用这些补偿装置的情况下进行试验。

（2）误差计算方法　各回转坐标中，原点返回试验时的4倍标准偏差的最大值，即为原点返回误差。

$$R_{0\theta} = 4S_{0\theta}$$

式中　$R_{0\theta}$——原点返回误差（″）；

　　　$S_{0\theta}$——原点返回时的标准偏差（″）。

工厂参观　学生在教师的带领下，到工厂或实训车间中参加数控机床的精度检验过程，并向技术工人请教自己的疑问。

技能训练　数控机床装配精度的检验与调整

一、数控车床精度检测

1. 数控车床几何精度检测

（1）床身导轨的直线度和平行度检测　车床安装不当造成床身导轨直线度调整不好，会直接影响精车外圆圆柱度精度。调整床身导轨直线度时，应先从主轴箱端开始（两个水平仪分别放于床鞍纵、横向导轨方向上），确保靠近主轴箱端时，水平仪读数为 0（从而尽可能保证主轴轴线为水平状态）。这时使主轴箱后面的地脚螺栓 1、2 比前面的 3、4 预紧力更大一些，以适应车床的受力要求。然后床鞍逐段向床尾方向移动（每次 200mm），如图 7-17 所示，水平仪读数可适当增加，以保证床身导轨中凸，但纵、横向误差应符合合格证要求，且使床身上床鞍后导轨适当偏高。

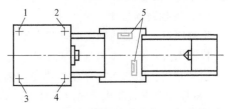

图 7-17　床身导轨的直线度和平行度检测
1~4—地脚螺栓　5—水平仪

1）纵向导轨调平后，床身导轨在垂直平面内的直线度。

检测工具：精密水平仪。

检测方法：如图 7-18 所示，将水平仪沿 Z 轴方向放在溜板上，沿导轨全长等距离地在各位置上检测，记录水平仪的读数，导轨全长读数的最大差值即为床身导轨在垂直平面内的直线度误差。

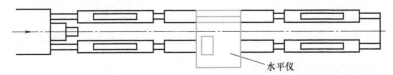

图 7-18　床身导轨在垂直平面内的直线度检测

2）横向导轨调平后，床身导轨的平行度。

检测工具：精密水平仪。

检测方法：如图 7-19 所示，将水平仪沿 X 轴方向放在溜板上，在导轨上移动溜板，记录水平仪的读数，其读数的最大差值即为床身导轨的平行度误差。

（2）溜板在水平面内移动的直线度检测

检测工具：检验棒、百分表和平尺。

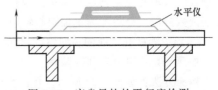

图 7-19　床身导轨的平行度检测

检测方法：如图 7-20 所示，先将检验棒顶在主轴和尾座顶尖上；再将百分表固定在溜板上，让百分表水平触及检验棒素线；全程移动溜板，调整尾座，使百分表在行程两端读数相等，检测溜板移动在水平面内的直线度误差。

（3）尾座移动对溜板移动的平行度检测

检测项目：垂直平面内和水平面内尾座移动对溜板移动的平行度。

检测工具：百分表。

　　检测方法：如图 7-21 所示，使用两个百分表，一个百分表作为基准，保持溜板和尾座的相对位置。将尾座套筒伸出后，按正常工作状态锁紧，同时使尾座尽可能地靠近溜板，把安装在溜板上的第二个百分表相对于尾座套筒的端面调整为零；溜板移动时也要手动移动尾座直至第二个百分表的读数为零，使尾座与溜板的相对距离保持不变。按此法使溜板和尾座全行程移动，只要第二个百分表的读数始终为 0，则第一个百分表相应指示出平行度误差。或沿行程在每隔 300mm 处记录第一个百分表的读数，该读数的最大差值即为平行度误差。第一个百分表分别在图中 a、b 位置测量，误差单独计算。

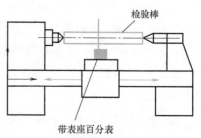

图 7-20　溜板在水平面内移动的直线度检测

　　（4）主轴跳动检测

　　检测项目：主轴的轴向窜动和主轴的轴肩支承面的跳动。

　　检测工具：百分表和专用装置。

　　检测方法：如图 7-22 所示，用专用装置在主轴轴线上加力 F（F 的值为消除轴向间隙的最小值），将百分表安装在机床固定部件上，然后使百分表测头沿主轴轴线分别触及专用装置的钢球和主轴轴肩支承面；旋转主轴，百分表读数的最大差值即为主轴的轴向窜动误差和主轴轴肩支承面的跳动误差。

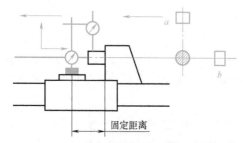

图 7-21　尾座移动对溜板移动的平行度检测

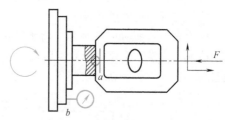

图 7-22　主轴跳动误差检测

　　（5）主轴定心轴颈的径向跳动检测

　　检测工具：百分表。

　　检测方法：如图 7-23 所示，将百分表安装在机床固定部件上，使百分表测头垂直于主轴定心轴颈并触及主轴定心轴颈；旋转主轴，百分表读数的最大差值即为主轴定心轴颈的径向跳动误差。

　　（6）主轴锥孔轴线的径向跳动检测

　　检测工具：百分表和检验棒。

　　检测方法：如图 7-24 所示，将检验棒插在主轴锥孔内，把百分表安装在机床固定部件上，使百分表测头垂直触及被测表面，旋转主轴，记录百分表的最大读数差值，在 a、b 处分别测量标记检验棒与主轴的圆周方向的相对位置，取下检验棒，同向分别旋转检验棒 90°、

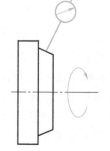

图 7-23　主轴定心轴颈的径向跳动误差检测

180°、270°后重新插入主轴锥孔，在每个位置分别检测。4 次检测的平均值即为主轴锥孔轴线的径向跳动误差。

　　（7）主轴轴线（对溜板移动）的平行度检测

　　检测工具：百分表和检验棒。

检测方法：如图 7-25 所示，将检验棒插在主轴锥孔内，把百分表安装在溜板（或刀架）上，然后使百分表测头在垂直平面内垂直触及被测表面（检验棒），移动溜板，记录百分表的最大读数差值及方向；旋转主轴 180°，重复测量一次，取两次读数的算术平均值作为在垂直平面内主轴轴线对溜板移动的平行度误差；再使百分表测头在水平面内垂直触及被测表面（检验棒），按上述方法重复测量一次，即得水平面内主轴轴线对溜板移动的平行度误差。

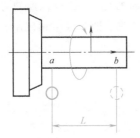
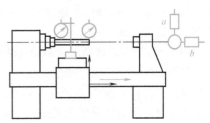

图 7-24　主轴锥孔轴线的径向跳动误差检测　　　图 7-25　主轴轴线的平行度检测

（8）主轴顶尖的跳动检测

检测工具：百分表和专用顶尖。

检测方法：如图 7-26 所示，将专用顶尖插在主轴锥孔内，把百分表安装在机床固定部件上，使百分表测头垂直触及被测表面，旋转主轴，百分表读数的最大差值即为主轴顶尖的跳动误差。

（9）尾座套筒轴线（对溜板移动）的平行度检测

检测工具：百分表。

检测方法：如图 7-27 所示，将尾座套筒伸出有效长度后，按正常工作状态锁紧。将百分表安装在溜板（或刀架）上，然后使百分表测头在垂直平面内垂直触及被测表面（尾座筒套），移动溜板，记录百分表的最大读数差值及方向，即得垂直平面内尾座套筒轴线对溜板移动的平行度误差；再使百分表测头在水平面内垂直触及被测表面（尾座套筒），按上述方法重复测量一次，即得水平面内尾座套筒轴线对溜板移动的平行度误差。

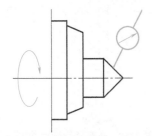
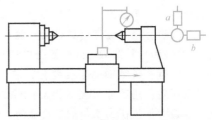

图 7-26　主轴顶尖的跳动误差检测　　　图 7-27　尾座套筒轴线的平行度检测

（10）尾座套筒锥孔轴线（对溜板移动）的平行度检测

检测工具：百分表和检验棒。

检测方法：如图 7-28 所示，尾座套筒不伸出并按正常工作状态锁紧，将检验棒插在尾座套筒锥孔内，把百分表安装在溜板（或刀架）上，然后使百分表测头在垂直平面内垂直触及被测表面（尾座套筒），移动溜板，记录百分表的最大读数差值及方向；取下检验棒，旋转

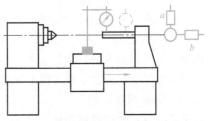

图 7-28　尾座套筒锥孔轴线的平行度检测

检验棒 180°后重新插入尾座套筒锥孔，重复测量一次，取两次读数的算术平均值作为在垂直平

面内尾座套筒锥孔轴线对溜板移动的平行度误差；再使百分表测头在水平面内垂直触及被测表面，按上述方法重复测量一次，即得在水平面内尾座套筒锥孔轴线对溜板移动的平行度误差。

（11）床头和尾座两顶尖的等高度检测

检测工具：百分表和检验棒。

检测方法：如图7-29所示，将检验棒顶在床头和尾座两顶尖上，把百分表安装在溜板（或刀架）上，使百分表测头在垂直平面内垂直触及被测表面（检验棒），然后移动溜板至行程两端，移动小拖板（X轴），记录百分表在行程两端的最大读数差值，即为床头和尾座两顶尖的等高度。测量时注意方向。

（12）刀架横向移动对主轴轴线的垂直度检测

检测工具：百分表、圆盘和平尺。

检测方法：如图7-30所示，将圆盘安装在主轴锥孔内，百分表安装在刀架上，使百分表测头在水平面内垂直触及被测表面（圆盘），再沿X轴移动刀架，记录百分表读数的最大差值及方向；将圆盘旋转180°，重新测量一次，取两次读数的算术平均值作为刀架横向移动对主轴轴线的垂直度误差。

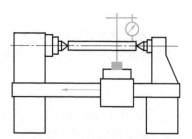

图7-29 床头和尾座两顶尖的等高度检测

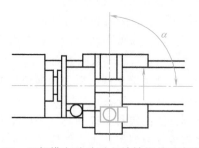

图7-30 刀架横向移动对主轴轴线的垂直度检测

2. 数控车床工作精度检测

（1）精车圆柱试件的圆度（靠近主轴轴端，检测试件的半径变化）检测

检测工具：千分尺。

检测方法：精车试件（试件材料为45钢，正火处理，刀具材料为YT30）外圆D，试件如图7-31所示，用千分尺测量检测试件靠近主轴轴端的半径变化，取半径变化最大值近似作为圆度误差；用千分尺测量检测试件的每一个环带直径的变化，取最大差值作为切削加工直径的一致性误差。

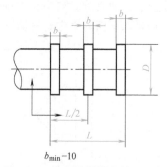

图7-31 精车外圆圆度检测试件

（2）精车端面的平面度检测

检测工具：平尺、量块和百分表。

检测方法：精车试件（试件材料为HT150，硬度为180~200HBW，刀具材料为YG8）端面，试件如图7-32所示，使刀尖回到车削起点位置，把百分表安装在刀架上，使百分表测头在水平面内垂直触及圆盘中间，沿负X轴方向移动刀架，记录百分表的读数及方向；终点时读数减起点时读数除以2即为精车端面的平面度误差；若数值为正，则平面是凹的。

（3）螺距精度检测

检测工具：丝杠螺距测量仪。

检测方法：可取外径为50mm、长度为75mm、螺距为3mm的丝杠作为试件进行检测（加工完成后的试件应充分冷却），试件如图7-33所示。

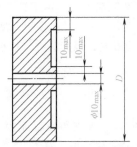

图 7-32　精车端面平面度检测试件

图 7-33　螺距精度检测试件

（4）精车轴类零件的直径尺寸精度和长度尺寸精度检测

检测工具：测高仪和杠杆卡规。

检测方法：用程序控制精车轴类试件（试件轮廓用一把单刃车刀精车而成），试件如图 7-34 所示，测量其实际轮廓与理论轮廓的偏差，偏差值应小于 0.045mm。

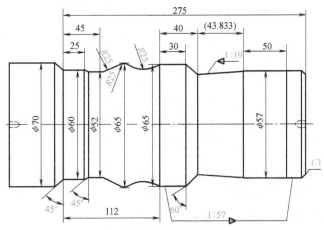

图 7-34　精车轴类零件轮廓的偏差检测试件

二、加工中心精度检测

1. 加工中心几何精度检测

（1）机床调平检测

检测工具：精密水平仪。

检测方法：如图 7-35 所示，将工作台置于导轨行程的中间位置，将两个水平仪分别沿 X 和 Y 坐标轴置于工作台中央，调整机床垫铁的高度，使水平仪的水泡处于读数中间位置；分别沿 X 和 Y 坐标轴全行程移动工作台，观察水平仪读数的变化，调整机床垫铁的高度，使工作台沿 X 和 Y 坐标轴全行程移动时水平仪读数的变化范围小于 2 格，且读数处于中间位置即可。

（2）工作台面的平面度检测

检测工具：百分表、平尺、可调量块、等高块和精密水平仪。

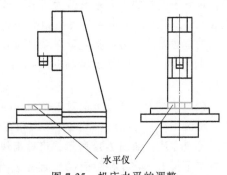

水平仪

图 7-35　机床水平的调整

检测方法：将工作台置于行程的中间位置，用精密水平仪检测。如图 7-36 所示，在工作台面上选择由 O、A、C 三点所组成的平面作为基准面，并使两条直线 OA 和 OC 互相垂直且分别平行于工作台面的轮廓边。将水平仪放在工作台面上，采用两点连锁法，分别沿 *OX* 和 *OY* 方向移动，测量台面轮廓 *OA*、*OC* 上的各点，然后使水平仪沿 *O'A'*、*O"A"*、…、*CB* 移动，测量整个台面轮廓上的各点。通过作图或计算，求出各测点相对于基准面的偏差，以其最大与最小偏差的代数差值作为平面度误差。

（3）主轴锥孔轴线的径向跳动检测

检测工具：检验棒和百分表。

检测方法：如图 7-37 所示，将检验棒插在主轴锥孔内，把百分表安装在机床固定部件上，使百分表测头垂直触及被测表面，旋转主轴，记录百分表的最大读数差值，在 *a*、*b* 处分别测量主轴端部和与主轴端部相距 *L*（100mm）处主轴锥孔轴线的径向跳动。标记检验棒与主轴的圆周方向的相对位置，取下检验棒，同向分别旋转检验棒 90°、180°、270° 后重新插入主轴锥孔，在每个位置分别检测。4 次检测的平均值即为主轴锥孔轴线的径向跳动误差。

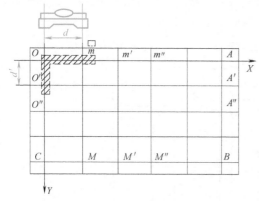

图 7-36　工作台面的平面度检测

d、*d'*—每次测量移动距离

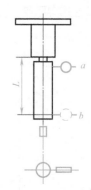

图 7-37　主轴锥孔轴线的
径向跳动误差检测

（4）主轴轴线对工作台面的垂直度检测

检测工具：平尺、可调量块、百分表和表架。

检测方法：如图 7-38 所示，将带有百分表的表架装在轴上，并将百分表的测头调至平行于主轴轴线，被测平面与基准面之间的平行度误差可以通过百分表测头在被测平面上的摆动测得。主轴旋转一周，百分表读数的最大差值即为垂直度误差。分别在 *XZ*、*YZ* 平面内记录百分表在相隔 180° 的两个位置上的读数差值。为消除测量误差，可在第一次检测后将检测工具相对于轴转过 180° 再重复检测一次。

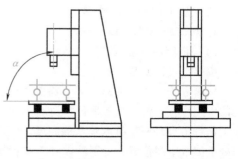

图 7-38　主轴轴线对工作台面的垂直度检测

（5）主轴竖直移动方向对工作台面的垂直度检测

检测工具：等高块、平尺、角尺和百分表。

检测方法：如图 7-39 所示，将等高块沿 *Y* 轴方向放在工作台上，平尺置于等高块上，将角尺置于平尺上（在 *YZ* 平面内），百分表固定在主轴箱上，使百分表测头垂直触及角尺，移动主轴箱，记录百分表读数及方向，其读数的最大差值即为在 *YZ* 平面内主轴箱垂直移动对工作台面的垂直度误差；同理，将等高块、平尺、角尺置于 *XZ* 平面内重新测量一次，百分表读数的最大差值即为在 *XZ* 平面内主轴箱垂直移动对工作台面的垂直度误差。

（6）主轴套筒竖直移动方向对工作台面的垂直度检测

检测工具：等高块、平尺、角尺和百分表。

检测方法：如图 7-40 所示，将等高块沿 Y 轴方向放在工作台上，平尺置于等高块上，将圆柱角尺置于平尺上，并调整角尺位置使角尺轴线与主轴轴线同轴；将百分表固定在主轴上，使百分表测头在 YZ 平面内垂直触及角尺，移动主轴，记录百分表读数及方向，其读数的最大差值即为在 YZ 平面内主轴垂直移动对工作台面的垂直度误差；同理，使百分表测头在 XZ 平面内垂直触及角尺重新测量一次，百分表读数的最大差值即为在 XZ 平面内主轴垂直移动对工作台面的垂直度误差。

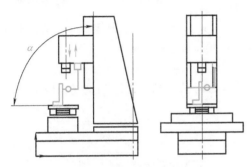 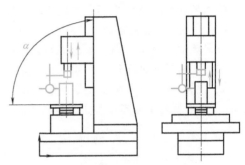

图 7-39　主轴竖直移动方向对　　　　　　　图 7-40　主轴套筒竖直移动方向对
　　工作台面的垂直度检测　　　　　　　　　　　工作台面的垂直度检测

（7）工作台沿 X 轴方向或 Y 轴方向移动对工作台面的平行度检测

检测工具：等高块、平尺和百分表。

检测方法：如图 7-41 所示，将等高块沿 Y 轴方向放在工作台上，平尺置于等高块上，使百分表测头垂直触及平尺，沿 Y 轴方向移动工作台，记录百分表读数，其读数的最大差值即为工作台 Y 轴方向移动对工作台面的平行度误差；将等高块沿 X 轴方向放在工作台上，沿 X 轴方向移动工作台，重复测量一次，其读数的最大差值即为工作台 X 轴方向移动对工作台面的平行度误差。

（8）工作台沿 X 轴方向移动对工作台 T 形槽的平行度检测

检测工具：百分表。

检测方法：如图 7-42 所示，把百分表固定在主轴箱上，使百分表测头垂直触及基准（T 形槽），沿 X 轴方向移动工作台，记录百分表读数，其读数的最大差值即为工作台沿 X 轴方向移动对工作台 T 形槽的平行度误差。

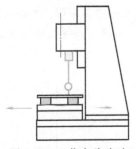 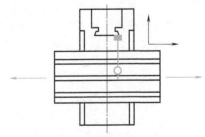

图 7-41　工作台移动对　　　　　　　　　图 7-42　工作台沿 X 轴方向移动
　工作台面的平行度检测　　　　　　　　　　对工作台 T 形槽的平行度检测

（9）工作台沿 X 轴方向移动对沿 Y 轴方向移动的垂直度检测

检测工具：角尺和百分表。

检测方法：如图 7-43 所示，将工作台置于行程的中间位置，将角尺置于工作台上，把百分表固定在主轴箱上，使百分表测头垂直触及角尺（Y 轴方向），沿 Y 轴方向移动工作台，调整角尺位置，使角尺的一个边与 Y 轴平行，再将百分表测头垂直触及角尺的另一边（X 轴方向），沿 X 轴方向移动工作台，记录百分表读数，其读数的最大差值即为工作台沿 X 轴方向移动对沿 Y 轴方向移动的垂直度误差。

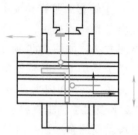

图 7-43 工作台沿 X 轴方向移动对沿 Y 轴方向移动的垂直度检测

2. 机床坐标零点的调整

机床坐标零点是指 X、Y、Z 轴坐标零点。如图 7-44 所示，X 轴零点在主轴行程的端部，Y 轴零点在主轴轴线距工作台面 L_2 尺寸处，Z 轴零点在主轴端部至工作台回转中心 L_1 尺寸处。检验工具为指示表、$\phi50\text{mm}\times300\text{mm}$ 心轴、测量尺寸为 L 的量块。

（1）Y 轴零点的调整 用 MDI 方式将工作台置于 $X=500\text{mm}$ 处，主轴置于 $Y=L_2$ 处（即 Y 轴零点），主轴锥孔中插入心轴，用量块检验心轴和托盘之间的距离，此距离为 L，即 $L_2=L+25\text{mm}$，此处就是 Y 轴零点，如图 7-45 所示。

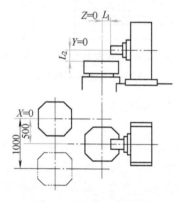

图 7-44 机床坐标零点

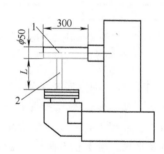

图 7-45 Y 轴零点的调整
1—心轴 2—量块

（2）X 轴零点的调整 用 MDI 方式将工作台置于 $X=500\text{mm}$、$Y=150\text{mm}$、$Z=50\text{mm}$ 位置处，主轴锥孔中插入心轴，将指示表固定在托盘上，使测头触及心轴侧素线，并将读数置零，然后退出立柱，工作台回转 180°，使立柱进入原位置，此时指示表读数值就是 X 轴零点的误差，如图 7-46 所示。

（3）Z 轴零点的调整 用 MDI 方式将工作台置于 $X=500\text{mm}$、$Y=200\text{mm}$、$Z=L$（L 为心轴长度实测尺寸）位置处。将指示表固定在工作台托盘上，使测头触及心轴侧素线，并将读数置零，测头触点到心轴端面的距离小于 25mm。工作台转 90°，在心轴端和指示表测头间放 25mm 的量块，此时指示表读数值就是 Z 轴零点的误差，如图 7-47 所示。

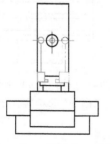

图 7-46 X 轴零点的调整

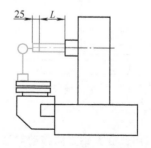

图 7-47 Z 轴零点的调整

3．试机

试机由专业人员进行。机床检验合格后，提供电气、液压和气动动力。将规定的油量和型号注入液压箱、变速箱及润滑箱内。

接通主开关前，电气人员必须对数控装置的电源线仔细检查，接通后，先检查电动机的相序（U、V、W）。通过短时间的接通和断开液压装置来检查液压马达的转动方向，并校正。正常后接通液压装置，检查系统压力及蓄能器压力。上述准备工作就绪后方可试机。

（1）手动功能试验 用手操作机床各部位进行试验。

1）对主轴进行锁刀、松刀、吹气、正反转、换档、准停试验，不少于5次。

2）对X、Y、Z轴运动部件进行正反向起动、停止试验，不少于10次。

3）分度工作台分度、定位试验，不少于10次。

4）交换工作台交换试验，不少于3次。

5）刀库机械手换刀试验，不少于5次。

6）检查机床控制面板上各种指示灯、控制按钮、风扇动作的灵活性和可靠性。

7）检查机床润滑系统工作的可靠性，各润滑点油路是否畅通、接头处是否漏油。

8）机床冷却系统管路畅通，流量适中，冷却泵工作正常、无渗漏。

9）检查防护装置的可靠性及排屑器工作平稳、可靠。

（2）自动功能试验 用数控程序操作机床各部件进行试验，可与整机空运转试验同时进行。整机连续空运转时间为48h，试验过程中机床运转应正常、平稳、可靠，不应发生故障，否则必须在排除故障后重新做48h连续空运转。连续空运转程序包括以下内容：

1）主轴低、中、高转速的正、反向运转和定位。

2）各坐标上运动部件的低、中、高进给速度和快速正、反向运行，可选任意点定位。

3）刀库中各刀位上的刀具不少于2次自动换刀。

4）分度工作台的自动分度和定位。

5）各轴联动。

6）各交换工作台不少于5次的自动交换。

7）机床具有的各种功能试验，如直线插补，圆弧插补，铣、钻、镗、铰和攻螺纹加工循环，冷却、排屑、冲洗等。

（3）温升试验 当主轴轴承达到稳定温度时，在靠近轴承处检验其温度不超过60℃，温升不超过20℃。

4．加工中心单项工作精度检测

（1）镗孔精度检测

检测工具：千分表。

检测目的：考核机床主轴的运动精度及Z轴低速时的运动平稳性。

检测方法：精镗试件内孔。试件材料为一级铸铁，采用硬质合金镗刀，背吃刀量约为0.1mm，进给量约为0.05mm/r。

试件如图7-48a所示。先粗镗一次试件上的孔，然后按单边余量小于0.2mm进行一次精镗，检测孔全长上各截面的圆度、圆柱度和表面粗糙度。

（2）斜边铣削精度检测

检测工具：等高块、角尺和千分表。

检测目的：两个运动轴直线插补运动的品质特性。

检测方法：精铣试件四周边。试件材料为一级铸铁，采用立铣刀，背吃刀量约为0.1mm。

试件如图7-48b所示。用立铣刀侧刃先粗铣试件四周边，然后再精铣试件四周边。试件斜边

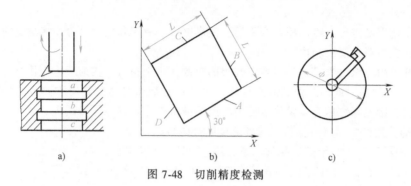

图 7-48　切削精度检测

的运动由 X 轴和 Y 轴运动合成，所以工件表面的加工质量反映了两个运动轴直线插补运动的品质特性。若加工后的试件在相邻两直角边表面上出现刀纹一边密、另一边稀的现象，则说明两轴联动时，某一个轴进给速度不均匀，此时可以通过修调该轴速度控制回路和位置控制回路来解决。

试切前应确保试件安装基准面的平直。将试件安装在工作台中间位置，使其一个加工面与 X 轴成 30°角。

1）四面的直线度检测。在平板上放两个垫块，试件放在其上，固定千分表，使其测头触及被检测面。调整垫块，使千分表在试件时读数相等。沿加工方向，按测量长度，在平板上移动千分表进行检测。千分表在各面上读数的最大差值即为直线度误差，如图 7-49a 所示。

2）相对面间的平行度检测。在平板上放两个等高块，试件放在其上。固定千分表，使其测头触及被检测面，沿加工方向，按测量长度，在平板上移动千分表进行检测。千分表在 A、C 面间和 B、D 面间读数的最大差值即为平行度误差，如图 7-49a 所示。

3）相邻两面间的垂直度检测。在平板上放两个等高块，试件放在其上。固定角尺于平板上，再固定千分表，使其测头触及被检测面。沿加工方向，按测量长度，在角尺上移动千分表进行检测。千分表在各面上读数的最大差值即为垂直度误差，如图 7-49b 所示。

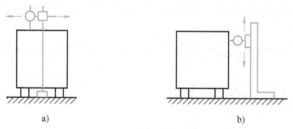

图 7-49　斜边铣削精度检测方法

（3）圆弧铣削精度检测

检测工具：圆度仪或千分表。

检测目的：两个运动轴直线插补运动的品质特性。

检测方法：采用圆弧插补精铣试件的圆表面。试件材料为一级铸铁，采用立铣刀，背吃刀量约为 0.1mm。

用立铣刀侧刃精铣图 7-48c 所示的圆表面，将试件安装在工作台的中间位置。将千分表固定在机床或测量仪的主轴上，使其测头触及外圆面。回转主轴并进行调整，使千分表在任意两个相互垂直直径的两端的读数相等。旋转主轴一周，检测试件半径的变化值，取半径变化的最大值作为其圆度误差，以此判断工件圆弧表面的加工质量。它主要用于评价该机床两坐标联动时动态运动质量。一般数控铣和加工中心铣削 $\phi200 \sim \phi300$mm 工件时，圆度误差在 $0.01 \sim 0.03$mm 之间，表面粗糙度值在 $Ra3.2\mu$m 左右。在圆试件测量中常会遇到图 7-50 所示图形。

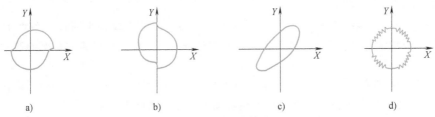

图 7-50　有质量问题的铣圆图形

两个半圆错位的图形（图 7-50a、b）一般都是因一个坐标轴或两个坐标轴的反向间隙造成的。固定的反向间隙可以通过改变数控系统的间隙补偿参数值或修调该坐标传动链精度来改善。

出现斜椭圆（图 7-50c）是由于两坐标的进给伺服系统增益不一致，造成实际圆弧插补运动中一个坐标的跟随特性滞后，从而形成椭圆轨迹（实际上机床产生的椭圆长短轴仅相差几十微米）。此时可以适当调整一个轴的速度反馈增益或位置环增益来改善。

圆柱面上出现锯齿形条纹（图 7-50d）的原因与切削斜边时出现的条纹相同，也是由于一个轴或两个轴的进给速度不均匀造成的。

5. 加工中心综合试切工作精度检验

数控铣床/加工中心工作精度检查实质是对几何精度与定位精度在切削条件下的一项综合考核。现以 JB/T 8771.7—1998《加工中心　检验条件　第 7 部分：精加工试件精度检验》[一] 为例介绍。

（1）试件的数量　在该标准中提供了两种型式，且每种型式具有两种规格的试件。试件的型式、规格和标志见表 7-4。

表 7-4　试件的型式、规格和标志

型　　式	名义规格/mm	标　　志
A 轮廓加工试件	160	试件 JB/T 8771.7—A160
	320	试件 JB/T 8771.7—A320
B 端铣试件	80	试件 JB/T 8771.7—B80
	160	试件 JB/T 8771.7—B160

原则上在验收时每种型式仅应加工一件，在特殊要求的情况下，例如机床性能的统计评定，按制造厂和用户间的协议确定加工试件的数量。

（2）试件的定位　试件应位于 X 行程的中间位置，并沿 Y 轴和 Z 轴在适合于试件和夹具定位及刀具长度的适当位置处放置。当对试件的定位位置有特殊要求时，应在制造厂和用户的协议中规定。

（3）试件的固定　试件应在专用的夹具上方便安装，以达到刀具和夹具的最大稳定性。夹具和试件的安装面应平直。应检验试件安装表面与夹具夹持面的平行度。应使用合适的夹持方法以便使刀具能贯穿和加工中心孔的全长。建议使用埋头螺钉固定试件，以避免刀具与螺钉发生干涉，也可选用其他等效的方法。试件的总高度取决于所选用的固定方法。

（4）试件的尺寸　如果试件切削了数次，外形尺寸减小，孔径增大，当用于验收检验时，建议选用最终的轮廓加工试件尺寸与该标准中规定的一致，以便如实反映机床的切削精度。试

⊖　该标准已作废，但由于无替代标准，故行业内仍采用。

件可以在切削试验中反复使用，其规格应保持在该标准所给出的特征尺寸的 ±10% 以内。当试件再次使用时，在进行新的精切试验前，应进行一次薄层切削，以清理所有的表面。

（5）轮廓加工试件

1）概述。该检验包括在不同轮廓上的一系列精加工，用来检查不同运动条件下的机床性能。即：仅一个轴线进给、不同进给率的两轴线线性插补、一轴线进给率非常低的两轴线线性插补和圆插补。

该检验通常在 X-Y 平面内进行，但当备有万能主轴头时同样可以在其他平面内进行。

2）尺寸。该标准中提供了两种规格的轮廓加工试件，其尺寸见表 7-5。

试件的最终形状（图 7-51 和图 7-52）应按下列步骤加工形成：

① 通镗位于试件中心直径为 p 的孔。

② 加工边长为 l 的正方形。

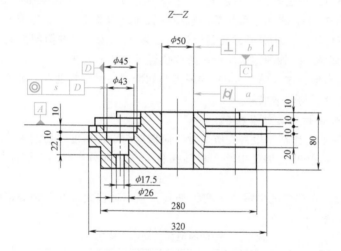

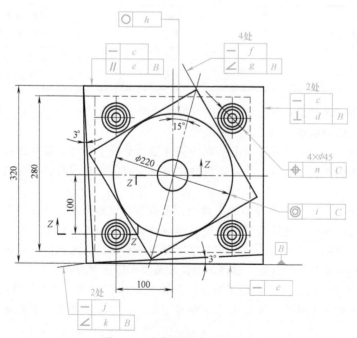

图 7-51　大规格轮廓加工试件

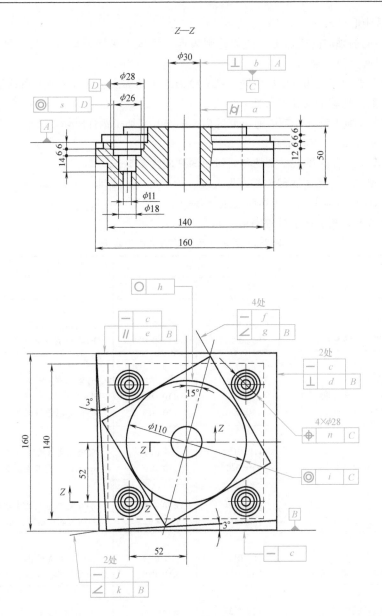

图 7-52 小规格轮廓加工试件

表 7-5 试件尺寸

名义尺寸 l/mm	m/mm	p/mm	q/mm	r/mm	α
320	280	50	220	100	3°
160	140	30	110	52	3°

③ 加工位于正方形上边长为 q 的菱形（倾斜 60°的正方形）。

④ 加工位于菱形之上直径为 q、深为 6mm（或 10mm）的圆。

⑤ 加工正方形上面 α 角为 3°或 $\tan\alpha = 0.05$ 的倾斜面。

⑥ 镗削直径为 26mm（或较大试件上的 43mm）的四个孔和直径为 28mm（或较大试件上的 45mm）的四个孔；直径为 26mm 的孔沿轴线的正向趋近，直径为 28mm 的孔为负向趋近。这些

孔定位为距试件中心"r，r"。

因为是在不同的轴向高度加工不同的轮廓表面，所以应保持刀具与下表面平面离开零点几毫米的距离，以避免面接触。

3）刀具。可选用直径为32mm的同一把立铣刀加工轮廓加工试件的所有外表面。

4）切削参数。推荐下列切削参数：

① 切削速度。加工铸铁件时切削速度约为50m/min，加工铝件时切削速度约为300m/min。

② 进给量为0.05~0.10mm/齿。

③ 切削深度。所有铣削工序在径向的切削深度应为0.2mm。

5）毛坯和预加工。毛坯底部为正方形底座，边长为m，高度由安装方法确定。

为使切削深度尽可能恒定，精切前应进行预加工。

6）检验和公差。轮廓加工试件的检验和公差见表7-6。

表7-6 轮廓加工试件的检验和公差 （单位：mm）

检验项目	公差		检验工具
	$l=320$	$l=160$	
中心孔 a) 圆柱度 b) 孔中心线与基面A的垂直度	a) 0.015 b) φ0.015	a) 0.010 b) φ0.010	a) 坐标测量机 b) 坐标测量机
正方形 c) 侧面的直线度 d) 相邻面与基面B的垂直度 e) 相对面对基面B的平行度	c) 0.015 d) 0.020 e) 0.020	c) 0.010 d) 0.010 e) 0.010	c) 坐标测量机或平尺和指示表 d) 坐标测量机或角尺和指示表 e) 坐标测量机或等高量块和指示表
菱形 f) 侧面的直线度 g) 侧面对基面B的倾斜度	f) 0.015 g) 0.020	f) 0.010 g) 0.010	f) 坐标测量机或平尺和指示表 g) 坐标测量机或正弦规和指示表
圆 h) 圆度 i) 外圆和内圆孔C的同心度	h) 0.020 i) φ0.025	h) 0.015 i) φ0.025	h) 坐标测量机或指示表或圆度测量仪 i) 坐标测量机或指示表或圆度测量仪
斜面 j) 面的直线度 k) 3°角斜面对B面的倾斜度	j) 0.015 k) 0.020	j) 0.010 k) 0.010	j) 坐标测量机或平尺和指示表 k) 坐标测量机或正弦规和指示表
镗孔 n) 孔相对于内孔C的位置度 s) 内孔与外孔D的同心度	n) φ0.05 s) φ0.02	n) φ0.05 s) φ0.02	n) 坐标测量机 s) 坐标测量机或圆度测量仪

注：1. 如果条件允许，可将试件放在坐标测量机上进行测量。

2. 对直边（正方形、菱形和斜面）而言，为获得直线度、垂直度和平行度的偏差，测头至少在10个点处触及被测表面。

3. 对于圆度（或圆柱度）检验，如果测量为非连续性的，则至少检验15个点（圆柱度在每个测量平面内）。

（6）端铣试件

1）概述。本试验的目的是检验端面精铣所铣表面的平面度，两次进给重叠约为铣刀直径的20%。通常该试验是通过沿X轴轴线的纵向运动和沿Y轴轴线的横向运动来完成的，但也可按制造厂和用户间的协议用其他方法来完成。

2）试件尺寸及切削参数。对两种试件尺寸和有关刀具的选择应按制造厂的规定或与用户的协议。

在表7-7中，试件的面宽是刀具直径的1.6倍，切削面宽度用80%刀具直径的两次进给来完成。为了使两次进给中的切削宽度近似相同，第一次进给时刀具应伸出试件表面的 20%刀具直径，第二次进给时刀具应伸出另一边约 1mm（图 7-53）。试件长度应为宽度的 1.25~1.6 倍。

表 7-7　切削参数

试件表面宽度 W/mm	试件表面长度 L/mm	切削宽度 ω/mm	刀具直径/mm	刀具齿数
80	100~130	40	50	4
160	200~250	80	100	8

对试件的材料未做规定，当使用铸铁件时，可参见表 7-7 所列的切削参数。进给速度为 300mm/min 时，每齿进给量近似为 0.12mm，切削深度不应超过 0.5mm。如果可能，在切削时，与被加工表面垂直的轴（通常是 Z 轴）应锁紧。

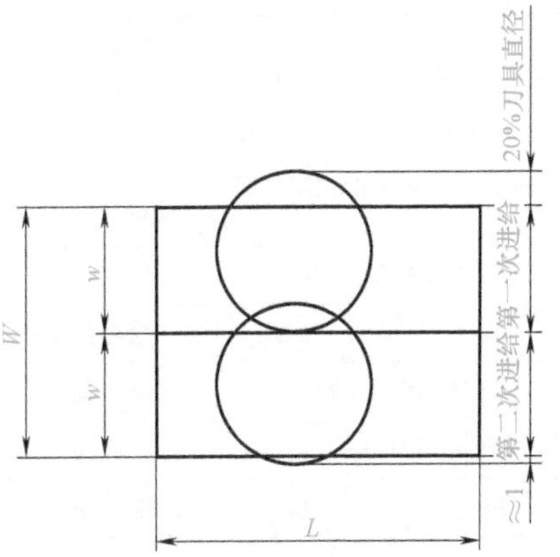

3）刀具。采用可转位套式面铣刀。刀具安装应符合下列公差：

① 径向圆跳动≤0.02mm。

② 轴向圆跳动≤0.03mm。

4）毛坯和预加工。毛坯底座应具有足够的刚性，并适合于夹紧到工作台上或托板和夹具上。为使切削深度尽可能恒定，精切前应进行预加工。

5）精加工表面的平面度公差。小规格试件被加工

图 7-53　端铣试验模式

表面的平面度公差不应超过 0.02mm；大规格试件的平面度公差不应超过 0.03mm。垂直于铣削方向的直线度检验反映出两次进给重叠的影响，而平行于铣削方向的直线度检验反映出刀具出、入刀的影响。

任务扩展 数控机床验收依据

数控机床的验收依据是相关标准及合同约定，相关的部分国内标准见表 7-8。

表 7-8　数控机床验收相关标准

标准	说明
GB/T 17421.1—1998	机床检验通则　第 1 部分:在无负荷或精加工条件下机床的几何精度
GB/T 17421.2—2016	机床检验通则　第 2 部分:数控轴线的定位精度和重复定位精度的确定
GB/T 16462.1—2007	数控车床和车削中心检验条件　第 1 部分:卧式机床几何精度检验
GB/T 16462.4—2007	数控车床和车削中心检验条件　第 4 部分:线性和回转轴线的定位精度及重复定位精度检验
GB/T 4020—1997	卧式车床　精度检验
JB/T 4368.2—1996	数控卧式车床　参数
JB/T 4368.1—2013	数控卧式车床和车削中心　第 1 部分:技术条件
JB/T 4368.4—1996	数控卧式车床　性能试验规范
GB/T 23569—2009	重型卧式车床检验条件　精度检验
JB/T 8325.2—2006	数控重型卧式车床　第 2 部分:技术条件
JB/T 8326.1—2017	数控仪表卧式车床　第 1 部分:精度检验
JB/T 8326.2—2017	数控仪表卧式车床　第 2 部分:技术条件

（续）

标准	说明
JB/T 10165.1—2015	数控纵切自动车床 第1部分:精度检验
JB/T 10165.2—2015	数控纵切自动车床 第2部分:技术条件
JB/T 8771.2—1998	加工中心检验条件 第2部分:立式加工中心 几何精度检验
GB/T 20957.1—2007	精密加工中心检验条件 第1部分:卧式和带附加主轴头机床几何精度检验(水平Z轴)
GB/T 20957.2—2007	精密加工中心检验条件 第2部分:立式或带垂直主回转轴的万能主轴头机床几何精度检验(垂直Z轴)
GB/T 20957.4—2007	精密加工中心检验条件 第4部分:线性和回转轴线的定位精度和重复定位精度检验
GB/T 20957.5—2007	精密加工中心检验条件 第5部分:工件夹持托板的定位精度和重复定位精度检验
GB/T 20957.7—2007	精密加工中心检验条件 第7部分:精加工试件精度检验
JB/T 10082—2010	电火花线切割机(往复走丝型) 技术条件
GB/T 5291.1—2001	电火花成形机 精度检验 第1部分:单立柱机床(十字工作台型和固定工作台型)
JB/T 3720.2—2006	电火花线切割机(往复走丝型)导轮 第2部分:技术条件
JB/T 9934.2—2006	数控立式车床 第2部分:技术条件
GB/T 18400.9—2007	加工中心检验条件 第9部分:刀具交换和托板交换操作时间的评定
GB/T 21012—2007	精密加工中心技术条件
JB/T 9895.1—1999	数控立式卡盘车床 精度检验
JB/T 11562—2013	数控立式卡盘车床和车削中心 技术条件

📖 任务巩固

一、填空题

1. 定位精度主要的检测内容有_____定位精度、_____定位精度、_____的返回精度和直线运动_____的测定。

2. 定位精度检测工具有_____、_____、标准长度刻线尺、光学读数显微镜和_____等。

3. 机床的几何精度_____和_____时是有区别的。

4. 机床自运行考验的时间，国家标准相关中规定，数控车床为_____h，加工中心为_____h。都要求_____运转。

5. 数控功能的检验，除了用手动操作或自动运行来检验数控功能的有无以外，更重要的是检验其_____和_____。

6. 数控机床几何精度的检测应按国家标准规定，在机床_____状态下进行。即接通电源以后，将机床各移动坐标_____，主轴以_____的转速运转十几分钟后再检测。

7. 定位精度在一般精度标准上规定了三项，分别为_____、_____、_____。

8. 工作精度是机床的_____，受机床几何精度、_____、_____等因素影响。

9. 数控机床自动功能试验时，各交换工作台应不少于_____次自动交换。

二、选择题 （请将正确答案的代号填在括号中）

1. 加工中心主轴轴线和 Z 轴运动之间的平行度（YZ 垂直平面内）公差为 （   ）。

　　A. 0.005mm/300mm　　　B. 0.015mm/300mm　　　C. 0.05mm/300mm

2. 手动对主轴进行锁刀、松刀、吹气、正反转、换档、准停试验，不少于（　　）次。

　　A. 5　　　　　　　　　B. 10　　　　　　　　　C. 20

3. 用数控程序操作机床各部件进行整机连续空运转时间为（　　），试验过程中机床运转应正常、平稳、可靠，不应发生故障。

　　A. 24h　　　　　　　　B. 36h　　　　　　　　C. 48h

4. 加工中心的自动换刀检验时，刀库中各刀位上的刀具不少于（　　）自动换刀。

　　A. 2次　　　　　　　　B. 5次　　　　　　　　C. 10次

5. 数控机床切削精度检验（　　），对机床几何精度和定位精度的一项综合检验。

　　A. 又称静态精度检验，是在切削加工条件下　　　B. 又称动态精度检验，是在空载条件下

　　C. 又称动态精度检验，是在切削加工条件下　　　D. 又称静态精度检验，是在空载条件下

6. 数控机床的直线运动定位精度是在（　　）条件下测量的。

　　A. 低温不加电　　　　　B. 空载　　　　　　　C. 满载空转　　　　　D. 高温满载

7. 机械上常在防护装置上设置为检修用的可开启的活动门，应使活动门不关闭机器就不能开动；在机器运转时，活动门一打开机器就停止运转，这种功能称为（　　）。

　　A. 安全联锁　　　　　　B. 安全屏蔽　　　　　C. 安全障碍　　　　　D. 密封保护

8. 用游标卡尺测量孔的中心距，此测量方法为（　　）。

　　A. 直接测量　　　　　　B. 间接测量　　　　　C. 绝对测量　　　　　D. 比较测量

9. 数控机床上有一个机械原点，该点到机床坐标零点在进给坐标轴方向上的距离可以在机床出厂时设定。该点称为（　　）。

　　A. 工件零点　　　　　　B. 机床零点　　　　　C. 机床参考点

10. 数控机床的位置精度主要指标有（　　）。

　　A. 定位精度和重复定位精度　　　　　　　　　B. 分辨率和脉冲当量

　　C. 主轴回转精度　　　　　　　　　　　　　　D. 几何精度

11. （　　）是指数控机床工作台等移动部件在确定的终点所达到的实际位置精度，即移动部件实际位置与理论位置之间的误差。

　　A. 定位精度　　　　　　B. 重复定位精度　　　C. 加工精度　　　　　D. 分度精度

12. 工作台定位精度测量时应使用（　　）。

　　A. 激光干涉仪　　　　　B. 百分表　　　　　　C. 千分尺　　　　　　D. 游标卡尺

13. 车床主轴轴线有轴向窜动时，对车削（　　）精度影响较大。

　　A. 外圆表面　　　　　　B. 丝杠螺距　　　　　C. 内孔表面

14. 车床主轴在转动时若有一定的径向圆跳动误差，则工件加工后会产生（　　）的误差。

　　A. 垂直度　　　　　　　B. 同轴度　　　　　　C. 斜度　　　　　　　D. 表面粗糙度

15. 数控机床几何精度检查时首先应该进行（　　）。

　　A. 连续空运转试验　　　　　　　　　　　　　B. 安装水平的检查与调整

　　C. 数控系统功能试验

16. 定位精度检测的环境温度在（　　）之间。

　　A. 5~35℃　　　　　　　B. 15~45℃　　　　　C. 15~25℃　　　　　D. 没有要求

三、判断题（正确的画"√"，错误的画"×"）

1. （　　）加工中心的主轴精度只需检验其径向圆跳动。

2. （　　）数控机床验收时，要对机床具有的各种功能试验，如直线插补，圆弧插补，铣、钻、镗、铰和攻螺纹加工循环，冷却、排屑、冲洗等。

3.（　　）数控机床在手动和自动运行中，一旦发现异常情况，应立即使用紧急停止按钮。

4.（　　）有一定机床安装经验的技工，可凭经验完成数控机床的安装与调试工作。

5.（　　）检验数控车床主轴轴线与尾座锥孔轴线等高情况时，通常只允许尾座轴线稍低。

6.（　　）数控机床性能的检验与普通机床基本一样，主要是通过"耳闻目睹"和试运转来检查。

7.（　　）数控车床端面的平面度允许中凸。

8.（　　）数控车床加工的切削精度检验，可以是单项加工，也可以是综合加工。

9.（　　）机床的几何精度冷态和热态时是有区别的。

附录 常用数控机床维修词汇英汉对照表

A

A-B 美国 Allen-Brodley 数控系统

ABS（absolute address） 绝对地址

AC 交流电

acceleration *n.* 加速、加速度

accept *vt.* 接收

accessories *n.* 附件

Acramatic 美国 Acramatic 数控系统

active *a.* 有效的

adapter *n.* 适配器

address *n.* 地址

A-D converter 模-数转换器

adjust *v.* 调节，调整

adjustment *n.* 调整

advance *n./vi.* 前进

advanced *a.* 高级的，增强的

air *n.* 空气

ALM（alarm） *n.* 报警

alphanumeric code 字母数字代码

alter *vi.* 修改

ambient temperature 环境温度

AMD 可调整机床参数

Amplifier *n.* 放大器

analog signal 模拟信号

AND gate 与门

angle *n.* 角度

APC *n.* 绝对式脉冲编码器

appendix *n.* 附录,附属品

approach *n./v.* 接近

APC 自动托盘交换

arc *n.* 圆弧

argument *n.* 字段,自变量

arithmetic *n.* 算术

armature *n.* 电枢

army *n.* 机械臂

arrow *n.* 箭头

assembly *n.* 组装

ATC 自动换刀

attenuator *n.* 衰减器

AUTO 自动加工方式

automatic *a.* 自动的

automation *n.* 自动

auxiliary function 辅助功能

AXE 基本轴控制板

axial feed 轴向进给

axis *n.* 轴

B

background *n.* 背景,后台

backlash *n.* 反向间隙

backlash compensation 反向间隙补偿

backspace *n.* 退格

backup *n.* 备份

ballscrew *n.* 滚珠丝杠

bar *n.* 栏,条

batch processing 批处理

battery *n.* 电池

baud *n.* 波特

baudrate *n.* 波特率

BCD 二—十进制码

bearing *n.* 轴承

bed *n.* 床身

binary *n.* 二进制

bipolar *a.* 双极

bit *n.* 位

blank *n.* 空格

block *n.* 撞块,程序段

block diagram 框图

blown *v.* 熔断

BMU 磁泡存储单元

board *n.* 控制板

bore *v.* 镗

boring *n.* 镗削

boring machine *n.* 镗床

BOS 基本操作系统

box *n.* 箱体,框

bracket *n.* 括号

branch *v.* 分支

breaker *n.* 断路器

broken *a.* 断路的

brushless *a.* 无刷

bubble *n.* 磁泡存储器

buffer *n.* 缓冲器

bus *n.* 总线

button *n.* 按钮

byte *n.* 字节

C

cabinet *n.* 机箱

cable *n.* 电缆

CAD 计算机辅助设计

CAF 单元电源控制板

calculate *v.* 计算

calculation *n.* 计算

calculator *n.* 计算器

call *n.* 调用

CAM 计算机辅助制造

CAN（cancel）取消

canned cycle 固定循环

capacity *n.* 容量

card *n.* 电路板,板卡

carriage *n.* 床鞍,工作台

cassette *n.* 磁带

CCW 逆时针方向

cell *n.* 单元,电池

chain n. 传送链

chamfer n. 倒角

change v. 修改,变更,更换

CH (channel)通道

character n. 字符

check v. 校验,检查

check bit 校验位

chip n. 芯片

chop　鏨削

chopping　鏨削

circle n. 圆

circuit n. 电路

circular a. 圆弧的

clamp n. 夹具

clear v. 清除

clip v. 剪切

clip board n. 剪贴板

clock n. 时钟

clock pulse 时针脉冲

close loop control 闭环控制

clutch n. 卡盘,离合器

CMR n. 命令增益

CNC 计算机数控

coaxial cable n. 同轴电缆

code n. 码

coder n. 编码器

command n./v. 命令

communication n. 通信

comparator n. 比较器

compatibility n. 兼容性

compensation n. 补偿

computer n. 计算机

condition n. 条件

configuration n. 配置

configure v. 配置

connect v. 连接

connector n. 连接器

console n. 控制台

constant n. 常数

contactor n. 接触器

contour n. 轮廓

control n./v. 控制

controller n. 控制器

control panel n. 控制面板

control unit n. 控制单元

conversion n. 转换

converter n. 变频器

cool v. 冷却

coolant n. 冷却

cooling system 冷却系统

coordinate n. 坐标

copy v. 拷贝,复制

correct v. 改正

　　　a. 正确的

correction n. 修改

count v. 计数

counter n. 计数器

coupling n. 联轴器

CPU 中央处理单元

CR 回车,程序段结束(EIA 标

　　准)

cradle n. 摇架

create v. 生成

CRT n. 真空射线管

CSB n. 中央服务板

current n. 电流

　　　a. 当前的

current loop 电流环

cursor n. 光标

custom n. 用户

custom marco 用户宏编程

cut v. 切削

cutter n. (圆盘形)刀具

CW 顺时针

cycle n./vi. 循环

cylinder n. 圆柱体,气缸

cylindrical a. 圆柱的

D

D-A converter 数-模转换器

damage vt. 损坏

damping n. 阻尼

data n. 数据

data bus 数据总线

data entry 数据输入

date n. 日期

DC 直流电

deceleration n. 减速

decimal a. 十进制的

decimal point 小数点

decoder n. 解码器

decrease n./v. 减少

deep a. 深的

default format 缺省格式

define v. 定义

deg. 度

degree n. 度

DEL(delete) vt. 删除

delay n./v. 延迟

delete v. 删除

deletion n. 删除

description n. 描述

detect v. 检查

detection n. 检查

detector n. 检测器

device n. 装置

DGN(diagnose) v. 诊断

DI　数字输入

DIAG(diagnosis) n. 诊断

diagram n. 图表

diameter n. 直径

diamond n. 金刚石

digit n. 数字

digital a. 数字的

dimension n. 尺寸,(坐标系

　　　　　的)维

diode n. 二极管

DIR　目录

direction n. 方向

directory n. 目录

disconnect v. 断开

disconnection n. 断开

disk n. 磁盘

diskette n. 磁盘

display n./vt. 显示

distance n. 距离

divide vt. 除,划分

DMR *n.* 检测增益

DMT 轴驱动用直流伺服电动机

DNC 直接数据控制

DO *n.* 数字输出

document *n.* 文件

dog switch *n.* 回参考点减速开关

DOS *n.* 磁盘操作系统

DRAM 动态随机存储器

drawing *n.* 画图

dress *v.* 修整

dresser *n.* 修整器

drift *n.*/*vi.* 漂移

drill *v.* 钻孔

drive *n.*/*vt.* 驱动

driver *n.* 驱动器

dry run 空运行

duplicate *v.* 复制

duplication *n.* 复制品

DV 直流电压

dwell *vi.* 暂停

dynamic *n.* 动态

dynamic error 动态误差

E

earth *vt.* 接地

edit *vt.* 编辑

EDT(edit) 编辑

EIA 美国电子工业协会标准

electrical *a.* 电气的

electronic *a.* 电子的

electric alcabinet 电气柜

element *n.* 元件

emergency *n.* 紧急情况

emergency button 急停按钮

end *n.*/*v.* 结束

enter *n.* 回车,输入
　　　　vt. 进入

entry *n.* 输入

enable *vt.* 使能

encode *vt.* 编码

encoder *n.* 编码器

environment *n.* 环境

EPROM 紫外线可擦式只读存储器

equal *v.* 出境,等于

equipment *n.* 设备

erase *vt.* 擦除

error *n.* 误差,错误,故障

esc=escape *n.* 退出

exact *a.* 精确的

example *n.* 例子

exchange *n.*/*vt.* 更换

execute *vt.* 执行

execution *n.* 执行

exit *vi.* 退出

external *a.* 外部的

expansion unit 扩展单元

F

FAGOR 西班牙法格数控系统

fan *n.* 风扇

FANUC 日本发那科数控系统

fault *n.* 故障

failure *n.* 故障

feed *vt.* 进给

feedback *n.* 反馈

feedrate *n.* 进给率

feed hold 进给保持

feedrate override 进给速度倍率

fictitious *a.* 虚拟的

FIDIA 意大利 FIDIA 数控系统

file *n.* 文件

figure *n.* 数字

filt(filtrate) *v.* 过滤

filter *n.* 过滤器

fin(finish) *v.* 完成(应答信号)

fine *a.* 精密的

fixture *n.* 夹具

flag *n.* 标志

flash rom 闪存

flash memory 闪存

flexibility *n.* 柔性

flip flop 触发器

flowchart *n.* 流程图

FL(回参考点的)低速

flexible *a.* 柔性的

floppy *a.* 软的

FMC 柔性制造单元

FMS 柔性制造系统

follow error 跟随误差

format *n.* 格式

foreground *n.* 前景,前台

function *n.* 功能

frequency *n.* 频率

function block 功能块

fuse *n.* 熔断器

G

gain *n.* 增益

gasket *n.* 密封圈

G-code G 代码

gear *n.* 齿轮

generator *n.* 发生器

GE FANUC 通用电气发那科

general *a.* 总的,通用的

generator *n.* 发生器

geometry *n.* 几何

GND 接地

graphic *n.* 图形的

gradient *n.* 倾斜度,梯度

graph *n.* 图形

graphic *a.* 图形的

grind *vt.* 磨削

grinding machine 磨床

group *n.* 组

guarantee *n.* 保修期

guide *vt.* 导向,指导

guidways *n.* 导轨

guidance *n.* 指南,指导

H

handbook *n.* 手册

handwheel *n.* 手轮

hard disc 硬盘

hardware *n.* 硬件

halt *vi.* 暂停，间断

handle *n.* 手动，手摇轮

handy *a.* 便携的

handy file 便携式编程器

hardware *n.* 硬件

helical *a.* 螺旋上升的

help *n.* /*v.* 帮助

history *n.* 历史

HNDL（handle）手摇，手动

hold *v.* 保持

hole *n.* 孔

horizontal *a.* 水平的

host *n.* 主机

hour *n.* 小时

hydraulic *a.* 液压的

I

IC　集成电路

I/O　输入/输出

icon *n.* 图标

identifier *n.* 标识符

illegal *a.* 非法的

inactive *a.* 无效的

inch *n.* 英寸

increment *n.* 增量

incremental *a.* 增量的

incremental coordinates　增量坐标

incremental dimension　增量尺寸

index *n.* 分度，索引

inductor *n.* 感应器

information *n.* 信息

initial *a.* 原始的

initialize *a.* 初始化

initialization *n.* 初始化

input *vt.* 输入

insert *vi.* 插入

installation *n.* 安装

instruction *n.* 说明

interface *n.* 接口

internal *a.* 内部的

interference *n.* 干涉

interlock *n.* /*vi.* 联锁，连锁

interpolate *vi.* 插补

interpolation *n.* 插补

interrupt *n.* /*v.* 中断

interruption *n.* 中断

intervent *v.* 间隔，间歇

involute *n.* 渐开线

inverter *n.* 变频器

ISO　国际标准化组织

J

jog *n.* 点动，手动

jump *v.* 跳转

jumper *n.* 跨接线

K

key *n.* 按键

keyboard *n.* 键盘

key switch　钥匙开关

L

label *n.* 标记，标号

ladder diagram 梯形图

language *n.* 语言

lathe *n.* 车床

LCD　液晶显示

least *a.* 最小的

length *n.* 长度

lead screw 丝杠

LED　发光二极管

level *n.* 液位

LIB（library）库

library *n.* 库

life *n.* 寿命

light *n.* 灯

limit *n.* 极限，限位

limit switch 限位开关

line *n.* 直线

linear *a.* 线性的

linear interpolation　直线插补

linear scale　直线式传感器

link *vt.* 连接

list *n.* 列表

load *n.* /*vi.* 负荷，装载

local *a.* 本地的

locate *vi.* 定位，插销

location *n.* 定位，插销

lock *v.* 锁定

logic *n.* 逻辑

look ahead 预，超前

loop *n.* 回路，环路

LS　限位开关

LSI　大规模集成电路

lubrication *n.* 润滑

M

machine *n.* 机床　*v.* 加工

machine data　机床数据

machine center　加工中心

macro *n.* 宏，宏编程

macro program　宏程序

magazine *n.* 刀库

magnet *n.* 磁体，磁

magnetic *a.* 磁的

main program 主程序

maintain *vt.* 维护

maintenance *n.* 维护

MAN（manual）手动

management *n.* 管理

manual *a.* 手动的

master *a.* 主要的

max *a.* 最大的，*n.* 最大值

maximum *a.* 最大的　*n.* 最大值

MDI　手动数据输入

meaning *n.* 意义

measurement *n.* 测量

memory *n.* 存储器

menu *n.* 菜单

message *n.* 信息

meter *n.* 米

metric *a.* 米制的

mill *n.* 铣床，铣削

millingmachine *n.* 铣床

min *a.* 最小的，*n.* 最小值

minimum *a.* 最小的　*n.* 最小值

minus *a.* 减的，负的

minute *n.* 分钟

mirror image 镜像

miscellaneou sfunction　辅助功能

MITSUBISHI　日本三菱数控系统

mode *n.* 模式

measure *n.* 测量

memory *n.* 存储器

menu *n.* 菜单

MICC　电动机控制中心

microprocessor *n.* 微处理器

MMC　人机通信单元

modal *a.* 模态的

modal G code　模态 G 代码

mode *n.* 方式

model *n.* 型号

modify *v.* 修改

module *n.* 模块

MON(monitor)　*v.* 监控

monitor *vt.* 监控
　　　　　n. 监视器

month *n.* 月份

motion *v.* 运动

motor *n.* 电动机

mouse *n.* 鼠标

MOV(move)　移动

move *n./v.* 移动

movement *n.* 移动

multiply *v.* 乘

N

N(number)　程序段号

N·m　牛顿·米

name *n.* 名字

NC　数控

NC millingmachine　数控铣床

NCK　数字控制核心

negative *a.* 负的

negative feedback　负反馈

nest *vt.* 嵌套

noise *n.* 噪声

nop 空操作

NULL 空

number *n.* 号码

numeric *a.* 数字的

number *n.* 程序号

normally closed contract　常闭触点

normally open contract　常开触点

NOT gate　非门

NUM　法国 NUM 数控系统

O

octal *a.* 八进制的

OEM　原始设备制造商

OFF　断

offset *n.* 补偿,偏移量

offline *n.* 离线

offset *n.* 补偿

ON　通

one shot G code　一次性 G 代码(非模态 G 指令)

online *a.* 在线的

open *vt.* 打开

open loop system　开环系统

operate *vt.* 操作

operation *n.* 操作

OPRT(operation) *n.* 操作

option *n.* 选件

order *n./v.* 命令

OR gate　或门

orient *vt.* 定向

origin *n.* 起源,由来

original *a.* 原始的

output *n./v.* 输出

over travel　超程

over voltage　过电压

over current　过电流

overflow *vi.* 溢出

overheat *n./vi.* 过热

overload *vt.* 过负荷

override (速度等的)倍率

overshoot *n.* 超调

overspeed *n.* 超速

overstroke *n.* 超行程

overtemperature *n.* 超温

P

page *n.* 页

page down　下翻页

page up　上翻页

package *n.* 软件包

panel *n.* 面板

parabola *n.* 抛物线

parallel *a.* 平行的,并行的,并联的

PARA (parameter)　参数

parametersetting　参数设定

parity *n.* 奇偶性

parity bit　奇偶位

password *n.* 密码

path *n.* 刀路

part *n.* 工件,部分

password *n.* 口令,密码

paste *vt.* 粘贴

path *n.* 路径

pattern *n.* 句型,式样

pause *n./vi.* 暂停

plane *n.* 平面

PCB　主印制电路板

PC　个人计算机

period *n.* 周期

per pre　每个

percent *n.* 百分数

pitch *n.* 节距,螺距

plane *n.* 平面

PLC　可编程序逻辑控制器

plus *n.* 增益,加,删,正的

PMC　可编程序机床控制器

pneumatic *a.* 空气的

push button　按钮

position *n.* 定位

position accuracy　定位精度

position error　位置误差

position feedback　位置反馈

polar *a.* 两极的,*n.* 极线

portable *a.* 便携的

POS(position) 位置,定位

position loop 位置环

positive *a.* 正的

power *n.* 电源,能量,功率

power source 电源

precision *n.* 精度

preset *vt.* 预调,预置

process *n.* 过程

processor *n.* 处理器

program *n.* 程序

programmer *n.* 编程器

protect *vt.* 保护

protection *n.* 保护

proximity switch 接近开关

preload *n.* 预负荷

pressure *n.* 压力

preview *n.*/*vt.* 预览

PRGRM(program) 编程,IL 程序

print *vt.* 打印

printer *n.* 打印机

prior *a.* 优先的,基本的

procedure *n.* 步骤

profile *n.* 轮廓,剖面

programmable *a.* 可编程的

protocol *n.* 协议

PSW(password) 密码,口令

pulse *n.* 脉冲

pump *n.* 泵

punch *vt.* 穿孔

puncher *n.* 穿孔机

push button 按钮

PWM 脉宽调制器

Q

QF 熔断器

quadrant *n.* 象限

quantity *n.* 数量

quotation *n.* 报价

query *n.* 问题,疑问

quit *n.* 退出

R

radius *n.* 半径

radius compensation 半径补偿

RAM 随机存储器

ramp *n.* 斜坡

ramp up (计算机系统)自举

range *n.* 范围

rapid *a.* 快速的

rate *n.* 比率,速度

range *n.* 范围

rapid feed 快速进给

ratio *n.* 比率,比值

read *vi.* 读

reader *n.* 阅读器

ready *a.* 有准备的

ream *n.* 铰削

reamer *n.* 铰刀

rectangular *a.* 矩形的

record *v.* 记录

rectifier *n.* 整流器

REF(reference) 参考

reference *n.* 参考

reference point 参考点

refresh *vt.* 刷新

register *n.* 寄存器

regulator *n.* 调节器

registration *n.* 注册,登记

reliability *n.* 可靠性

relationship *n.* 关系

relay *n.* 继电器

relative *a.* 相对的

relay *n.* 中继

remote control 遥控

remedy *n.* 解决方法

remote *a.* 远程的

replace *vt.* 更换,代替

repeatability *n.* 重复精度

RET(return) 返回

revolution *n.* 转

rewind *v.* 卷绕

reset *n.* 复位

resistance *n.* 电阻

resolution *n.* 分辨率

response *n.* 响应

restart *v.* 重新起动

return *n.*/*v.* 返回

ring *n.* 密封圈

rigid *a.* 刚性的

RISC 精简指令集计算机

rod *n.* 杆

ROM 只读存储器

runtime *n.* 运行时间

roll *v.* 滚动

roller *n.* 滚轮

rotate *vi.* 旋转

rotation *n.* 旋转

rotor *n.* 转子

rough *a.* 粗糙的

RSTR(restart) 重新起动

run *vt.* 运行

RV 接收24V电压信号

S

safety gate 安全门

sampjing period 取样周期

save *vi.* 存储

sample *n.* 样本,示例

save as 另存为

scan *n.*/*v.* 扫描

scale *n.* 尺度,标度

scaling *n.* 缩放比例

schedule *n.* 时间表,清单

screen *n.* 屏幕

screw *n.* 丝杠,螺杆,螺钉

search *vt.* 搜索

selector *n.* 选择开关

self-repair *n.* 自修复

sensitivity *n.* 灵敏度

second *n.* 秒

segment *n.* 字段

select *v.* 选择

selection *n.* 选择

self-diagnostic *a.* 自诊断

sensor *n.* 传感器

sequence *n.* 顺序

sequence number 顺序号

series n. 系列

　　　　a. 串行的,串联的

serialinterface n. 串行接口

servo n. 伺服

servo control　伺服控制

servomotor　伺服电动机

series spindle n. 数字主轴

set v. 设置,设定

setting n. 设置

shaft n. 轴

shield n. 屏蔽

status n. 状态

storage n. 存储器

stroke n. 行程

structure n. 结构

shaft n. 轴

shape n. 形状

shift n. 移位

short circuit n. 短路

SIEMENS　德国西门子数控
　　　　系统

signal contactor n. 信号接触器

simulation n. 模拟

single block　单步

sign n. 符号,标记

signal n. 信号

skip n. 跳步

slave a. 从属的

SLC　小型逻辑控制器

slide n. 滑台,v. 滑动

slot n. 槽

slow a. 慢

soft key　软键,软键盘

software n. 软件

solenoid valve　电磁阀

solution n. 解决

space n. 空格,空间

SPC　增量式脉冲编码器

speed n. 速度

spindle n. 主轴

spare parts n. 备件

specification n. 规格

spindle n. 主轴

spring n. 弹簧

SRAM　静态随机存储器

SRH(search)　v. 搜索

stack n. 堆栈

start-up n. 起动

start vt. 起动

statement n. 语句

stator n. 定子

status n. 状态

static a. 静态的

station n. 工位

step n. 步

stop n. 停止,挡铁

store vt. 储存

strobe n. 选通

stroke n. 行程

subprogram n. 子程序

supply power　电源

sum n. 总和

surface n. 表面

SV(servo) n. 伺服

switch n. 开关

switch off　关断

switch on　接通

SRV　主轴反转命令

symbol n. 符号,标记

synchronous a. 同步的

SYS(system) n. 系统

T

tab n. 制表键

table n. 表格,工作台

tail n. 尾座

tandem ad. 一前一后地

　　　　n. 串联

tandem control　纵排控制(加
　　　　载预负荷的
　　　　控制方式)

tank n. 箱体

tap n. 攻螺纹

tape n. 磁带,纸带

tape reader n. 纸带阅读机

tapping n. 攻螺纹

tele-diagnostic n. 远程诊断

terminal n. 端子

teach in　示教

technique n. 技术,工艺

temperature n. 温度

test v. 测试

T-function n. 刀具功能

thermistor n. 热敏电阻

thread n. 螺纹

time n. 时间,次数

timer n. 定时器

tolerance n. 公差

tool n. 刀具,工具

tool life　刀具寿命

tool magazine　刀具库

tool nose radius compensation
　　　　刀尖圆弧半径补偿

tool radius compensation
　　　　刀具半径补偿

torque n. 力矩,转矩

tower n. 刀架,转塔

trace n. 轨迹,踪迹

track n. 轨迹,踪迹

tranducer n. 传感器

transfer vt. 传输,传送

transformer n. 变压器

traverse vi. 移动

trigger vt. 触发,n. 触发器

trip n. 跳闸

turn v. 转动, 转,回合

turn off　关断

turn on　接通

turning n. 转动,车削

U

UMS　用户存储子模块

unit n. 单位

unload vt. 卸载

user n. 用户

user macro　用户宏程序

user program　用户程序

unclamp vt. 松开

unlock *vi.* 解锁

UPS　不间断电源

V

value *n.* 值

valve *n.* 阀

variable *n.* 变量

velocity *n.* 速度

velocity loop　速度环

verify *n.* 效验

version *n.* 版本

vertical *n.* 垂直

vertical machining center　立式加工中心

vibration *n.* 振动

video *n.* 视频输入信号

virtual axis　虚拟轴

voltage *n.* 电压

W

warm restart　热起动

warn *v.* 警告

warning *n.* 警告

waveform *n.* 波形

watchdog *n.* 监视者,看门狗

wear *n.* 磨损

weight *n.* 重量,权重

winding *n.* 绕组

wheel *n.* 轮子,砂轮

window *n.* 窗口,视窗

workpiece *n.* 工件

word address　字地址

workplace *n.* 车间

write *vi./vt.* 写入

wrong *a.* 错误的,错的

X

X-axis *n.* X 轴

Y

Y-axis *n.* Y 轴

yield *vi.* 产生

year *n.* 年

Z

Z-axis *n.* Z 轴

Zero *n.* 零,零位

Zero drift　零点漂移

Zero offset　零点补偿

Zero point　参考点

Zone *n.* 范围,区域

参 考 文 献

[1] 郭士义. 数控机床故障诊断与维修 [M]. 北京：机械工业出版社，2005.

[2] 龚仲华. 数控机床故障诊断与维修 500 例 [M]. 北京：机械工业出版社，2004.

[3] 韩鸿鸾，张秀玲. 数控机床维修技师手册 [M]. 北京：机械工业出版社，2006.

[4] 王爱玲. 数控机床结构及应用 [M]. 北京：机械工业出版社，2006.

[5] 韩鸿鸾. 数控机床的结构与维修 [M]. 北京：机械工业出版社，2004.

[6] 黄卫. 数控机床及故障诊断技术 [M]. 北京：机械工业出版社，2004.

[7] 吴国经. 数控机床故障诊断与维修 [M]. 北京：电子工业出版社，2004.

[8] 韩鸿鸾，吴海燕. 数控机床机械维修 [M]. 北京：中国电力出版社，2008.

[9] 韩鸿鸾. 数控机床电气系统检修 [M]. 北京：中国电力出版社，2008.

[10] 周晓宏. 数控维修电工实用技能 [M]. 北京：中国电力出版社，2008.

[11] 周晓宏. 数控维修电工实用技术 [M]. 北京：中国电力出版社，2009.

[12] 劳动和社会保障部教材办公室. 数控机床故障诊断与维修：数控技术 [M]. 北京：中国劳动社会保障出版社，2007.

[13] 劳动和社会保障部教材办公室. 数控机床电气检修 [M]. 北京：中国劳动社会保障出版社，2007.

[14] 郑晓峰，陈少艾. 数控机床及其使用和维修 [M]. 北京：机械工业出版社，2008.

[15] 王兹宜. 数控系统调整与维修实训 [M]. 北京：机械工业出版社，2008.

[16] 刘永久. 数控机床故障诊断与维修技术 [M]. 北京：机械工业出版社，2006.

[17] 蒋建强. 数控机床故障诊断与维修 [M]. 2 版. 北京：电子工业出版社，2007.

[18] 中国机械工业教育协会. 数控机床及其使用维修 [M]. 北京：机械工业出版社，2001.

[19] 龚仲华，孙毅，史建成. 数控机床维修技术与典型实例：SIEMENS 810/802 系统 [M]. 北京：人民邮电出版社，2006.

[20] 人力资源和社会保障部教材办公室. 数控机床机械装调与维修 [M]. 北京：中国劳动社会保障出版社，2012.

[21] 李河水. 数控机床故障诊断与维护 [M]. 北京：北京邮电大学出版社，2009.

[22] 李善术. 数控机床及其应用 [M]. 北京：机械工业出版社，2002.

[23] 董原. 数控机床维修实用技术 [M]. 呼和浩特：内蒙古人民出版社，2008.

[24] 孙德茂. 数控机床逻辑控制编程技术 [M]. 北京：机械工业出版社，2008.

[25] 劳动和社会保障部教材办公室. 数控机床机械系统及其故障诊断与维修 [M]. 北京：中国劳动社会保障出版社，2008.

[26] 王凤平，许毅. 金属切削机床与数控机床 [M]. 北京：清华大学出版社，2009.

[27] 韩鸿鸾. 数控机床装调维修工：中、高级 [M]. 北京：化学工业出版社，2011.

[28] 韩鸿鸾. 数控机床装调维修工：技师/高级技师 [M]. 北京：化学工业出版社，2011.

[29] 余仲裕. 数控机床维修 [M]. 北京：机械工业出版社，2001.

[30] 王文浩. 数控机床故障诊断与维护 [M]. 北京：人民邮电出版社，2010.